甘肃省农业科学院**年鉴**

GANSU ACADEMY OF AGRICULTURAL SCIENCES YEARBOOK

2019

甘肃省农业科学院办公室　编

　　10月16日，甘肃省农业科学院党委书记魏胜文陪同省委副书记、省长唐仁健赴天祝藏族自治县调研藜麦产业发展情况。

　　1月29日，省委副书记孙伟一行来甘肃省农业科学院慰问省科技功臣王一航研究员。

10月18日，省委副书记孙伟一行来甘肃省农业科学院看望慰问省科技功臣王一航研究员。

12月3—4日，在甘肃省科技成果转移转化工作现场会暨科技成果展启动仪式上，副省长张世珍参观甘肃省农业科学院成果展区。

4月15日，甘肃省农业科学院召开干部大会宣布省政府关于马忠明同志任甘肃省农业科学院院长的决定，副省长常正国出席会议并讲话。

11月14日，甘肃省农业科学院院长马忠明陪同甘肃省副省长常正国一行到金昌市永昌县六坝镇天赐戈壁农业产业园调研。

6月20—22日，中国农业科学院党组书记张合成一行赴甘南藏族自治州调研并到甘肃省农业科学院指导工作。

1月18日，甘肃省农业科学院召开2019年工作会议，党委书记魏胜文代表院党委、院行政作了题为《坚持改革创新　强化服务三农　为全省农业农村优先发展提供科技支撑》的工作报告。

　　1月13—18日，甘肃省农业科学院领导班子成员分别带队，走访慰问了老干部、老党员、劳动模范和困难职工。

　　1月26日，改革开放40年感动甘肃人物"工行杯"陇人骄子评选结果揭晓暨颁奖典礼在兰州举行。甘肃省农业科学院王一航研究员获"改革开放40年感动甘肃人物'工行杯'陇人骄子"称号。

3月4—7日，甘肃省农业科学院在镇原县方山乡贾山村、张大湾村、王湾村、关山村组织召开脱贫攻坚工作现场办公会。

3月30日，甘肃省农业科学院岷县中药材试验站举行揭牌仪式。

4月12日，甘肃省农业科学院举行2019年博士后研究人员入站仪式。图为党委书记魏胜文为来自苏丹的博士后研究人员马芙蓉颁发入站证书。

4月13日，甘肃省农业科学院承办"第六届全国青年科普创新实验暨作品大赛"兰州赛区比赛，并举办"社区科普开放日"活动。

　　4月18日，中国工程院院士吴明珠民勤工作站、甘肃省农业科学院民勤综合实验站、民勤县现代丝路寒旱农业研究中心揭牌成立仪式暨民勤蜜瓜产业绿色发展研讨会在民勤县举行，甘肃省农业科学院院长马忠明应邀出席。

　　4月27—29日，甘肃省科学技术协会第八次代表大会在兰州召开，甘肃省农业科学院党委书记魏胜文当选省科协副主席。

5月5—7日，甘肃省农业科学院组织召开甘肃省农业科技创新联盟2019年工作会议。

5月19日，由甘肃省农学会和甘肃省农业科学院主办、武威市农业科学院承办，以"循环农业与乡村振兴"为主题的甘肃省农学会2019学术年会在武威召开。

5月22日，甘肃省示范性劳模创新工作室授牌仪式在甘肃省农业科学院举行，王一航劳模创新工作室荣获"甘肃省示范性劳模创新工作室"。

5月19日至6月1日，由中共甘肃省委组织部主办、省一级干部教育培训省农科院基地承办的全省脱贫攻坚能力提升"农业科技专题"培训班在甘肃省农业科学院成功举办。

　　5月28日，甘肃省科学技术协会副主席张炯一行到甘肃省农业科学院看望慰问第九届甘肃青年科技奖获得者、作物研究所遗传育种实验室主任赵利研究员，并向全体科技工作者致以节日的问候。

　　6月10日，甘肃省农业科学院院长马忠明一行赴中国农业科学院调研并衔接工作。

6月13日，甘肃省农业科学院农业科技馆被兰州市科学技术协会命名为"兰州市科普教育基地"。

6月12—16日，甘肃省农业科学院院长、全国政协委员马忠明参加全国政协农业和农村委员会组成的调研组赴云南就"巩固脱贫攻坚成果及防止和减少脱贫后返贫"开展专题调研。

6月18日，联合国粮食计划署项目协调员王晓蓓一行来甘肃省农业科学院调研。

6月25日，两岸和平发展论坛甘肃参访团来甘肃省农业科学院参观交流。

7月5日，联合国世界粮食计划署驻华代表屈四喜博士一行莅临甘肃省农业科学院调研并指导工作。

7月6日，由甘肃省政府主办、甘肃省农业科学院和甘肃省经济合作局共同承办的丝绸之路经济带循环农业产业发展研讨会在兰州召开，副省长常正国出席会议并致辞，院长马忠明主持会议。

　　7月3—11日，甘肃省农业科学院党委书记魏胜文率团赴法国、德国开展农产品质量安全及农业大数据应用学术交流。

　　7月8—13日，甘肃省农业科学院对河西片半年科研工作进行现场检查。

　　7月16—21日，由中国生态学学会农业生态专业委员会、生态咨询工作委员会及甘肃省农业科学院土壤肥料与节水农业研究所等单位主办的第19届中国农业生态与生态农业研讨会暨第二届生态咨询工作委员会年会在兰州新区召开。

　　7月20日，甘肃省农业科学院院长马忠明出席酒泉市戈壁生态农业院士专家工作站和酒泉戈壁生态农业研究院揭牌仪式，并与酒泉市人民政府签署战略合作框架协议。

甘肃省农业科学院党外知识分子联谊会第二次会员代表大会
2019.07.25 兰州

　　7月25日，甘肃省农业科学院召开党外知识分子联谊会换届会议，院长马忠明当选为党外知识分子联谊会第二届理事会会长。

　　7月29日，甘肃省农业科学院开展兰州片半年科研工作现场检查。

7月31日，甘肃省农业科学院召开全院高级专业技术人员集体谈话会。

7月31日，甘肃省科学技术厅副厅长朱晓力一行赴甘肃省农业科学院开展防范化解重大风险调研，并现场考察畜草与绿色农业研究所科研工作进展和实验室建设情况。

8月6日，由甘肃省农业科学院、中国社会科学院社科文献出版社共同承办的《甘肃农业科技绿皮书：甘肃农业现代化发展研究报告（2019）》成果发布会在北京社会科学文献出版社本部"蓝厅"举行。甘肃省农业科学院党委书记、绿皮书主编魏胜文出席会议并做成果发布。

8月13日，中国工程院院士赵春江莅临甘肃省农业科学院指导工作。

8月15—16日，甘肃省农业科学院召开脱贫攻坚帮扶工作现场推进会。

8月20日，中共甘肃省直属机关精神文明建设指导委员会办公室到甘肃省农业科学院复查省级文明单位巩固工作。

8月27日，中共甘肃省委第四巡回指导组在甘肃省农业科学院开展"不忘初心、牢记使命"主题教育评估工作。

9月3日，甘肃省农业科学院召开2019年度急需紧缺人才选派研修启动会。

9月12日，甘肃省农业科学院会宁试验基地的"甘肃省会宁小杂粮繁育基地科普小院"被省科协评为优秀科普小院。

9月21—23日，由甘肃省农业科学院主办的"第三届中国西部藜麦高峰论坛暨肃南县藜麦丰收节"系列活动在肃南裕固族自治县隆重举行。院党委书记魏胜文出席开幕式并讲话。

9月25日，甘肃省农业科学院院长马忠明参加藜麦全产业链高质量发展中外专家座谈会。

10月10日，甘肃省农业科学院召开贯彻落实习近平总书记视察甘肃重要讲话和指示精神交流研讨会。

10月15日，甘肃省社会科学院纪委书记王琦一行来甘肃省农业科学院调研。

10月14—20日，甘肃省农业科学院院长马忠明一行访问英国、爱尔兰。

10月20—21日，甘肃省农业科学院院长马忠明参加中国农业科技管理研究会领导科学工作委员会2019年年会并考察广西药用植物园。

10月28—30日，甘肃省农业科学院院长马忠明一行赴镇原县走访贫困户并看望驻村干部。

11月8—9日，中国共产党甘肃省农业科学院第一次代表大会隆重召开。

在中国共产党甘肃省农业科学院第一次代表大会上，院党委书记魏胜文代表中国共产党甘肃省农业科学院委员会向大会作了题为《坚守初心，勇担使命，奋力谱写农业科技事业创新发展的时代华章》的工作报告。会议选举产生了新一届院党委委员和纪委委员。

中国共产党甘肃省农业科学院第一次代表大会合影

兰州 2019.11.8

出席中国共产党甘肃省农业科学院第一次代表大会的151名党员代表、2名特邀代表及17名列席代表合影留念。

11月10日，首届甘肃省农业科技成果推介会在甘肃省农业科学院隆重举行。

11月25日至12月2日，甘肃省农业科学院院长马忠明一行赴俄罗斯、塔吉克斯坦交流访问。图为马忠明院长与联合国粮农组织驻吉克斯坦办事处代表合影。

　　11月27日，中俄马铃薯种质创新与品种选育联合实验室和丝绸之路中俄技术转移中心在俄罗斯沃罗涅日国立农业大学正式揭牌，图为甘肃省农业科学院院长马忠明和沃罗涅日国立农业大学校长布赫托亚罗夫·尼克莱·伊瓦诺维奇校长为"丝绸之路中俄技术转移中心"揭牌。

　　12月4—6日，甘肃省农业科学院举办学习贯彻党的十九届四中全会及习近平总书记视察甘肃重要讲话精神培训研讨班。

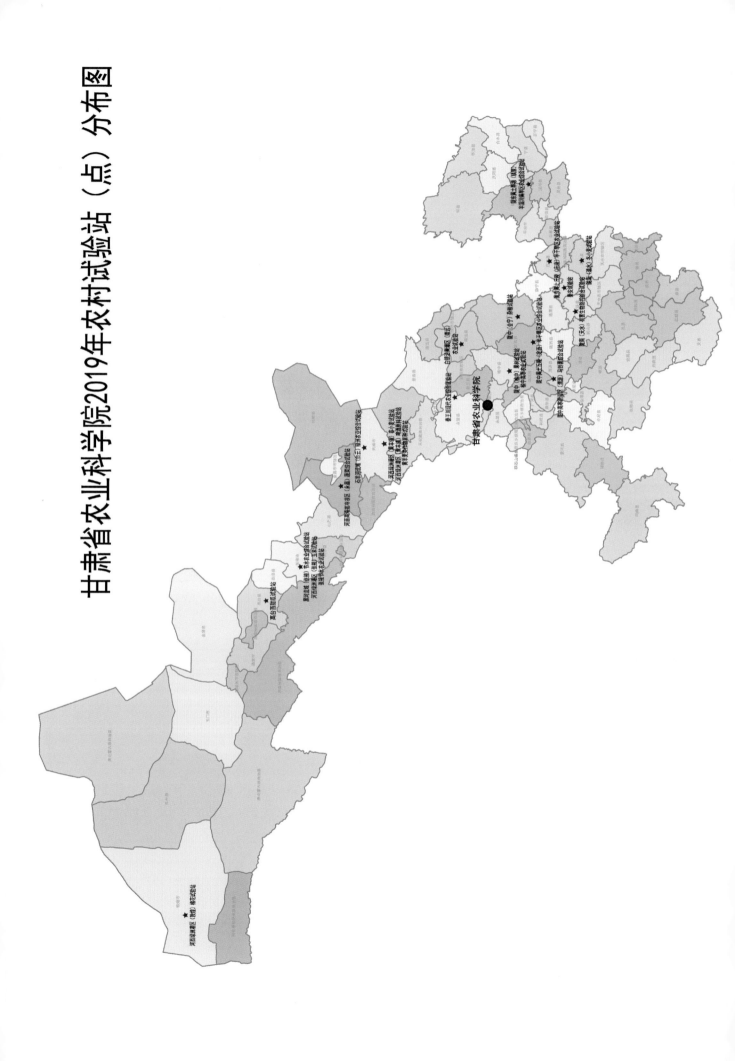

甘肃省农业科学院2019年农村试验站（点）分布图

《甘肃省农业科学院年鉴 2019》

主　　编：胡新元

副 主 编：张开乾　方　蕊

编　　辑：陈大鹏　王润琴　郭秀萍

供稿人员：（按姓氏笔画排序）

马学明　王　来　王　萍　王　静　王建成　王晓华

边金霞　任　娜　刘　风　刘　芬　李国锋　杨　攀

杨昕臻　杨学鹏　张　力　张　环　张　蕊　张廷红

张晓艳　张敏敏　陆建英　虎梦霞　周　晶　赵朔阳

骆惠生　班明辉　袁明璐　柴长国　郭家玮　席春燕

展宗冰　黄　锐　董　焏　蒋锦霞　蒲海泉　甄东海

鲍如娟

目　　录

一、总　　类

二、科技创新

三、脱贫攻坚与成果转化

四、经费收支情况

五、人才队伍建设

六、科技交流与合作

七、管理服务

八、党的建设与纪检监察

纪检监察工作

九、对外宣传

主要媒体报道

十、院属各单位概况

十一、大事记

十二、附　　录

一、总　　类

概　况

甘肃省农业科学院始建于 1938 年，是甘肃省唯一的综合性省级农业科研机构。建院以来共取得各类成果 1 475 项，其中获国家级奖励成果 29 项、省部级奖励成果 381 项、国家授权专利 158 项，制定国家标准、地方标准 160 余项。

目前，内设机构有党委办公室（下设老干部处）、院办公室、人事处、科研管理处、财务资产管理处、科技成果转化处、科技合作交流处、基础设施建设办公室、后勤服务中心。下属单位有作物研究所、马铃薯研究所、小麦研究所、旱地农业研究所、生物技术研究所、土壤肥料与节水农业研究所、蔬菜研究所、林果花卉研究所、植物保护研究所、农产品贮藏加工研究所、畜草与绿色农业研究所、农业质量标准与检测技术研究所、经济作物与啤酒原料研究所（加挂中药材研究所牌子）、农业经济与信息研究所 14 个研究所，在张掖、武威黄羊镇、兰州市榆中县设有 3 个试验场。设有国家绿色农业兰州研究分中心、国家大麦改良中心甘肃分中心、国家胡麻改良中心甘肃分中心、中美草地畜牧业可持续发展研究中心、国家甲级资质工程咨询中心、国家农产品加工研发果蔬分中心、国家农产品加工业预警甘肃分中心、西北农作物新品种选育国家地方联合工程研究中心、农业农村部农产品质量安全风险评估实验室、农业农村部西北作物抗旱栽培与耕作重点开放实验室、甘肃省优势农作物种子工程研究中心、甘肃省农产品贮藏加工工程技术研究中心、甘肃省旱作区水资源高效利用重点实验室、甘肃省农业废弃物资源化利用工程实验室、甘肃省无公害农药工程实验室、甘肃省中药材种质改良与质量控制工程实验室、甘肃省小麦种质创新与品种改良工程实验室、甘肃省马铃薯种质资源创新工程实验室等工程中心（实验室）和 1 个博士后科研工作站，有 9 个农业农村部野外科学观测试验站、13 个现代农业产业技术体系综合试验站及 20 个院创新平台。

主要研究领域有农作物种质资源创新及新品种选育、主要农作物高产优质高效栽培、区域农业（旱作节水、生态环境建设）可持续发展、土壤肥料与节水农业、病虫草害灾变规律及综合控制、农业生物技术、林果花卉、农产品贮藏加工、设施农业、畜草品种改良、绿色农业、无公害农产品检验监测和现代农业发展、农业工程咨询设计等。

全院现有在职职工 718 人，其中硕士、博士 286 人，高级专业技术人才 344 人。入选国家"新世纪百千万人才工程"的有 4 人、国家级优秀专家 3 人、省优秀专家 12 人、省领军人才 39 人；有享受国务院特殊津贴专家 37 人、省科技功臣 1 人、陇人骄子 2 人、国家现代农业产业技术体系首席科学家 1 人；全国专业技术人才先进集体 1 个、现代农业产业技术体系岗位科学家 13 人、综合试验站站长 14 人、农业农村部农业科研杰出人才 1 人、农业农村部农业科研创新团队 1 个、省宣传文化系统"四个一批"人才 1 人、省属科研院所学科带头人 5 人、博士生导师 8 人、硕士生导师 43 人。

工作报告

优化资源促创新　健全机制抓转化
为全省现代农业高质量发展提供科技支撑

——院长马忠明在甘肃省农业科学院 2020 年工作会议上的报告

院长　马忠明

2020 年 1 月 16 日

同志们：

刚刚过去的一年，是全院上下凝心聚力、真抓实干的一年，也是喜获丰收、成就满满、信心十足的一年。一年来，在省委、省政府的正确领导下，甘肃省农业科学院党委、院行政团结带领全院广大职工，坚持以习近平新时代中国特色社会主义思想为指导，全面贯彻落实中国共产党十九大及十九届二中、三中、四中全会精神和习近平总书记视察甘肃重要讲话和指示精神，紧紧围绕省委、省政府关于农业农村工作的总体部署，统筹科技创新与成果转化、统筹学科建设和人才队伍建设、统筹开放办院和合作交流、统筹脱贫攻坚和乡村振兴、统筹智慧农科与智库建设、统筹科研能力与民生工程建设，各项工作都取得了明显成效，为圆满实现"十三五"

规划目标、顺利开启"十四五"工作打下了坚实的基础。

下面，我代表院党委、院行政作工作报告，请各位代表和全院职工提出意见建议。

一、2019 年工作回顾

2019 年是奋斗的一年，也是收获的一年。全年申报各类项目 421 项，新上项目合同经费 1.4 亿元，到位经费 1.1 亿元。获省部级科技奖励成果 24 项，其中以第一单位获全国农牧渔业丰收奖一等奖 1 项、省科技进步奖一等奖 2 项。14 个新品种通过国家或省级主管部门审定（登记）。5 个试验站入选国家农业科学实验站。发表学术论文 380 余篇，其中 SCI 期刊

11 篇，出版专著 7 部。获国家发明专利 5 项，颁布技术标准 25 项。4 个对口帮扶村 246 户、828 人实现脱贫，3 个村整村脱贫。全年示范推广新品种、新技术和新模式 1 300 万亩*，增产粮食 18 万吨，获经济效益 12 亿元。在全院职工的共同努力下，各项工作取得了新的成绩，全院事业呈现新的发展面貌。

一年来，主要抓了以下工作。

（一）紧盯产业需求，科技创新成效显著

面向甘肃现代丝路寒旱农业发展要求，加大创新力度，实施各类科技项目 450 余项，布设试验示范 2 400 余次，投入经费 6 800 余万元；全年通过结题验收项目 77 项。

一是围绕种业科技创新，加强种质创制和品种选育，支撑全省粮食安全和农业供给侧改革。落实"藏粮于技"战略，重点实施育种技术提升、重大自主品种培育等科技任务，启动了生物育种专项，初步建立小麦一年 4 代快速育繁技术体系；玉米、胡麻、辣椒、番茄、马铃薯、兰州百合等全基因组测序和分子标记研究取得新进展，创制了一批优异育种新材料（系）。育成早熟菜用、主食化加工等专用马铃薯新品系 7 个，以及抗条锈病冬小麦品种兰天 43 号和兰天 45 号，优质强筋小麦新品系陇鉴 115 和陇鉴 117，胡麻新品种陇亚 15 号，杂交油菜新品种陇油 20 号，耐密宜机收玉米新品种陇单 606、陇椒 11 号、陇椒 13 号、陇番 14 号、甘丰翠铃等适宜设施栽培的蔬菜新品种。育成了陇谷系列黄米、青米谷子等功能性杂粮新品系，以及青贮玉米陇青贮 1 号、大豆陇中黄 603、青稞陇青 1 号等。组建了 300 头基础母牛和 30 头种公牛的平凉红牛育种核心种群、6 000 只基础母羊和 1 500 只公羊的藏羊新品种育种群，保存了地方优异遗传资源。

二是围绕重大技术需求，加强关键技术创新和模式应用，支撑全省现代丝路寒旱农业发展。研究提出适宜河西戈壁农业的日光温室墙体建造结构和技术参数，以及日光温室番茄和辣椒基质栽培、西瓜砂培技术及水肥一体化方案，集成了温室环境智能调控等轻简化技术，建立万亩示范区。研究形成以耐密宜机收品种、覆膜播种施肥一体化、高效栽培和机械收获为主的旱作玉米耐密增效机械化技术模式，以"立式深旋松耕＋全膜覆土垄上微沟"为主的旱地马铃薯高效栽培技术模式，在中东部旱作区示范；以酿酒葡萄龙干树形修剪和机械作业为主的节本增效技术模式，在祁连酒业大面积应用。开展玉米、藜麦、甜高粱等秸秆饲料化技术应用，利用植物精油开展牛羊无抗养殖，减少了肉品中抗生素含量。创建了以宽行密株、控释肥、垄膜集雨等为主的生态高质果园技术模式，优质果率提高 12%。深化马铃薯脱毒种薯雾培高效繁育技术应用，筛选出提高种薯生产效率的营养液配方。集成应用种子带膜侧直播技术，克服了当归直播保苗难题。

三是围绕农业绿色发展，加强化学品减量和资源高效利用技术集成创新，支撑农业可持续发展。开展主要作物条锈病、马铃薯晚疫病、草地贪夜蛾等重大病虫害的鉴定、调研和监测预报，集成应用了以迷向丝、赤眼蜂等为主的"以虫治虫"无人机生物防治模式；推进小麦、马铃薯、玉米、果树、瓜菜等作物节水减肥减药关键技术和综合解决方案应用，确定了化肥减量和有机肥替代化肥的关键技术指标，实现化肥减量 15%～20%、有机肥替代化肥 30% 的目标；开展农田地膜污染监测及减量和替代技术研究，初步明确了甘肃省农田土壤地膜残留量，集成应用了机械化残膜捡

---

* 亩为非法定计量单位，1 亩≈667 米²。——编者注

拾、生物降解膜等技术。

四是围绕农业产业需求，加强重大科技项目凝练和实施，支撑区域农业高质量发展。根据全省特色农产品功能布局和产业重大需求，强化需求凝练和统筹谋划，加强与市（州）农业科研单位的协同创新，从"三平台一体系"项目列支专项，设立陇南山地优质桃和苹果绿色增效关键技术集成应用、特色中药材资源驯化及党参当归标准化技术集成应用、河西戈壁设施农业水肥一体化关键技术集成创新与应用、河西玉米和蔬菜高质量种子生产关键技术研究应用、兰白新区高原夏菜绿色生产及尾菜处理技术集成应用、兰白新区多样化马铃薯品种展示与功能提升、高寒冷凉区羊肚菌高效种植技术研发与示范、饲草品种筛选与种养结合技术集成示范、陇东旱塬农区牛羊草循环农业关键技术与模式应用、中部旱作区优质种薯繁育及高效种植技术集成应用 10 个区域创新项目。截至 2019 年年底，戈壁设施蔬菜水肥一体化、羊肚菌高效种植、中东部草畜循环农业等项目取得明显进展。

五是围绕农产品质量安全，加强产地质量检测与贮藏加工技术研究，支撑特色农业提质增效。开展了全省主要农产品品质、土壤环境质量等监测工作，初步明确了玉米霉菌毒素发生与污染分布、黑木耳中草甘膦残留及风险防控关键环节；制定了食用苹果酵素生产关键工艺及技术参数，试制出新产品 2 种，优化了杏脯护色、微波盐法提取文冠果油的工艺参数，研制出果品预冷与 1-MCP 一体化预处理装备。

六是围绕基础性长期性工作，加强科学数据积累，支撑农业重大发现和科学决策。从玉米、大豆、马铃薯、小麦等七大类 2 200 份种质资源筛选评价出了一批抗逆性突出的优异种质资源，分析了全省 316 份小麦品种的品质现

状。完成国家农业科学实验站数据采集和分析，向数据中心上传数据 10.3 万个，9 个农业农村部学科群实验站物联网投入运行，构建了作物、土壤、气象数据库。完成全省主要作物、牛羊农产品品质标识，初步构建了标识数据库。加强长期定位试验管理和数据采集，凝练出土壤环境、作物营养、土壤质量等方面的科学问题。

（二）充分发挥优势，精准扶贫和乡村振兴顺利推进

一是坚决攻克深度贫困堡垒。调动驻村帮扶工作队及全院帮扶干部的积极性，集中全院力量，发挥科技优势，扎实推进 4 个贫困村各项帮扶任务。统筹院所科技资源，通过召开推进会、现场检查、集中入户等方式，及时了解扶贫一线工作动态和技术需求，研究解决具体问题。大力开展科技成果示范应用，4 个村落实良种良法示范面积 5 800 多亩，实现了贫困户良种良法全覆盖，为确保 2020 年全面脱贫奠定了基础。修订了脱贫攻坚帮扶工作责任清单，明确规定了帮扶责任人、驻村帮扶工作队及村第一书记帮扶责任。继续在 23 个深度贫困县实施对口帮扶项目，强化科技力量，优化专家团队，建立示范基地 17 个，科技示范户 165 户，示范新品种 52 个、新技术 33 项，并取得明显进展，夯实了贫困县（区）产业基础。

二是积极实施乡村振兴战略。根据农业农村部有关要求，制定了乡村振兴科技支撑行动落实方案，在全省不同类型区遴选 45 个科技示范村（镇），实施七大行动，通过集成熟化凝聚形成科技引领乡村振兴典型模式。4 个科技示范村入选全国乡村振兴科技引领百强村。联合市（州）农业科研单位，征集、遴选 118 项科技成果，编印出《甘肃省乡村振兴重大科

技成果汇编》。

三是大力开展人才培训。发挥智力优势，分别承办了人力资源和社会保障部"全国农产品冷链物流与精深加工高级研修班"和"全省脱贫攻坚能力提升培训班农业科技专题"培训，举办全省脱贫攻坚农村实用人才特色林果和中药材、畜牧养殖、设施瓜菜等3期实用技术提升培训班，培训农村实用人才300多人。全年共开展技术培训168场次，培训农户及技术人员1.2万余人次，带动发展合作社15个。

（三）落实新举措，成果转化取得新进展

一是成功举办了"首届甘肃省农业科技成果推介会"。联合创新联盟成员单位，共同发布了支撑乡村振兴的100项重大农业科研成果，路演推介了17类重要创新成果，展示了60余个新品种、40余项新技术和20余个新产品，签订合作协议13份，15家涉农企业被授予科技成果转化基地牌匾。推介会得到了全省上下的广泛关注和有关部门的大力支持，取得了圆满成功。省委农村工作会议期间，省农科院在宁卧庄宾馆再次承办了农业科技成果推介及转移转化签约活动，向参会领导和嘉宾展示了省农科院近年来自主研发的科技成果。

二是组织召开了科技成果转化工作会议。深入分析科技成果转化工作面临的形势和机遇，提出了下一步提升科技成果转化能力和效益的工作思路和举措，促进全院从重研发、轻转化向研发转化并重并举转变，从重公益性转化、轻市场化转化向公益性市场化转化并重并举转变，从各自为政、零敲碎打向系统谋划整体推进转变，从以企业为主的单一转化方式向成果转让、政府购买、技术服务等复合转化方式转变，实现社会效益与经济效益有机统一。

三是组织开展了多种形式的成果转化活动。积极参加全省科技成果转移转化工作现场会暨科技成果展启动仪式，展示推介科技成果109项，路演推介系列成果11项，签订成果转让与合作开发协议4份，省农科院成果转化工作得到省科技厅的高度评价。参加了2019年（首届）全国农业科技成果转化大会。主动与兰州科技大市场对接合作，举办"农业领域技术专项推介会"，推介科技成果15项，签订技术服务协议3份。组织开展试验站"科技开放周"活动，产生了良好的社会效果。同时，加强院地院企科技合作，促进科技成果向亚盛集团、兰州白银国家自主创新示范区企业的转化应用，与甘肃同德农业科技集团联合发布藜麦新产品。全年签订各类技术服务协议71项，合同金额近1 000万元。

（四）改善科研条件，创新能力显著提升

一是科研平台建设力度加大。通过新建、升级、提质，不断完善科技创新条件，着力构建较为完善的"科学研究、技术创新、基础支撑"平台体系。一方面，聚焦创新能力建设，积极争取基础性长期性监测任务。张掖、白云、镇原、定西、会川5个试验站入选国家农业科学实验站，国家小麦改良中心甘肃小麦种质创新利用联合实验室、甘肃旱作区水资源高效利用联合实验室、反刍家畜及粗饲料资源利用联合共建实验室3个实验室入选省级联合实验室；新争取草食畜可持续发展研究甘肃省国际科技合作基地、马铃薯种质资源创新利用与脱毒种薯繁育技术甘肃省国际技术合作基地；甘肃藜麦育种栽培技术及综合开发工程研究中心获甘肃省发展和改革委员会认定，农业科技馆被命名为兰州市科普教育基地。另一方面，扎实抓好已有科技平台的建设工作。由农业农村部支持的14个科技创新能力建设项目，4

项通过省级验收，6项通过院内验收，4个在建项目进展顺利；完成了省级重点实验室、技术创新中心、资源共享平台的调研评估工作；农业农村部立项的7个条件建设项目通过省主管部门组织的可行性研究报告评审论证。完成了畜产品加工中试车间建设和秦王川综合试验站基础设施建设，小麦面粉加工中试实验室、藜麦中试加工车间建设和动物营养与饲料研究中心完成了设计方案。与民勤县联合建立了综合试验站及现代丝路寒旱农业研究中心，与酒泉市联合成立了酒泉戈壁生态农业研究院。

二是"西北种质资源保存与创新利用中心"建设扎实推进。编制完成了项目可行性研究报告，获省发改委批复立项，并取得了项目用地规划许可证。同时，编制了用地红线图，完成了所需用地界址点测绘、社会稳定风险评估、年综合能耗消费量计算、用地预审和地质勘查、设计招标等工作，现已进入设计阶段，为2020年开工建设奠定了良好基础。

三是综合试验基地建设稳步推进。召开了试验场高质量发展研讨会，进一步明确试验场发展定位，梳理了发展思路。张掖试验场加快推进农业农村部"青藏区（甘肃）综合试验基地"建设项目，建成连栋温室10 829米^2、晒场2 880米^2，完成试验基地围栏、机耕道、滴管首部系统及观察井改造工程，仪器设备采购到位，基本完成智能物联网系统安装调试。省引导科技创新发展专项"甘肃省绿洲农业节水高效技术中试基地建设"，完成田间混凝土道路、蓄水池、土壤蒸渗仪地下室等基本建设，安装完成土壤水分动态监测系统、自动气象站等田间观测设备。榆中试验场综合实验楼主体工程、室外配套工程、电梯安装工程、消防工程等通过验收或专业检测；同时，硬化道路3 000米^2，维修改善了灌溉设施，进一步改善

了基础条件。黄羊试验场通过实施标准化创新基地建设项目，完成路面硬化、水渠维修、土地平整、围墙修建等基础设施建设，为相关研究所和学科团队提供了科研服务。

（五）加强合作交流，促进互惠共赢发展

一是突出针对性，加强国际合作交流。以提升创新能力为出发点，先后组织共17批54人次成功出访，作物种质资源交换与遗传育种、植物病害防控、设施蔬菜工厂化生产等一批合作项目取得实质性进展。积极申报各类国际合作项目共40余项，立项8项。与俄罗斯共建的中俄马铃薯种质创新与品种选育联合实验室和丝绸之路中俄技术转移中心分别在中俄双方揭牌成立。召开了全院2019年度因公出访工作交流会，17个团组分享了出国学习培训收获。

二是突出学术性，加强国内研讨交流。承办了丝绸之路经济带循环农业产业发展研讨会，为全省循环农业发展提出了富有建设性的意见建议，得到省经济合作局的高度评价。承办了"中国农业生态与生态农业研讨会"、2019年甘肃省学术年会暨甘肃现代丝路寒旱农业发展论坛以及以"循环农业与乡村振兴"为主题的甘肃省农学会2019学术年会。与西北师范大学联合主办了"2019年中国西部绿色生态农业发展与乡村振兴研讨会"。依托林果花卉研究所，成立了第一届甘肃省果树果品标准化技术委员会。

三是突出实效性，加强联盟和学会工作。积极对接国家科技创新联盟重点工作，组织召开甘肃省农业科技创新联盟2019年工作会议，认真谋划全省农业科技创新体系建设；召开联盟第二次常务理事会，修订了章程，选举产生新的联盟理事长；甘肃省农业科技

创新联盟通过国家联盟组织的评估验收并通过农业农村部认定。依托省农科院的各学会工作深入开展。

（六）加强人才队伍建设，智力支撑明显增强

一是培养引进急需紧缺人才。制定出台急需紧缺人才培养办法，选派10名青年科技人员赴国家团队研修培训，3名省领军人才参加高级国情研修班，1名"西部之光"访问学者赴中国农业科学院研修，1人赴日本研修。参加了省委组织部在清华大学、北京大学举行的选调生招录暨高层次人才引进宣介会。全年共招聘博士1名、硕士12名，引进副高级专业技术人员1人、硕士2人、外籍博士后1人、国际杰出青年3人。争取到人社部国家级高级研修项目1项、省级重点人才项目3项、陇原青年创新创业人才项目3项。

二是积极做好技术职务评聘。按照新的评价条件，审核推荐72人晋升高一级技术职务，正高级10人、副高级39人、中级23人；其中，13人按特殊人才评价申报正、副高级职称，人才评价"绿色通道"进一步畅通。完成了161人内部等级岗位晋升认定、54人职称晋升和13名公开招聘人员的岗位设置工作。

三是加大人才选拔推荐力度。1人入选国家百千万人才工程，1人享受国务院政府特殊津贴，14人享受省高层次专业技术人才津贴，11人荣获建国70周年纪念章，36名省领军人才被续聘。推荐省拔尖人才候选人10人、未来女科学家候选人1人、中国科学技术协会优秀中外青年交流计划人选候选人1人，分别推荐5人进入省领军人才一层次、2人进入二层次。

（七）加强管理服务，履职能力显著提升

一是加强决策执行，推进落实见效。认真落实省委、省政府关于农业农村工作的总体部署，结合脱贫攻坚、现代农业发展、乡村振兴等重点任务，及时研究部署、落实推进，确保全院总体工作与省委、省政府工作部署保持高度一致。落实省政府与中国农科院的战略合作框架协议精神，及时向中国农科院汇报衔接，积极参与中国农科院正在实施的武威生态产业发展规划、平凉红牛种质保存与育种基地建设、甘南临潭科技扶贫示范县建设等重点工作，并确定今后5个方面深度合作的重点内容。根据省领导批示，组成2个专家组分赴7市调研，学习考察海升集团设施农业先进模式，形成全省现代设施农业调研报告并上报省政府。主编出版了第三部甘肃农业科技绿皮书《甘肃农业现代化发展研究报告（2019）》。全年上报智库要报7份，2份被《甘肃信息》参考引用，1份被省领导批复。

二是加强学科建设，推进资源优化。制定出台学科建设方案，以提升传统优势学科、培育特色学科、培优重点学科和稳定团队人才为目标，确定了六大学科、27个研究领域、38个主攻方向、43个学科团队、41个依托平台，基本形成以"学科—领域—方向—团队—平台"为构架的学科建设体系。对全院14个学科团队进行了中期考核和量化评估，提出了整改意见，有效提升了学科团队建设质量。

三是加大督促检查，推进任务完成。加强工作督查督办力度，通过跟踪反馈、现场办公、调研座谈、汇报交流、观摩检查、专题会议等多种形式，确保年度重点工作和阶段性重点工作的顺利推进。召开高级专业技术人员集体谈话会，激发高职人员在科技创新、成果转

化、人才培养、作风建设等方面做出更大贡献。结合事业发展的新要求，优化调整了机关职能；进一步厘清了新成立的科技合作交流处及相关处室职能。

四是优化发展环境，推进和谐院所建设。"智慧农科"建设顺利推进，协同办公平台建设项目取得阶段性进展。加强民生工程建设，努力为职工办实事、好事。按规定程序和集资条件完成补充集资工作，分配保障性住房25套，一批新入职的年轻科技人员受益。实施了院区美化亮化工程，对创新大厦等主要办公建筑及主干道路亮化装饰，改善了院区环境，提升了单位形象。完成17-20号楼门牌号办理，妥善解决了部分因历史原因造成的房产证办理问题。下大力气整治院内车辆乱停乱放问题，认真落实消防安全责任制，实现了制度上墙、责任到人、设备就位、管路畅通。完成了离退休职工门球场建设。利用院领导接待日、院长信箱等，多渠道了解职工所思所想，帮助解决职工工作生活中的问题。响应职工诉求，积极与有关部门对接开办卫生服务站和幼儿园等事宜。

五是健全规章制度，推进内控体系建设。制定了院长办公会议议事决策规则，修订了科技奖励、科研条件及成果转化专项资金、因公临时出国（境）、公务交通费报销、职称评审等方面的管理办法，制度体系更加完备。

（八）加强党的建设，政治核心作用得到充分发挥

一是加强党的政治建设。把学习贯彻习近平新时代中国特色社会主义思想和习近平总书记重要讲话精神作为首要任务，教育引导各级党组织和广大党员干部增强"四个意识"，坚

定"四个自信"，做到"两个维护"。召开党委专题学习会议24次、党委理论学习中心组学习22次。认真执行重大事项请示报告制度，从严落实政治责任。举办了县处级以上领导干部学习贯彻党的十九届四中全会及习近平总书记视察甘肃重要讲话精神培训研讨班。

二是加强党的组织建设。成功召开院第一次党代会，回顾总结了十八大以来全院取得的发展成就和宝贵经验，安排部署了今后5年的重点工作，选举产生新一届院党委、院纪委领导班子。深入开展"不忘初心、牢记使命"主题教育，把学习教育、调查研究、检视问题、整改落实贯穿始终，整治整改取得实效，进一步树立了"科研为民"的价值导向。全面推进党支部建设标准化工作，举办"党支部建设标准化专题培训班"，11个党支部进行了换届选举。加强干部队伍教育管理，6名领导干部参加进修学习，73名干部参加省一级干部教育网络培训。对全院县处级干部进行了摸底调研，完成1名挂职干部期满考核和11名科级干部试用期满考核。

三是加强党风廉政建设。召开了全面从严管党治党和党风廉政建设工作会议，签订了全面从严管党治党和党风廉政建设责任书。对全院县处级领导干部进行集体廉政约谈并开展分级约谈，实现约谈全覆盖。提醒领导干部认真履行"一岗双责"和廉政建设责任制，综合运用监督执纪"四种形态"，诫勉谈话3人次，批评教育6人次，提醒约谈7人次，1个党组织作出书面检查。全年院领导、院属各单位负责人运用第一种形态处置1 400多人次，聚焦形式主义和官僚主义等问题，开展"四察四治"专项行动，对标对表抓好落实。深入开展"扶贫领域作风建设年活动"，加强驻村帮扶干部工作作风、项目资金使用及产业和科技扶贫

完成质量、扶贫政策落实等工作的督导督查。建立了 77 名在职县处级领导干部廉政档案。做好专项经济责任审计，18 个被审计法人单位制定整改方案，并进行了整改。开展了集中整治科研作风和科研经费管理专项行动。持续推进廉政教育，开展"信访举报周"活动，提醒引导广大党员干部坚持道德底线，守住纪律底线，筑牢拒腐防变的思想防线。

四是加强宣传思想工作。从严落实意识形态工作责任制主体责任，组建通讯报道员队伍，举办了通讯报道员及网评员培训班，规范群组网络行为和信息发布，严格院门户网站消息发布审核程序，加强对信息和网络安全工作的管理监督。组织开展习近平总书记视察甘肃重要讲话等主题宣传教育，引导广大知识分子在新时代自觉弘扬践行爱国奋斗精神。全年共布展庆祝中华人民共和国成立 70 周年及精神文明创建宣传画 60 余幅，在院网站发布新闻信息 600 多条，通过报刊、电视、网络等新闻媒体刊登或播放省农科院各类报道 80 余篇（条）。统战群团、老干部等工作扎实推进，完成党外知识分子联谊会换届选举，老干部两项待遇得到落实。成功举办第十二届"兴农杯"职工运动会。积极配合兰州市创建全国文明城市工作，完成省级文明单位复查。

同志们，成绩增加信心，发展凝集力量。这些成绩的取得，是省委、省政府正确领导的结果，是有关部门大力支持的结果，是市（州）农科院所通力合作的结果，是全院上下齐心协力、真抓实干的结果。在此，我代表院领导班子向一年来关心支持全院工作的省直部门、联盟成员单位表示衷心的感谢！向辛勤工作的全院职工及默默奉献的职工家属表示诚挚的敬意！

在看到成绩的同时，我们也清醒地看到，全院工作中存在的短板和问题仍然不少。

一是学科团队建设步伐缓慢，一些研究所尚未突破固有的思维模式和工作惯性，依然存在认识不准确、行动不积极、措施不具体的问题，怯于资源优化所带来的"阵痛"，不敢或者不愿触碰利益调整的"深水区"。二是科技创新与全省重点产业发展结合不够紧密，一些研究所对本所研究领域相关的产业发展总体情况缺乏了解，一些课题组和研究人员对农业产业发展关注度不够，一些项目产出不高、技术成果缺乏集成配套，存在支撑产业乏力甚至滞后于生产实际的情况。三是科技成果市场化转化效益不高，增加科技人员收入的"蛋糕"不大，与充分体现科技人员知识价值还有一定差距；所一级普遍缺乏科技成果市场化转化的机构和人员，对如何做强做大科技成果转化工作缺乏思路和举措。四是管理工作中仍存在一些薄弱环节，一些单位对院工作安排选择性执行、被动式应付、低水平交差的情况依然存在，在重点工作推进中给力不够，在制度执行中刚性不足，还存在"中梗阻""打折扣""一刀切"等问题；部门之间协调沟通不力，一些部门管理不规范，存在"一些事没人干、一些人没事干"的情况。五是科研作风与新时代科学家精神存在一定差距，科研工作中存在一定的形式主义，一些课题组科研工作不严谨、协作精神不强、团队缺乏凝聚力和活力，一些科技人员作风漂浮、急功近利甚至弄虚作假。

这些问题，既有管理不规范、制度不健全的原因，也有主观认识不到位的原因。需要引起有关部门的重视并在今后工作中加以解决。

二、牢记使命和嘱托，增强对科技创新和支撑农业发展的使命担当

中央农村工作会议确定了 2020 年农业农

村工作的三大任务：一要保供给，下大力气抓好粮食生产和农产品有效供给，加快农业供给侧结构性改革，切实带动农民增收和乡村振兴；二要保增收，发展富民产业，发挥农牧业收入的基础作用；三要打赢脱贫攻坚战和补齐"三农"领域短板。对此，我们要结合贯彻习近平总书记视察甘肃重要讲话和指示精神，强化政治思维、大局思维、短板思维和风险思维，分析面临的机遇与挑战，提升围绕中心、服务大局的能力，谋划推进科技创新的新思路和新举措，为全省现代农业发展和乡村振兴提供有力的科技支撑。

（一）深刻认识农业及农业科技创新面临的重大机遇

经过近 30 年的发展和改革创新，农业发展实现了从"靠天吃饭"到"旱涝保收"，从"人扛牛拉"到"机器换人"，从高投入、拼资源、拼消耗到资源节约、环境友好、绿色发展的 3 个历史性转变。当前，农业科技领域正在掀起一场以生物技术、智能化技术、新材料技术等为标志的科技革命。中国特色社会主义进入新时代，对加快建设创新型国家、支撑引领高质量发展和乡村全面振兴等提出了新要求。习近平总书记视察甘肃省时充分肯定了现代丝路寒旱农业、高值旱作农业和十大生态产业发展思路，给科技创新提出了许多新的课题。省委省政府始终把科技作为农业发展的重要支撑。因此，农业科技创新要进一步优化适应高质量发展要求的供给结构，提升占领制高点、把握主动权的自主创新能力，为新时代农业农村高质量发展提供科技支撑。

目前，甘肃省农业呈现转型发展、科技支撑、机械革命、适度规模化、土壤修复、绿色生态等明显特征，农业科技成为主要驱动力

量，农业装备日益现代化，生产日益集约化，六大产业迎来了量质双升、效率提升的战略机遇。随着社会经济迅速发展和城乡居民对美好生活渴求日益增长，特色农产品市场需求旺涨，满足高端市场和消费群体的高品质农产品短缺，急需通过科技进步提升产品质量和效益。

（二）密切关注科技创新与农业科研机构面临的挑战与困难

从外部环境看，农业发展进入效益导向、生态保护、链条延长、功能融合、业态拓展的新阶段。农业产业化和高质量发展对科技需求正由注重增产向注重提质增效转变，由单一技术需求向整体解决方案转变，农业经营主体也向小农户组织化、规模户企业化转变。这就要求科技供给方成为发展的共同体。从发展的内在要求看，传统优势学科领域的巩固面临需求分割、空间挤压，新兴交叉领域发展遭遇动能转换、人才瓶颈，面临科研机构合并、人才流向高等学校的挑战；支撑发展、引领发展面临成果贮备不足和技术供给乏力，科技研发滞后于生产和经营主体的需求；内涵建设的团队共识、持续动力尚未完全形成，一些科技人员仍然缺乏团队概念和平台意识，科技人员的价值追求和科研环境建设还跟不上新时代创新驱动战略实施的发展要求。这些挑战与困境，要求我们顺应外部变化和发展趋势，强化责任担当，重新塑造创新模式，推动创新成果有效贮备、快速产出和转化，为农业高质量发展提供技术供给和发展模式。

（三）牢牢把握新时代农业科技需求与创新方向和重点

农业发展方式和供给侧正在发生深刻变

化，对农业科技创新改革和科技资源配置提出新要求。一是土地由农户承包经营走向土地流转和适度规模经营，农业生产的专业化、市场化、组织化和社会化越来越明显，迫切要求农业科技创新与成果转化适应规模化和专业化的要求。二是农业生产由手工劳动转为机械化作业，迫切要求农艺创新技术由增产向增效和适宜机械化作业转变，实现农艺农机结合，提高生产效率。三是农业由单一技术向综合解决方案转变，迫切要求以问题为导向、以任务为牵引组建跨学科研究团队，创新科研组织模式，提升承担重大科研项目和集成综合解决方案的能力。四是农业科研由解决单纯的生产技术问题向分子设计育种、资源环境、农产品质量安全等领域的纵深发展，迫切要求提升实验室和科研平台的支撑能力、配置先进科研设施和改善研究手段，提高基础研究和应用研究的创新能力。五是农业信息化、智能化、大数据、物联网等技术迅速发展，正在推动农业数据采集、监测智能化及重大品种创制、作物种植、畜禽养殖、设施高值农业的精确化管理和全程自动化控制，迫切要求加快科技资源布局，优先在重点领域或某个节点上跟进。六是随着我国对外开放和"一带一路"倡议，农业科技的全球化越加明显，国内农业科研、教学、企业等单位广泛重组和联合，建立了农业科技创新联盟，以突破体制机制约束，解决生产和产业发展的重大问题，对开展高水平的合作交流提出了严峻挑战。七是大型科技企业介入农业，呼唤科技服务形式多样化，农业适度规模化、机械化、专业化、智能化等特征，给科技创新与服务提出了明显挑战。

面对以上挑战，我们要做好四个方面的应对。一是立足提升农业科技自主创新水平，加强生物种业、生物基因调控及分子育种、农业

资源与环境、农业绿色提质增效、智能农机装备等重点领域研究，着力突破农业科技创新关键点，积极打造新兴交叉领域科技创新增长点，补齐学科发展短板。二是聚焦支撑农业供给侧结构性改革和高质量发展，围绕产业侧提供名特优新品种、先进适用技术和高效发展模式，补齐产业发展短板，支撑农业绿色发展，以现代丝路寒旱农业为统揽，以农业绿色循环化发展为导向，加快节水农业、高值旱作农业、设施农业、戈壁生态农业、农牧循环等领域的科技攻关。三是着眼强化科技力量优化，夯实农业科技创新支撑能力，布局建设重大科研平台与基地、作物种质库和农业科学实验站，为基础研究、核心技术攻关、科学决策提供坚实支撑和保障。四是创新体制机制，建立分工明晰、高效协同的农业科技创新大协作大联合体系，提高科技创新组织化程度；牢固树立需求导向，实现"研学产"向"产学研"转变；加快"放管服"改革，激发创新创业活力；加强学风建设，营造良好的创新文化生态，推动院所治理体系和治理能力现代化。

三、2020 年重点任务

2020 年是全面打赢脱贫攻坚战的收官之年，是"十三五"规划全面完成之年。要全面贯彻落实中国共产党十九大及十九届二中、三中、四中全会，中央农村工作会议精神以及习近平总书记视察甘肃重要讲话和指示精神，省委十三届十一次全会暨省委经济工作会议、省委农村工作会议精神，对标对表任务指标，按照稳中求进的总基调，深化农业科技供给侧结构性改革，调学科、强根基，抓创新、促转化，育产业、保供给，重管理、健机制，力争小康之年科技创新与成果转化再创佳绩。预期

新上项目合同经费和到位经费均保持在1亿元以上，科研能力建设投入资金1亿元以上，培育省部级科技奖励成果10项以上，发表论文400篇，成果转化收入突破3 000万元，推广10个重大品种和10项重大技术，新品种、新技术、新模式累计示范应用1 500万亩，新增粮食产量20万吨，获经济效益15亿元以上。

重点抓好以下主要工作。

（一）提升科技创新能力，支撑农业高质量发展

坚持课题源于生产实践、成果接受实践检验的理念，把解决生产问题与科学问题统筹起来，把提高创新能力和支撑产业发展能力统筹起来。

一要下大力气争取项目。高度关注国家和甘肃省2020年科技项目政策部署，下大力气开展需求问题调研、项目凝练和主动衔接争取工作。重点抓好国家2030种业自主创新工程，积极争取主要作物种质创新与重大新品种选育项目；对接粮食丰产工程、绿色提质增效、农业节水和智慧农业等重大专项，力争省农科院优势研究领域进入国家重点研发计划，夯实科技创新发展的基础；对接黄河流域生态环境保护和高质量发展国家战略，凝练一批重大科技任务与项目；抓好国家自然科学基金项目争取，确保获得资助15项以上；衔接国家和甘肃省科技创新基地平台建设计划，力争国家农业科学实验站项目立项；整合重点领域科技资源，争取甘肃省科研基地、重点实验室、野外台站等项目；强化走出去战略，在抗旱品种选育与应用、农业资源与环境、土壤质量提升等方面，争取1～2项"一带一路"国际合作项目；加强国家现代农业产业技术体系后备团队人员培养，确保稳定接替。

二要下大力气提升科技创新水平和效率。围绕甘肃现代丝路寒旱农业发展要求，重点在"藏粮于技"、作物良种培育等领域提高科研创新效率，研发"卡脖子"关键技术。整合科技资源，组织实施七大科技创新行动：实施重大品种选育与示范行动，建立全院作物快速育繁及分子育种平台，加快生物技术应用，提高资源创制与优异育种材料筛选效率，加快中早熟高淀粉主食化马铃薯、耐密机收或青贮玉米、优质专用或强劲小麦、饲料大麦、功能性青稞和杂粮杂豆等品种选育，支撑农业优质化和市场化；联合市（州）农业科研单位，在优势产区开展重大品种及配套技术示范展示活动。实施戈壁生态农业技术提升行动，组建现代丝路寒旱农业科创中心，加快设施蔬菜低成本基质栽培、水肥智能控制、病虫害生物防控、机械化作业等技术熟化与应用。实施主要作物农艺农机融合全程机械化行动，加快形成具有区域特色的玉米、马铃薯、中药材、牧草、果树等全程机械化解决方案，围绕经营主体，推进中药材机械移栽和采收、果园和蔬菜主要生产环节的机械作业。实施生态循环农业科技行动，集中攻克设施农业水肥高效利用、化肥减量增效、粮改饲、休闲轮耕、地膜替代与减量、尾菜处理等环节中的卡脖子关键技术与产品。实施黄河流域农业高质量发展科技支撑行动，加强沿黄灌区集约农田养分流失控制与流域化学品安全投入、黄土高原适水种植及高值旱作农业、盐碱地治理等攻关研究。实施特色农产品精深加工行动，加强苹果、蔬菜、葡萄、马铃薯等采后贮藏保鲜及新产品研发，开发功能性杂粮、营养性马铃薯等产品。实施智慧农业关键技术集成应用行动，依托综合试验站和试验基地，加快构建全省主要类型区特色作物生长状况与农情信息物联网，筹备成立甘肃省智慧

农业研究中心、智慧农业院士专家工作站和国家农业信息化示范基地，建立病虫害预警与防控和现代设施农业智能化示范样板。

三要下大力气凝练重大科技成果。围绕区域重大科学问题及产业核心关键技术、重大品种和产品、区域农业发展综合解决方案等，开展三个方面的成果凝练与培育。开展区域种业科技创新、产业发展、资源环境可持续利用等科学问题凝练，发表高质量学术论文20篇，提升农业科学基础研究与应用研究的学术影响力。开展重大品种、产业关键技术成果凝练与培育，推出5～8个有影响力的优质特色品种、10项支撑农业绿色发展和高质量发展的关键技术，在主产区集成多种资源建立10个千亩集成示范基地，提高产业支撑的社会影响力和效益。开展科技奖励成果组织申报，加强项目整合和创新凝练，重点在河西酿酒葡萄优异品种及全程机械化、马铃薯主食化品种及产品加工、优质抗逆小麦品种及品质提升、主要作物节水节肥节药综合解决方案、旱地农田水分平衡规律及适水种植、黄土高原优质苹果绿色提质增效、重大病虫害绿色防控技术及产品等方面，凝练省部级科技进步奖成果，力争获得一等奖2项；实施新产品转化和省专利奖申报，加快推进已有专利和产品的市场转化，力争1项专利一等奖。

（二）推进学科建设，优化科技资源配置

继续加大学科建设的力度，推动资源聚集，促进农业科技供给侧结构性改革。

一要强化省农科院全院层面的宏观统筹。围绕六大学科、27个研究领域、38个研究方向，布局科研力量、完善考核指标，增强院层面对学科团队建设的宏观管理。根据省农科院学科建设总体要求，科学定位各研究所方向，优化内部资源配置，形成目标明确、任务具体、进度可控、责任清晰的学科团队建设规划。力争在"十四五"末，全院形成优势明显、特色突出、保障有力、产出丰硕的学科体系。

二要形成齐抓共管的合力。按照"学科—领域—方向—团队—平台"一体化布局的思路，推动项目、人才、平台、制度等资源向学科聚集。各部门、各单位要进一步加强沟通协调，完善配套措施，形成工作合力，在项目申报、人才培养、评优创先、学术交流等环节中，发挥管理职能对学科建设的激励作用。各研究所要增强学科建设的大局意识、长远意识，服从于全院学科建设的总体要求，自觉克服眼前利益和个人主义。

三要增强学科发展的活力。系统分析全院学科建设的共性问题，加强学科建设工作的统筹设计，不断优化学科建设外部环境、激发内生动力。认真分析学科人才现状，引进新的知识要素，完善学科结构，做强传统学科，做优特色学科，培育新兴学科，发展交叉学科。补齐学科建设短板，建设"小而特"学科，布局现代生物育种、智慧农业、康养农业、农业机械与装备等学科力量，积极争取组建农业机械与装备研究所。

（三）打好脱贫攻坚战，助力全面建成小康社会

动员全院力量，继续以昂扬的斗志、饱满的热情、旺盛的干劲，聚焦短板弱项实施集中攻坚，确保脱贫攻坚任务如期完成。

一要全面落实4个深度贫困村帮扶责任。在全面打赢脱贫攻坚战、与全国一道全面建成小康社会的关键之年，全院帮扶力量要密切协作、持续发力，配合地方攻克最后贫困堡垒，

巩固脱贫成果，防止返贫，全面完成各项帮扶任务。有关部门要密切关注并妥善应对帮扶工作中出现的苗头性、倾向性问题，全院对口帮扶干部要切实履行帮扶职责，帮助贫困户解决好生产生活中的实际问题。要全面总结扶贫项目实施情况，总结帮扶工作中好的做法和成功经验。

二要全力做好23个深度贫困县（区）对口帮扶项目。围绕"牛羊菜果薯药"六大产业科技需求和贫困县（区）实际，转化一批绿色优质的新品种、新技术，助推农业产业升级。围绕贫困地区农业生产组织形式和产业技术需求，加快农业科技成果应用示范、技术培训、技术咨询等科技服务活动。各研究所和项目组要高度重视对口帮扶项目实施，切实组建好项目团队，调配好科技资源，真正为深度贫困县（区）富民产业的培育壮大提供科技支撑，夯实乡村振兴的基础。

（四）聚焦产业兴旺，全力支撑乡村振兴

以科技创新为乡村振兴提供新动能，优化产业结构，提高供给质量，推进农村一二三产业融合发展。

一要加大示范村镇建设。全院要把项目谋划实施、科技服务及成果推广工作与落实乡村振兴战略紧密结合起来，与发挥专业优势支撑产业兴旺结合起来。完善45个示范村（镇）和入选全国乡村振兴科技引领百强村的4个村建设实施方案，构建乡村振兴模式，树立典型示范样板。

二要实施七大科技支撑行动。以基本满足全省乡村振兴和农业农村现代化对新品种、新技术、新产品和新模式的需求为目标，全面开展农业重大品种攻关行动、戈壁高效农业关键技术提升行动、农业优质丰产增效行动、农业面源污染控制行动、农产品储运保鲜与加工增值行动、牛羊草畜循环农业示范行动和现代农业科技培训行动。

（五）创新体制机制，加速成果转化

坚持科技成果公益性转化与商业性转化同步推进，在实现支撑产业的同时，合理合法合规增加科技人员收入。

一要制定完善科技成果转化的政策体系。职能部门要深入研究、分析国家和省促进成果转化的政策措施，学习借鉴兄弟院所成功经验，不断优化完善制度措施，加大科技创新力度，为成果转化提供政策保障。

二要构建成果转化的公益性和市场化体系。积极探索科研与推广融合机制，从公益性、市场化等维度搭建载体，推动创新链和产业链的深度融合。组织经验丰富的专家团队，聚焦优势特色产业开展公益性科技服务，帮扶地方产业发展；探索与政府、企业共建新型研发机构，共建产业研究院，释放创新活力，助推科技与产业融合；探索市场化成果转移模式，争取成立全国农业技术转移转化中心西北分中心，积极参加各类成果推介会，举办试验站科技开放周和第二届甘肃省农业科技成果推介会等活动，促进"陇"字号农业科技成果与市场需求的无缝对接。

三要建立完善有利于应用型成果产出和团队建设的评价体系。实行人才分类评价，"干什么、评什么"；改革职称条件，将团队的成长性、成果产出与团队研究方向的匹配度、团队贡献以及反映技术市场化运作等方面作为团队成员职称晋升的重要依据；建立激励机制，将科研人员奖励性绩效与重大成果产出和成果转化挂钩，有效推动全院创新从"有没有"向"好不好"转变。

（六）加强条件建设，夯实发展基础

积极争取各类条件建设项目，多方筹措资金，不断改善科研手段，提升科研能力。

一要全力推进西北种质资源中心建设。完成项目的方案设计、初步设计、施工图设计，完成人防、消防等专项审查和施工图审查，办理规划许可、施工许可等前期手续，组织完成施工招标并及时开工建设。多方努力，加大项目建设资金的筹措力度，为工程建设顺利推进提供资金保障。同时，积极做好建设期间的施工管理，确保安全、规范、高效。

二要全面推进科研平台建设。统筹推进实验室及试验站点建设，科研项目经费在符合相关规定的前提下，项目经费15％以上要用于科研条件建设投入。改善田间自动观测手段，为智慧农业和大数据平台建设打好基础。打造全院科研仪器共享服务平台，推进仪器共享。完成试验温室调配，完成全院分子育种平台、中试车间、基地、实验室等建设任务。完成青藏区综合试验基地、胡麻分中心等农业建设项目并组织验收工作；做好入选的5个国家农业科学实验站及3个省级联合实验室建设年度任务。

（七）深化合作交流，释放发展活力

坚持"引进来""走出去"相结合，不断拓展对外合作的空间，在开放中发展，在合作中共赢。

一要提高出访的目的性。深入分析全省农业产业发展需求，梳理世界各国学科优势，查找自我发展短板，通过全院统筹与自由申报相结合，优化全院出访计划和引智计划。

二要积极响应"一带一路"倡议。按照甘肃省确定的抢占"一带一路"文化、枢纽、技

术、信息、生态"五个制高点"的战略部署和做好东联、西进、南向、北拓"四篇文章"的要求，在做好"丝绸之路中俄技术转移中心"和"马铃薯种质资源创制与品种选育中俄联合实验室"建设的基础上，加强与"一带一路"沿线国家的交流，加大"走出去"的力度。

三要发挥创新联盟、省级学会等平台作用。把创新联盟建设发展和相关省级学会工作，作为全省农业科技创新体系建设的重要抓手。在继续抓好5个协同创新中心2019年确定实施的重点项目的同时，围绕设施瓜菜、果树农机农艺融合、中药材产业化等方面，启动2020年重点任务凝练。多学科联合，全产业链谋划，解决产业发展中的问题，支撑高质量发展。

四要加强对外合作与学术交流。加强与国际农业组织的联系，建立长期稳定的合作关系；系统谋划对外学术交流活动，组织"寒旱种质资源评价利用国际学术会"和"丝绸之路经济带论坛"。

（八）加强民生工程建设，增强职工幸福感

坚决整治房产资源乱租乱占、广告宣传乱贴乱画、生活垃圾乱扔乱倒、通讯线缆乱拉乱装和机动非机动车辆乱停乱跑等问题，继续完善消防责任制，做好垃圾分类、环境整治、治安管理。结合"智慧农科"建设，建立门禁系统，消除安全隐患。完成东大门区域整治改造，启用20号楼前商铺。地下地上统筹考虑，完成地下车位租赁。完成17-20号公租房的决算。改革后勤物业化管理，探索事业编制、企业管理的运行模式。积极对接卫生服务站和幼儿园建设。规范管理制度，堵塞"跑冒滴漏"。

群策群力，建立安全、和谐、美丽的农科家园。

（九）以党的政治建设为统领，提升党的建设质量

以习近平新时代中国特色社会主义思想为指导，以党的政治建设为统领，着力深化理论武装，着力夯实基层基础，着力推进正风肃纪，全面提升党的建设质量。

一要抓实抓紧党的理论学习教育，坚持以习近平新时代中国特色社会主义思想武装党员干部，提高适应新时代、实现新目标、落实新部署的能力。按照中央的统一部署和省委的安排，把"不忘初心、牢记使命"主题教育作为加强党的建设的永恒课题和党员干部的终身课题，认真总结主题教育以来的经验做法，把形成行之有效的制度办法固化下来。二要深入学习贯彻新时代党的组织路线，加强领导班子和领导干部队伍建设。调整配备领导班子，提高班子整体效能。三要督促落实中央八项规定和实施细则精神，力戒形式主义、官僚主义；从严管理监督教育领导干部，落实培训教育和约谈、诫勉等规定，激励担当作为；突出忠诚于党、以事业为上和作风扎实的导向。四要统筹推进基层党组织建设，以提升组织力为重点，突出政治功能，持续推进党支部标准化建设工作，落实"三会一课"基本制度，推进"两学一做"学习教育常态化制度化；围绕中心抓党建，抓好党建促发展，发挥党支部战斗堡垒作用和党员先锋模范作用，切实提高党建质量和水平。五要结合实际推进群团改革，抓好统战和群团工作，落实"七五"普法任务，抓好精神文明建设，办好第四届"文化艺术节"。

四、推进"五大建设"，为完成年度工作任务提供保障

（一）加强履职能力建设，提升领导水平

一要认真学习政策。各级领导要把学习研究政策、提高政策运用水平作为提升工作能力的重要途径。通过深刻理解政策、准确把握政策、灵活运用政策，把研究政策与解决自身发展中存在的问题结合起来，使本职工作与上位政策有效对接，为谋划本单位、本部门和本职工作，推动高质量发展提供新思路、新举措。

二要深入谋划工作。要增强工作的预见性，以切实有效的工作计划、严密细致的组织安排、科学合理的资源调配，推进重点工作的稳步实施。各所（场）要把全院年度主要工作和阶段性重点工作与本单位具体实际有机结合起来，增强对省农科院决策部署的执行力。要全面盘点"十三五"各项工作任务完成情况，认真谋划"十四五"发展，启动规划编制工作。

三要破解发展难题。客观分析本单位的发展现状，准确判断内外环境，不断厘清思路、优化措施。要直面发展中的困难和问题，及时回应职工关切，在解决问题、突破瓶颈中推动发展。要发挥好班子的集体智慧，充分听取广大职工的意见建议，积极争取上级部门支持，多措并举、共促发展。

（二）加强管理体系建设，提升管理服务质量

一要深化制度改革。以增强自主创新能力、促进科技与经济紧密结合为目的，以改革驱动创新，强化创新成果同产业对接、创新项

目同现实生产力对接、研发人员创新劳动同其利益收入对接，充分发挥市场作用，释放科技创新潜能，为发展提供不竭动力。围绕制约科技事业高质量发展的关键因素，遵循农业科技事业发展的规律，不断深化科技体制改革，加速出成果、出高水平成果的步伐，健全科技创新、成果转化、人才培养的机制，完善全院管理体系，提升管理能力。

二要强化各项管理。坚持问题导向、目标导向和结果导向，优化配置科技资源，加强科研项目绩效管理，充分调动广大科技人员的创新活力和创造激情；加强财务资产管理，按要求全面完成审计整改；强化预算绩效管理工作，加强资金支付进度和绩效目标双监控工作，切实提高资金使用效益。

（三）加强内控体系建设，提升规范化水平

一要推进"智慧农科"建设。充分运用现代信息技术、网络技术、大数据、云计算等技术，以"智慧农科"建设为抓手，整合各信息系统资源，实现办文、办会、办事一网通办，显著提升工作效率和管理效能。

二要健全规章制度。进一步健全全院管理制度，形成覆盖全面、落实到位、衔接有序、保障有力的制度体系，不断推进管理的科学化、制度化。加强制度执行的监督，增强制度的刚性约束，避免任性用权。正确处理好一级法人与二级法人的关系，强化全院上下一盘棋的工作机制，提高全院的工作效率。

（四）加强人才队伍建设，提升智力支撑能力

一要加大紧缺人才培养力度。认真分析学科团队人才结构，着眼"十四五"乃至今后更

长一段时期发展需求，加强急需紧缺人才引进和在岗培养，为科技创新提供强有力的智力支撑和人才保障。落实好急需紧缺人才岗位培养办法，实现人才队伍建设与学科建设的统筹谋划、同步推进。

二要发挥高级职称专业技术人员的"传帮带"作用。各研究所要结合各自实际，制定切实有效的青年人才培养计划。研究所负责人、研究室负责人及课题负责人要从事业持续发展的高度，以甘为人梯的胸怀和识才容才的雅量，勇于承担人才培养的责任。高级职称人员既要乐于向青年人才提供专业指导、分享工作经验，也要善于向青年科技人员学习新知识、新方法、新信息。

三要不断优化人才考核评价体系。进一步加强科技创新人才、成果转化人才和管理服务人才队伍建设，制订适合不同类型、不同层次人才的差别化政策，形成人人渴望成才、人人皆可成才的局面。遵循新时代人才工作的规律，突出业绩和创新，不唯学历、不唯职称、不唯资历，坚持把人才对事业发展的实际贡献作为人才评价的主要因素。关心各类人才的工作和生活，进一步优化干事创业的环境，形成高学历人才引得进、留得住、干得成的良好环境。

（五）加强作风建设，提升工作效能

一要加强院所机关作风建设。要进一步强化院所机关的效能建设，把过硬作风、过硬能力体现在高质量地推动工作落实上。加强机关处室（科室）之间协作沟通，在分工的基础上实现合作，在定位的基础上做好补位。增强机关工作人员的大局意识、服务意识、效率意识，甘为人梯、甘当绿叶。

二要加强科研人员学风建设。坚持用创新

文化激发创新精神、推动创新实践、激励创新事业。以大力弘扬科学家精神为旗帜，以传承"农科精神"为重点，培育和凝练具有省农科院特色的创新文化，营造全院广大职工共同的"精神家园"。发扬鼓励创新、宽容失败的科研文化，百花齐放、百家争鸣的学术文化，敬业奉献、团结协作的工作文化。

同志们，2020 年是具有里程碑意义的一年。迈向 2020 年，我们将要取得决胜全面建成小康社会、实现第一个百年奋斗目标的伟大胜利。让我们用汗水浇灌收获，以实干笃定前行，在这个非凡的历史节点上留下奋斗的身影、收获丰收的果实，为努力谱写加快建设幸福美好新甘肃、不断开创富民兴陇新局面，贡献出新时代科技工作者的新贡献！

再过几天，我们将迎来中华民族的传统节日新春佳节。在此，我代表院领导班子，向全院职工及家属致以新春的问候，祝大家在新的一年里身体健康、生活幸福、工作顺利！

谢谢大家！

院领导及分工

党委书记魏胜文：主持党委全面工作，负责组织、干部、群团工作。分管党委办公室、院工会、院团委。

院长马忠明：主持行政全面工作，负责科研、合作交流工作。分管院办公室、科研管理处、科技合作交流处。

党委委员、副院长李敏权：负责人才、人事、老干部工作，分管人事处、离退休职工管理处。联系马铃薯研究所、生物技术研究所、蔬菜研究所、植物保护研究所、农产品贮藏加工研究所、经济作物与啤酒原料研究所（中药材研究所）。

党委委员、副院长贺春贵：负责统战、扶贫开发、成果转化工作，分管成果转化处。联系作物研究所、小麦研究所、土壤肥料与节水农业研究所、畜草与绿色农业研究所、农业质量标准与检测技术研究所、绿星公司。

党委委员、副院长宗瑞谦：负责宣传、财务资产、基础设施建设、综合治理、后勤服务工作，分管财务资产管理处、基础设施建设办公室、后勤服务中心。联系旱地农业研究所、林果花卉研究所、农业经济与信息研究所、张掖试验场（张掖节水农业试验站）、榆中试验场（榆中高寒农业试验站）、黄羊试验场（黄羊麦类作物育种试验站）。

党委委员、纪委书记陈静：负责纪委全面工作，分管纪委、行政监察室。

（此分工经院党委会议 2019 年 5 月 8 日研究确定）

组织机构及领导成员

职 能 部 门

院办公室
主　任：胡新元
副主任：张开乾

党委办公室
主　任：汪建国
副主任：马学军

行政监察室
主　任：程志斌（兼）

人事处
处　长：刘元寿
副处长：葛强组

科研管理处
处　长：樊廷录
副处长：汤　莹（正处）
　　　　展宗冰

财务资产管理处
处　长：马心科
副处长：常　涛（正处）（兼）
　　　　王晓华

科技成果转化处
处　长：马　彦
副处长：张国和

科技合作交流处
处　长：郭天文

基础设施建设办公室
主　任：常　涛
副主任：王晓华（兼）

老干部处
副处长：蒲海泉

内 设 组 织

院工会
主　席：李敏权
副主席：马学军（兼）

院机关党委
书　记：汪建国（兼）

院团委
书　记：边金霞
副书记：郭家玮

院 属 单 位

作物研究所
所　长：杨天育
党总支书记：张有元
副所长：张有元（兼）　张正英（正处）
　　　　张建平

小麦研究所
所　长：杨文雄
党总支书记：王　勇

副所长：王　勇（兼）

　　　　杜久元

马铃薯研究所

所　长：吕和平

党总支副书记：王　敏

副所长：文国宏　王　敏（兼）

旱地农业研究所

党总支书记：乔小林

副所长：乔小林（兼）　杨封科

　　　　张绪成

生物技术研究所

所　长：罗俊杰

党总支书记：崔明九

副所长：崔明九（兼）

土壤肥料与节水农业研究所

所　长：车宗贤

党总支书记：郭晓冬

副所长：郭晓冬（兼）　杨思存

蔬菜研究所

所　长：王晓巍

党总支书记：侯　栋

副所长：侯　栋（兼）　谢志军

林果花卉研究所

所　长：王发林

党总支副书记：王卫成

副所长：马　明　王卫成（兼）　王　鸿

植物保护研究所

党总支副书记：郭致杰

副所长：郭致杰（兼）　刘永刚

农产品贮藏加工研究所

所　长：张辉元

党总支副书记：胡生海

副所长：田世龙　胡生海（兼）　颉敏华

畜草与绿色农业研究所

党总支书记：杨发荣

副所长：杨发荣（兼）

农业质量标准与检测技术研究所

所　长：白　滨

党总支副书记：杨富海（正处）

副所长：杨富海（正处）（兼）

经济作物与啤酒原料研究所（中药材研究所）

所　长：王国祥

党总支书记：王　方

副所长：王　方（兼）　龚成文

农业经济与信息研究所

所　长：乔德华

党总支副书记：陈文杰

副所长：王恒炜（正处）

　　　　陈文杰（兼）　张东伟

后勤服务中心

主　任：李林辉

党总支书记：王季庆

副主任：王季庆（兼）　高育锋

张掖试验场

副场长：王志伟　王兆杰

场长助理：李国权（正科）

榆中园艺试验场

党总支副书记：于良祖

副场长：于良祖（兼）　张世明

黄羊试验场

场　长：陈玉梁

党支部副书记：郭天海

副场长：郭天海（兼）

甘肃飞天种业股份有限公司

法人代表：马　彦

甘肃绿星农业科技有限责任公司

法人代表：田　斌

（注：以上信息以 2019 年 12 月 31 日为准）

议事机构

专 家 委 员 会

主任委员：吴建平

副主任委员：陈　明　马忠明

秘 书 长：金社林

副秘书长：郭天文　刘元寿

院内委员：魏胜文　李敏权　贺春贵

　　　　　杨天育　张建平　樊廷录

　　　　　张国宏　张绪成　车宗贤

　　　　　王晓巍　王兰兰　王发林

　　　　　马　明　张新瑞　张永茂

　　　　　颉敏华　杨文雄　吕和平

　　　　　罗俊杰　杨发荣　潘永东

　　　　　张东伟　张辉元　金社林

院外委员：

康绍忠　中国工程院院士、中国农业大学
　　　　教授

南志标　中国工程院院士、兰州大学教授

贾志宽　西北农林科技大学教授

李发弟　兰州大学教授

郁继华　甘肃农业大学教授

院专家委员会分 4 个专业学科组：

第一学科组（作物育种）

组　长：杨天育　副组长：杨文雄

委　员：贺春贵　吕和平　张国宏

　　　　潘永东　张建平

第二学科组（旱农土肥）

组　长：樊廷录　副组长：车宗贤

委　员：贾志宽　马忠明　郭天文

　　　　罗俊杰　张绪成

第三学科组（园艺加工）

组　长：王发林　副组长：王晓巍

委　员：张永茂　张辉元　王兰兰

　　　　马　明　颉敏华

第四学科组（植保、畜牧、农经）

组　长：金社林　副组长：杨发荣

委　员：李发弟　吴建平　魏胜文

　　　　陈　明　李敏权　张新瑞

　　　　张东伟

职称改革工作领导小组

组　长：马忠明

副组长：魏胜文　李敏权

成　员：贺春贵　宗瑞谦　陈　静

　　　　汪建国　胡新元　刘元寿

　　　　樊廷录

高中级职称考核推荐小组

组　长：马忠明

副组长：魏胜文　李敏权

成　员：贺春贵　宗瑞谦　陈　静

汪建国	胡新元	程志斌	王发林	郭致杰	杨文雄
刘元寿	樊廷录	郭天文	吕和平	罗俊杰	杨发荣
马心科	马 彦	杨天育	张辉元	白 滨	王国祥
张绪成	车宗贤	王晓巍	乔德华	王志伟	

二、科技创新

概　况

2019年，甘肃省农业科学院共组织申报国家重点研发计划、国家自然基金、省引导科技创新专项、省级科技计划等各类项目420余项。其中争取中央引导地方科技发展专项1项，地方引导科技创新专项3项，国家自然基金课题12项。经多方争取，西北种质资源保存与创新利用中心获省发改委批准立项，4个科技示范村入选全国乡村振兴科技引领百强村。围绕全省农业优势特色产业发展和脱贫攻坚主战场，争取到各类横向课题和技术服务项目53项，合计争取经费2 180万元。全年新增主持各级各类科技项目（课题）共计286项，新上项目合同经费1.4亿元，到位经费1.1亿元以上。

围绕甘肃特色现代丝路寒旱农业发展，瞄准"一带五区"特色农业生产布局中的产业需求，加大科研创新力度，全年共实施各类项目（课题）450余项，布设各类试验示范2 400余项，投入科研经费6 600余万元，取得了一批阶段性成果。制定并下达了《甘肃省农业科学院学科设置方案》，以提升传统优势学科、培育特色学科和稳定人才团队为目标，确定了六大学科27个研究领域，筛选认定了38个主攻方向、43个学科团队、41个依托平台，基本构建形成了以"学科—领域—方向—团队—平台"为基本构架的全院学科建设体系。

全年通过结题验收项目77项，完成省级科技成果登记54项，通过国家和省级主管部门审定（登记）的品种14项。组织推荐2019年国家科技奖1项。获得省部级以上科技成果奖励24项（协作7项），其中"陇春系列小麦品种选育与示范推广"获全国农牧渔业丰收一等奖，"桃优良新品种选育及产业提质增效关键技术研究与应用""绿色抗旱谷子种质创新与新品种选育及应用"2项成果获甘肃省科技进步奖一等奖；获省科技进步奖二等奖7项，省发明专利奖二等奖2项，神农中华农业科技奖三等奖1项，省科技进步奖三等奖3项。获授权国家发明专利5项、实用新型专利21项，计算机软件著作权21项；颁布实施技术标准22项；在各类期刊发表学术论文380余篇，其中SCI收录论文11篇，CSCD收录且影响因子大于1.0的科技论文68篇，出版专著7部。

面向省委、省政府推进农业农村高质量发展的战略部署，编著出版了《甘肃农业现代化发展研究报告》绿皮书；制定实施了《省农科院乡村振兴科技支撑行动落实方案》，遴选45个科技示范村（镇）应用了一批重大品种，转化了一批核心关键技术，凝聚形成了科技引领乡村振兴典型模式；编辑印发了《甘肃省乡村振兴重大科技成果汇编》。全面推动省政府与中国农科院战略合作框架协议的落实，在联合申报国家科技奖、建设西北种质资源库、协同实施旱作生态循环农牧业、马铃薯育种及种薯繁育技术创新等方面开展了实质性合作。

全年新争取国家农业环境张掖实验站、国家土壤质量安定实验站2个，国家农业科学实验站数量达到5个，3个实验室入选省级联合实验室，8项农业农村部农业建设项目通过省级验收，2项通过院内初步验收，其余青藏区综合试验基地、胡麻分中心等在建项目进展顺利；完成了省级重点实验室、技术创新中心、资源共享平台的评估工作；新申报的7个农业农村部农业建设项目可行性研究报告通过省主管部门论证评审；小麦面粉加工中试实验室、畜产品加工中试车间、岷县中药材试验站、秦王川综合试验站等科研基础设施建设全面完成。全年新购置土壤蒸渗仪、实时定量基因扩增仪、气相色谱仪等科研仪器设备176台（套）。完成国家农业科学实验站年度观测监测任务，向国家各数据中心上传数据10.3万个、图片0.92万张。

科研成果

甘肃省科技进步奖

桃优良新品种选育及产业提质增效关键技术研究与应用

获奖单位：甘肃省农业科学院林果花卉研究所

主研人员：王发林　王晨冰　赵秀梅　陈建军　牛茹萱　李宽莹　程进成　沈成章　胡　霞　闫小亚　张　帆　许立红　高俊商　杨怀峰　曾述春

奖励等级：一等奖

绿色抗旱谷子种质创新与新品种选育及应用

获奖单位：甘肃省农业科学院作物研究所

主研人员：杨天育　车　卓　何继红　任瑞玉　张　磊　董孔军　刘天鹏　康继平　范　荣　张小玲　李秉强　赵振宁　唐亚娟

奖励等级：一等奖

甘肃牛羊产业绿色生态化技术研究与应用

获奖单位：甘肃省农业科学院畜草与绿色农业研究所

主研人员：吴建平　郎　侠　焦　婷　宫旭胤　张利平　雷赵民　赵生国　王建福　刘　婷　宋淑珍

奖励等级：二等奖

旱地优质粮果提质增效关键技术创新与应用

获奖单位：甘肃省农业科学院旱地农业研究所

主研人员：杨封科　何宝林　吴永斌　张立功　刘秀花　刘晓伟　张国平　张朝巍　夏芳琴　贾纯社

奖励等级：二等奖

黄土高原旱作农田旱灾防控技术研究与集成示范

获奖单位：甘肃省农业科学院旱地农业研究所

主研人员：张建军　唐小明　王淑英　党　翼　李尚中　赵　刚　王　磊　李兴茂　程万莉　倪胜利

奖励等级：二等奖

节水优质广适春小麦新品种陇春30号选育与应用

获奖单位：甘肃省农业科学院小麦研究所

主研人员：杨文雄　柳　娜　王世红

　　　　　袁俊秀　郑立龙　张雪婷

　　　　　虎梦霞　杨长刚　化青春

　　　　　刘效华

奖励等级：二等奖

饲用甜高粱种质创新及栽培饲用技术研究与示范

获奖单位：甘肃绿星农业科技有限责任公司

主研人员：贺春贵　王晓力　王虎成

　　　　　何振富　葛玉彬　马世军

　　　　　杨　珍　柳金良　尚占环

　　　　　刘陇生

奖励等级：二等奖

优质南瓜新品种选育及产业化

获奖单位：甘肃省农业科学院蔬菜研究所

主研人员：曲亚英　常　涛　王自军

　　　　　吕迎春　侯　栋　陶兴林

　　　　　张东琴　郭兰香　郭建国

　　　　　王宗全

奖励等级：二等奖

超高淀粉马铃薯新品种陇薯8号的选育及应用

获奖单位：甘肃省农业科学院马铃薯研究所

主研人员：李建武　文国宏　李高峰

　　　　　王一航　陆立银　张　武

　　　　　齐恩芳

奖励等级：三等奖

兰州食用百合需肥规律及优质高产栽培关键技术研究与示范

获奖单位：甘肃省农业科学院生物技术研

究所

主研人员：林玉红　裴怀弟　董　博

　　　　　石有太　何正奎　姜小凤

　　　　　陈　军

奖励等级：三等奖

小麦细胞工程育种技术研究及新品种选育与应用

获奖单位：甘肃省农业科学院生物技术研究所

主研人员：王　炜　叶春雷　杨随庄

　　　　　罗俊杰　刘　风　谢志军

　　　　　李静雯

奖励等级：三等奖

神农中华农业科技奖

西北旱作玉米密植丰产增效关键技术与集成应用

获奖单位：甘肃省农业科学院旱地农业研究所

主研人员：樊廷录　李尚中　张建军

　　　　　赵贵宾　王淑英　赵　刚

　　　　　王　磊　党　翼　程万莉

　　　　　马海军　赵武云　马明义

　　　　　蒲如文　续创业　李锦龙

奖励等级：三等奖

全国农牧渔业丰收奖

陇春系列小麦品种选育与示范推广

获奖单位：甘肃省农业科学院小麦研究所

主研人员：杨文雄　汤　莹　王世红

　　　　　柴举畔　郭　莹　刘宏胜

陈翠贤　何振明　何正奎

吕迎春　王　伟　袁政祥

张常文　张　蓉　赵宗海

王廷明　王　峰　王金城

李永海　赵　伟　薛世海

郑月兰　杲煜舜　邓红梅

张丽君

奖励等级：一等奖

小杂粮作物品种创新与增产提质技术研究示范推广

获奖单位：甘肃省农业科学院作物研究所

主研人员：董孔军　杨天育　何继红

刘梅金　马　宁　刘彦明

张　磊　李秉强　罗志恒

曾芳荣　何致强　曹天海

张双定　谯显明　许有兰

张玉龙　杨志梅　刘俊贵

张晓霞　甄　彬　马文智

侯启仓　杨文毕　梁世明

申怕怕

奖励等级：二等奖

获奖成果应用和经济效益统计

成果名称	推广应用/万亩	主产物新增产量		主副产物新增产值/亿元	新增纯收益/亿元	科技投资收益率/元
		粮食	其他			
绿色抗旱谷子种质创新与新品种选育及应用	258.5	61 195 吨	67 232 吨	2.28	2.02	7.91
桃优良新品种选育及产业提质增效关键技术研究与应用	35.88			4.4		8.29
甘肃牛羊产业绿色生态化技术研究与应用				150		8.82
旱地优质粮果提质增效关键技术创新与应用	406.79	34.7 万吨		11.74		6.33
黄土高原旱作农田旱灾防控技术研究与集成示范	665.4	37.3 万吨		6.62		6.94
节水优质广适春小麦新品种陇春 30 号选育与应用	239.6	78 445 吨		2.37	1.16	6.85
饲用甜高粱种质创新及栽培饲用技术研究与示范	148.06				7.002 6	7.15
优质南瓜新品种选育及产业化	23.32			3.52	1.06	8.49
超高淀粉马铃薯新品种陇薯 8 号的选育及应用	76.49		10.98 万吨	3.06		7.96
兰州食用百合需肥规律及优质高产栽培关键技术研究与示范	14.35		21 883.7吨	7.56	7.39	8.14
小麦细胞工程育种技术研究及新品种选育与应用				1.2		6.22
西北旱作玉米密植丰产增效关键技术与集成应用	2 818	225 万吨		48.9		6.23
陇春系列小麦品种选育与示范推广	1 558.05			16.42		6.32
小杂粮作物品种创新与增产提质技术研究示范推广	266.49	6 571.4万吨		2.47	1.7	6.45

获省部级以上奖励成果简介

成果名称：桃优良新品种选育及产业提质增效关键技术研究与应用

验收时间：2016 年 6 月

获奖级别：甘肃省科技进步奖一等奖

获奖编号：2019-J1-011

完成单位：甘肃省农业科学院林果花卉研究所

成果简介：项目采用杂交育种、实生选种与生物技术胚培养（挽救）相结合的技术，选育出优质早熟桃新品种'陇蜜 12 号'、优质早中熟桃新品种'陇蜜 11 号'、优质晚熟桃新品种'陇蜜 15 号'。实现了这三个熟期桃品种的更新换代。开展了以"Y"字树形为主的宽行密株栽培模式、桃树长枝修剪技术、旱地桃园垄膜保墒集雨技术、桃园培肥地力和节肥节本增效技术、桃园绿色综合防控技术体系等 5 项共性、关键技术研究与应用，使桃优质果率平均提高 12%、达到 83% 以上。

该成果在桃主产区的秦安县、皋兰县等地建立示范基地 12 个，新品种、新技术近三年累计应用面积 35.88 万亩，新增产值 4.4 亿元。发表研究论文 27 篇，获实用新型专利 8 项，出版专著 1 部。

成果名称：绿色抗旱谷子种质创新与新品种选育及应用

验收时间：2017 年 9 月

获奖级别：甘肃省科技进步奖一等奖

获奖编号：2019-J1-009

完成单位：甘肃省农业科学院作物研究所

成果简介：该成果构建了谷子绿色抗旱种质鉴定和育种技术平台，提高了资源抗旱性鉴定精准性和产量育种预见性。地方标准《谷子抗旱性鉴定评价技术规范》提出了芽期、苗期和成株期抗旱性鉴定评价方法，"采用底部上渗复水的作物苗期抗旱性鉴定方法"解决了表面复水蒸散快的难题，开发的基序为（CGAGC）3 和（AGCGA）3 的 SSR 分子标记 GSA03760 和 GSA03762 与粒重紧密连锁，可用于分子辅助筛选。该成果创制和育成绿色抗旱谷子新种质和新品种支撑了特色育种，满足了市场对谷子多元化品种的需求。

2016—2018 年在 5 个专业合作社建立良种繁育田 1 210 亩，生产良种种子 49.304 7 万公斤；育成的谷子新品种在省、内外示范推广 258.50 万亩，总增产粮食 61 195 吨，总增产草 67 232 吨，新增产值 22 764.40 万元，新增纯收益 20 179.43 万元。

成果名称：甘肃牛羊产业绿色生态化技术研究与应用

验收时间：2018 年 10 月

获奖级别：甘肃省科技进步奖二等奖

获奖编号：2019-J2-011

完成单位：甘肃省农业科学院畜草与绿色

农业研究所

成果简介：该项目创建了放牧生产体系可持续发展，牛羊品质化生产，农区秸秆资源利用，农牧交错区冷、暖季资源互补，异地养殖等一系列技术，解决了牧区草畜平衡，牧民增收和资源循环利用等问题，形成了牛羊高效、绿色生态化生产技术和产品；阐明了植物精油和发酵缓冲有机盐对调控瘤胃内环境、促进高纤维粗饲料消化的作用机理，技术和产品研发取得了突破，农作物秸秆消化率达到 60%，牛羊育肥期精料节约 33%。首次以代谢能为评价指标，建立了草地生产力精准评价系统，建立了家畜精准淘汰选育技术，显著提高了选育的遗传进展和选育效率。

项目区载畜量显著降低 27%，实现了草畜平衡，牧户的经济效益提高 11.39%。获授权专利 7 项；发表论文 152 篇，其中 SCI 论文 30 余篇，出版著作 12 部；累计培养科研骨干 14 人，硕（博）士研究生 32 人，培训地方业务干部、专业技术人员、农户共计 47 275 人，建成重点示范户 660 户。成果在全省 6 个市（州）的 30 余个市（县）推广应用，累计新增经济效益 150 亿元。技术的推广应用促进了甘肃牛羊产业绿色健康发展，在产业脱贫中发挥了积极作用。

成果名称：旱地优质粮果提质增效关键技术创新与应用

验收时间：2017 年 6 月

获奖级别：甘肃省科技进步奖二等奖

获奖编号：2019-J2-020

完成单位：甘肃省农业科学院旱地农业研究所

成果简介：该成果以旱地农业应对气候变化和旱地优质粮果提质增效生产为目标，经

"研教推"多单位多年协同攻关、试验示范与应用推广获得的。成果涉及旱地农田及覆盖耕地土壤水文学过程及土壤养分应对气候和耕作技术变化的响应机制，全膜双垄膜下秸秆还田、沼化配施和果园覆盖补水条件下土壤水温肥变化规律及其微生境效应，全膜双垄膜下秸秆还田添加腐解剂膜秸双覆盖＋微生物耦合土壤培肥增效机理，旱地农田有机资源循环高效利用土壤培肥及果园覆盖渗灌补水高效用水关键技术，旱地覆盖微地形构建集水＋有机资源循环利用土壤培肥＋水肥精准调控和优质苹果＋膜草砂覆盖＋穴施肥水＋精准补灌＋高纺锤形高光效修剪等作物-技术-环境特定硬技术对位配置粮果提质增效关键技术与模式等创新研究，解决了旱地农田有机培肥、春冬土壤干旱和新植果树和幼树因旱死亡防控、优质粮果提质增效生产等关键技术，显著提高了旱地优质粮果生产的竞争力和效益。项目技术创新与完善，均通过了地方科技管理部门组织的成果验收与登记。

项目取得的主导技术与产品正在甘肃省东部旱作区广泛应用。据不完全统计与计算，2009—2018 年累计推广应用 406.79 万亩，累计总增产粮食 34.7 万吨，总新增经济效益 11.71 亿元，社会经济效益显著。

成果名称：黄土高原旱作农田旱灾防控技术研究与集成示范

验收时间：2017 年 4 月

获奖级别：甘肃省科技进步奖二等奖

获奖编号：2019-J2-026

完成单位：甘肃省农业科学院旱地农业研究所

成果简介：该成果在国家科技支撑计划课题资助下，以"生物抗灾、结构避灾、技术减

灾"为核心,多学科多单位联合攻关,试验示范相结合取得。成果内容涉及中早熟抗旱节水玉米、抗耐旱冬小麦及短生育期复种农作物新品种,干旱致灾机理及响应机制,作物干旱灾害评估方法与技术,以及应对气候变化的干旱灾害综合防控技术模式等创新研究,是以甘肃省农业科学院为主,联合高等院校及农技推广单位共同完成的。成果明确了干旱对作物地上部生物量的影响随胁迫程度增大、随生育期推后而减小,提出将玉米干旱划分为轻旱、中旱、重旱、特旱4个等级,小麦干旱划分为无旱、轻旱、中旱、重旱、特旱5个等级,形成了以主动御旱、应急减灾及复种救灾为主的关键技术。抗旱减灾作物品种旱年增产13.0%~17.4%、减损48.2%;夏闲期油菜覆盖、地膜覆盖、秋季覆膜、留膜留茬核心御旱技术旱年减损11.7%~14.3%;抗旱品种+机械覆膜+土壤蓄水保墒+化学制剂和播期优化+灾后复种救灾硬技术配套减灾技术体系旱年减损12.8%~18.6%。成果技术显著提升了旱作区防灾减灾水平。

该成果取得的主导技术及产品,正在甘肃中东部黄土旱塬区广泛应用。据不完全统计,2012—2018年累计应用665.4万亩,新增粮食37.3万吨,经济效益6.62亿元,社会经济效益显著。

成果名称:饲用甜高粱种质创新及栽培饲用技术研究与示范

验收时间:2018年7月

获奖级别:甘肃省科技进步奖二等奖

获奖编号:2019-J2-042

完成单位:甘肃省农业科学院绿星农业科技有限公司

成果简介:该成果按"产业链部署创新链,以创新链催生新产业"的思路,开展了饲用高粱品种引进、育种、制种、栽培、加工和饲用等相关研究,从"0到1",形成系列成果并完成登记。

育成了饲草高粱新品种"陇草1号"和"陇草2号",填补省内空白;提出甘肃省饲用高粱栽培区划;提出了黄土高原覆膜种植饲草高粱6种典型模式;首次发现饲用甜高粱具有提升家畜健康,提高牛奶和羊肉中多不饱和脂肪酸等功能性作用;发现饲用高粱青贮与全株玉米青贮混合饲喂比单一饲喂好;开发出了甜高粱专用肥和高粱田土壤改良剂及适宜施肥量模型;形成推广了小农户(贫困户)家庭饲用高粱种养模式,对精准脱贫发挥了重要作用;形成了从田间产量到对奶肉品质的完整饲草高粱评价体系;发现露地酿饲兼用高粱可替代覆膜玉米,减少地膜用量;形成全产业链创新团队催生新产业的创新模式。

该成果完成从制种到饲喂技术规程19个,研发青贮添加剂5种及裹包青贮青干草调制规程5个、日粮配方17个;获专利9项,省地方标准1项,企业标准3项,软件著作权3项,专著2部,发表论文42篇。通过建点带企建基地,4年累计推广种植148.06万亩;应用其喂肉羊294万只、肉牛61万头、奶牛1.2万头。新增纯收益7.0026亿元。为甘肃省新增一项饲草产业,支撑了草食畜牧业、助力了脱贫攻坚。

成果名称:优质南瓜新品种选育及产业化

验收时间:2015年6月

获奖级别:甘肃省科技进步奖二等奖

获奖编号:2019-J2-046

完成单位:甘肃省农业科学院蔬菜研究所

成果简介:该项目针对甘肃省南瓜产业发

展现状和存在问题，开展了优质南瓜品种选育、引进以及产业化开发研究。利用杂种优势原理育成全省第一个鲜食兼加工型南瓜新品种甘香栗，2007 年通过省级科技成果鉴定，2009 年通过甘肃省品种认定。成功引进加工南瓜品种奶油南瓜。在新品种的推广种植和产业化开发过程中，取得了多项专利，加工产品获得了有机产品认证。

该项目的实施提升了甘肃省南瓜生产水平，促进了南瓜产业化发展进程，实现了农产品加工增值，取得了显著的经济效益和社会效益。新品种累计示范推广 41.03 万亩，近 3 年推广种植 23.32 万亩，新增产值 18 323.41 万元，获经济效益 10 027.61 万元。通过加工，新增销售额 35 175.00 万元，新增利润 10 552.00 万元，种植和加工合计新增利润 20 579.61 万元。

成果名称： 节水优质广适春小麦新品种陇春 30 号选育与应用

验收时间： 2017 年 6 月

获奖级别： 甘肃省科技进步奖二等奖

获奖编号： 2019-J2-031

完成单位： 甘肃省农业科学院小麦研究所

成果简介： 陇春 30 号是甘肃省农业科学院小麦研究所和甘肃省敦煌种业有限公司历时 11 年联合攻关，连续 3 年向矮败小麦不育株定向授粉永 1265、4035、墨引 504、3002、陇春 23、L418-2、m210、CORYDON 等核心亲本，构建轮回选择基础群体，然后通过群体内自由授粉、轮回选择选育符合育种目标的可育株，再经连续多代系统选育而成的春小麦新品种，于 2013 年 3 月通过了甘肃省农作物品种审定委员会审定，2014 年 5 月通过科技成果登记，2017 年完成新疆引种备案，2019 年 7

月制定发布甘肃省地方标准 2 项。

2016—2018 年在甘肃、新疆、内蒙古、宁夏累计推广 239.6 万亩（省内 164.5 万亩、省外 75.1 万亩），平均增产 32.74 公斤/亩，累计新增粮食 78 445 吨，新增产值 23 653.51 万元，获经济效益 11 615.83 万元，社会经济效益显著。

成果名称： 兰州食用百合需肥规律及优质高产栽培关键技术研究与示范

验收时间： 2017 年 11 月

获奖级别： 甘肃省科技进步奖三等奖

获奖编号： 2019-J3-034

完成单位： 甘肃省农业科学院生物技术研究所

成果简介： 该项目针对甘肃名特优农产品兰州食用百合产业发展中亟须解决的问题和技术难点，重点开展了百合需肥规律、品质变化规律和不同措施对百合养分吸收、品质变化、产量的影响研究，形成了"兰州食用百合需肥规律及优质高产栽培关键技术研究与示范"成果。该项成果探明了不同种植区一、二、三年生兰州食用百合需肥规律与品质变化规律，明确了施肥时期、养分需求比例及施肥与兰州食用百合主要品质含量的相关性，提出了按生长年限分阶段配方施肥技术，制定了兰州食用百合高产优质栽培技术规程和施肥技术规程；采用 RT-PCR 技术，筛选出了可有效一次性检测黄瓜花叶病毒、百合无症状病毒和百合斑驳病毒的特异引物，建立了 RT-PCR 检测兰州食用百合病毒技术体系，制定了食用百合脱毒技术规程；优化了兰州食用百合 3 个专用培养基，提高了诱导分化，增殖扩繁和膨大生根效率，并创建了组培种苗种球直接移栽温室和大田低成本栽培技术。

该项成果在兰州市、永靖县、临洮县、宁夏隆德县等地累计示范推广 14.351 万亩，占兰州食用百合种植面积的 73.2%，累计新增产量 21 883.7 吨，新增产值 75 573.02 万元，新增纯收益 73 909.41 万元。技术应用推动了兰州食用百合产业发展，促进了贫困地区农民增收，取得了显著的经济、社会和生态效益。

成果名称：小麦细胞工程育种技术研究及新品种选育与应用

验收时间：2017 年 9 月

获奖级别：甘肃省科技进步奖三等奖

获奖编号：2019-J3-056

完成单位：甘肃省农业科学院生物技术研究所

成果简介：细胞工程育种技术因具有缩短育种时间并提高育种效率等优点，已成为与分子育种和基因工程并列的现代生物技术育种的三大核心技术之一。该项目针对小麦细胞工程育种技术诱导率和分化率低、获得的绿苗数量少、单倍体加倍率低等长期存在的问题，以及小孢子分离纯化效果差、移栽成活率低等问题，在甘肃省科技厅、农业农村厅和财政厅等多个项目支持下，历经 10 多年的集成创新研究，在以花药培养技术、小孢子培养技术和无性系变异技术为核心的小麦细胞工程育种关键核心技术方面取得了重要突破，同时有机结合分子标记辅助选择和矮败小麦育种技术，建立了高效小麦细胞工程育种技术体系，显著提高了培养效率，缩短了育种周期，加速了遗传群体的构建；通过签订技术许可协议、种质资源共享和技术培训等方式，促进了该技术在多个省内外单位应用，对本行业起到了科技引领与示范带动作用。

陇春 31 号，是甘肃省近年来育成的唯一携带 Yr18/Lr34/Pm38 基因（兼抗条锈、叶锈和白粉病）的小麦品种，丰产性突出，适应性好，在甘肃、宁夏、青海、新疆和内蒙古等地进行了大面积的示范应用，近 3 年获得经济效益 1.2 亿元以上。项目获授权发明专利 1 项，制定地方标准 1 项，省级登记成果 5 项，发表论文 22 篇，定位抗锈新基因 1 个。省内外多个科研和育种单位获得纯系材料 20 000 余份，创制新种质 300 多份，培训示范户及农民 3 000 多人次，为适种区小麦产业的可持续发展以及农民科技脱贫做出了积极贡献。

成果名称：超高淀粉马铃薯新品种陇薯 8 号的选育及应用

验收时间：2017 年 9 月

获奖级别：甘肃省科技进步奖三等奖

获奖编号：2019-J3-005

完成单位：甘肃省农业科学院马铃薯研究所

成果简介：陇薯 8 号（系谱代号 L0202-6）是由甘肃省农业科学院马铃薯研究所以美国油炸加工型品种大西洋为母本和本单位创新种质 L9705-9 为父本组配杂交，经系统定向选育而成的超高淀粉马铃薯新品种，2009 年通过科学技术鉴定，成果达到国际先进水平，2010 年通过甘肃省审定，2016 年获植物新品种权保护。

该品种晚熟（出苗至成熟 116 天），淀粉含量 22.91%~27.34%，超过了国内高淀粉品种标准 18%，属超高淀粉类型品种，且在不同年份和不同生态类型地区均表现稳定，适宜作淀粉加工专用原料。2011—2018 年在甘肃、宁夏等地大面积推广应用，年最大种植面积 30.78 万亩，累计种植面积 121.15 万亩。2016—2018 年推广 76.49 万亩（省内 55.99 万亩），亩增产淀粉 143.61 千克，累计增产淀粉 10.98 万吨，新增总产值 30 622.63 万元，社会经济效益显著。

成果名称：西北旱作玉米密植丰产增效关键技术与集成应用

验收时间：2018 年 9 月

获奖级别：神农中华农业科技奖三等奖

获奖编号：2019-KJ094-3-D01

完成单位：甘肃省农业科学院旱地农业研究所

成果简介：该项目针对西北旱作玉米生产主要制约因素，在国家和地方项目支持下，经连续 8 年研究与应用，形成了旱作玉米密植丰产增效关键技术，在甘肃、内蒙古、宁夏和陕西同类区大面积应用，取得了显著效益。

研究提出了旱作玉米合理群体构建指标，探明了水分、密度、产量的定量关系，首次确定了"以水定密"指标，形成了适水密植丰产关键技术；揭示了旱作玉米根域水环境改善机理，提出并应用了丰产高效用水技术；创新了玉米高效施肥及地膜替代技术，实现减肥增产与环境减排双赢目标；研制出适宜旱作玉米关键环节的配套机具，推进了密植丰产艺机一体化。

该成果相关内容获省部级科技进步奖二等奖 2 项；主编和参编专著 4 本，发表论文 195 篇；获授权发明专利 6 项。2011—2018 年，在甘肃、陕西、宁夏和内蒙古推广 2 818 万亩，新增粮食 225 万吨，新增效益 48.9 亿元；近 3 年应用 2 247 万亩，新增粮食 177 万吨，新增效益 39.8 亿元。丰富了旱作玉米丰产增效理论，探索出了旱作区粮食增产和高效用水技术途径，效益显著，达到国内领先水平。

成果名称：陇春系列小麦品种选育与示范推广

验收时间：2018 年 9 月

获奖级别：全国农牧渔业丰收奖一等奖

完成单位：甘肃省农业科学院小麦研究所

成果简介：针对甘肃及西北地区小麦生产和种业需求，2008—2018 年，甘肃省农业科学院小麦研究所联合全省 18 个小麦主产县（区）农技部门、种子企业，在小麦育种技术、种质创新、新品种选育及高效生产技术集成等方面开展创新研究，并取得重要突破；选育出通过国家或甘肃省审定的陇春系列小麦品种 9 个，丰产稳产适应性广，品质优良，综合抗性好；研究提出了配套高产高效生产技术体系，形成了适宜灌区种植的陇春 30 号、陇春 33 号，适宜干旱区种植的陇春 27 号、陇春 35 号，适宜高寒阴湿区种植的陇春 36 号，节水专用品种陇春 34 号，高产优质品种陇春 39 号等小麦主栽品种布局，节本增收显著；制定技术规程 5 项、地方标准 3 项，发表论文 33 篇，专著 2 部。

11 年来，累计推广 1 558.05 万亩，亩增产值 167.58 元，总经济效益 16.42 亿元，推广投资年均收益率 9.18 元/元；其中：2014—2018 年累计推广 994.05 万亩，亩增产值 163.65 元，总经济效益 10.23 亿元。共举办培训班 463 期，培训农技人员 2 432 名、农民 42 371 人，召开现场观摩会 257 次，印发培训资料 32.16 万份。

成果名称：小杂粮作物品种创新与增产提质技术研究示范推广

验收时间：2017 年 11 月

获奖级别：全国农牧渔业丰收奖一等奖

完成单位：甘肃省农业科学院作物研究所

成果简介： 该项目针对小杂粮生产中存在的品种缺乏问题，创新选育出通过国家和省级鉴定（认定）的谷子、糜子、荞麦、燕麦和青稞等小杂粮品种8个，其中4个品种通过国家鉴定；同时审定颁布了8个主推新品种的地方标准，为小杂粮品种鉴别和生产发展提供了品种支撑。项目围绕小杂粮水肥高效利用和病虫防控，开展了配套的增产提质栽培技术研究，制定的4项小杂粮栽培技术规程地方标准通过审定颁布，为小杂粮种植提供了强有力的技术支撑。

项目联合省、市农科院，省农技推广总站，组织全省26个县（区）农技、种子管理部门，2016—2018年累计示范推广小杂粮品种266.49万亩，总增产粮食6 571.40万吨，总增效益24 690.84万元，新增纯收益17 046.29万元，取得了明显的经济效益。项目实施推动了小杂粮品种的更新换代，大幅提高了小杂粮生产水平，促进了干旱地区、藏区特色粮食和饲草的增产；对种植业结构调整、家庭养殖业发展、复种指数提高和抗旱救灾、科技扶贫等方面也起到积极作用。

论文著作

论文、著作数量统计表

单 位	论 文			著作/实用技术手册
	总数	SCI	CSCD（IF＞1）	
作物研究所	37	0	6	0
小麦研究所	15	0	4	1
蔬菜研究所	24	0	2	0
马铃薯研究所	29	0	3	1
旱地农业研究所	39	2	10	0
生物技术研究所	23	2	5	0
土壤肥料与节水农业研究所	33	1	11	0
林果花卉研究所	42	1	7	1
植物保护研究所	29	1	9	1
农产品贮藏加工研究所	31	2	3	0
畜草与绿色农业研究所	16	0	4	0
农业质量标准与检测技术研究所	16	2	1	0
经济作物与啤酒原料研究所	11	0	0	0
农业经济与信息研究所	23	0	3	0
院机关	6	0	0	3
张掖试验场	2	0	0	0
黄羊试验场	2	0	0	0
榆中园艺试验场	1	0	0	0
后勤中心	1	0	0	0
合 计	380	11	68	7

SCI 论文一览表

论文题目	第一作者	发表刊物	发表期数及页码	第一单位	IF
Film mulched furrow-ridge water harvesting planting improves agronomic productivity and water use efficiency in Rainfed Areas	樊廷录	Agricultural Water Management（小类 2 区）	2019，217：1-10	院本级	3.542
Complexation of capsaicin with hydroxypropyl-β-cyclodextrin and its analytical application	黄铮	Spectrochimica Acta（小类 2 区）	2019 年第 223 卷第 12 期，1-7	质标所	2.931
Oil Extraction and Evaluation from Yellow Horn Using a Microwave-Assisted Aqueous Saline Process	黄玉龙	Molecules（小类 3 区）	2019，24（14），2598-2608	加工所	3.06
Research on the Callus Formation Conditions of the Codonopsis pilosula Induced by Nano-TiO2	赵瑛	Journal of Biobased Materials and Bioenergy（小类 4 区）	2019，13（2）：247-251SCI WOS：000473056800015	生技所	2.993
Effects of Liquid Nano-Carbon Biological Fertilizer on Physiological Characters and Yield of Chinese Cabbage	赵瑛	Journal of Biobased Materials and Bioenergy（小类 4 区）	2019，13（2）：221-224 SCI WOS：000473056800010	生技所	2.993
Fecundity of the parental and fitness of the F1 populations of corn earworm from refuge ears of seed blend plantings withGenuity ® SmartStax™ maize	郭建国	crop protection（小类 3 区）	2019，124，1-3	植保所	2.172
An Approach to Improve Soil Quality：a Case Study of Straw Incorporation with a Decomposer Under Full Film-Mulched Ridge-Furrow Tillage on the Semiarid Loess Plateau，China	杨封科	Journal of Soil Science and Plant Nutrition（小类 3 区）	2019，1-14	旱农所	2.006
Root restriction effects of nectarines grown in a non-arable land greenhouse	王鸿	Scientia Horticulturae（小类 3 区）	2019（250）	林果所	1.961
Analysis of microbial diversity in apple vinegar fermentation process through 16s rDNA sequencing	宋娟	Food Science and Nutrition（小类 4 区）	2019 年第 4 期，1230-1238	加工所	1.747

（续）

论文题目	第一作者	发表刊物	发表期数及页码	第一单位	IF
Syntheses, Structures, Luminescence, and Gas Adsorption Properties of Two New Heterometallic Complexes Involving Alkaline Earth Metals(Ca,Ba)	张爱琴	Z. Anorg. Allg. Chem （小类 4 区）	2019，645，1177-1183	质标所	1.337
Spatial and temporal variation of salt ions in the surface water of Shule River Valley in Gansu Province	郭全恩	Water Science & Technology: water supply （小类 4 区）	2019 年第 19 卷第 2 期，662-670	土肥所	0.922

共计 11 篇

CSCD 来源期刊论文

论文题目	第一作者	发表刊物	发表期数及页码	第一单位	IF
黄土高原黑垆土施肥的作物累积产量及土壤肥力贡献	俄胜哲	土壤学报	2019 年第 56 卷第 1 期，195-206	土肥所	2.559
有机物料对灌漠土结合态腐殖质及其组分的影响	俄胜哲	土壤学报	2019 年第 56 卷第 6 期，1-13	土肥所	2.559
密度和施氮量互作对全膜双垄沟播玉米产量、氮肥和水分利用效率的影响	张平良	植物营养与肥料学报	2019 年第 25 卷第 4 期，579-590	旱农所	2.44
灌溉定额和绿肥交互作用对小麦/玉米带田产量和养分利用的影响	袁金华	植物营养与肥料学报	2019 年第 25 卷第 2 期，223-234	土肥所	2.44
化肥与有机肥或秸秆配施提高陇东旱塬黑垆土上作物产量的稳定性和可持续性	王婷	植物营养与肥料学报	2019 年第 25 卷第 11 期，1-10	土肥所	2.44
土壤培肥与覆膜垄作对土壤养分、玉米产量和水分利用效率的影响	杨封科	应用生态学报	2019 年第 30 卷第 3 期，893-905	旱农所	2.364
覆盖对西北旱地春小麦旗叶光合特性和水分利用的调控	侯慧芝	应用生态学报	2019 年第 30 卷第 3 期，931-940	旱农所	2.364
不同有机肥对砂田西瓜产量、品质和养分吸收的影响	杜少平	应用生态学报	2019 年第 30 卷第 4 期，1269-1277	蔬菜所	2.364

（续）

论文题目	第一作者	发表刊物	发表期数及页码	第一单位	IF
深松和秸秆还田对甘肃引黄灌区土壤物理性状和玉米生产的影响	温美娟	应用生态学报	2019年第30卷第1期，224-232	土肥所	2.364
生物有机肥对连作当归根际土壤细菌群落结构和根腐病的影响	王文丽	应用生态学报	2019年第30卷第8期，2813-2821	土肥所	2.364
耕作方式对甘肃引黄灌区灌耕灰钙土团聚体分布及稳定性的影响	霍琳	应用生态学报	2019年第30卷第10期，3463-3472	土肥所	2.364
氮素用量对膜下滴灌甜瓜产量以及氮素平衡、硝态氮累积的影响	薛亮	中国农业科学	2019年第52卷第4期，690-700	土肥所	2.292
施氮水平对旱塬覆沙苹果园土壤酶活性及果实品质的影响	任静	农业工程学报	2019年第35卷第8期，206-213	林果所	2.128
不同耕作措施对甘肃引黄灌区耕地土壤有机碳的影响	杨思存	农业工程学报	2019年第35卷第2期，114-121	土肥所	2.128
不同溶质及矿化度对土壤溶液盐离子的影响	郭全恩	农业工程学报	2019年第35卷第11期，105-110	土肥所	2.128
不同品种藜麦幼苗对干旱复水的生理响应	刘文瑜	草业科学	2019年第36卷第10期，2656-2666	畜草所	1.847
种植密度对不同品种青贮玉米生物产量和品质的影响	王晓娟	草业科学	2019年第36卷第1期，169-177	作物所	1.847
旱塬区全生物降解地膜覆盖对冬小麦生长发育的影响	赵刚	干旱区研究	2019年第36卷第2期，339-347	旱农所	1.751
干装苹果罐头减压预抽辅助碱性钙处理工艺优化	张海燕	食品科学	2019年第40卷第14期，304-311	加工所	1.73
草铵膦对转基因抗草铵膦马铃薯田间杂草的防效及安全性评价	贾小霞	核农学报	2019年第33卷第10期，2040-2047	马铃薯所	1.695
12C6＋重离子束辐照玉米后代的生物学效应	周文期	核农学报	2019年第33卷第12期，2311-2318	作物所	1.695
基于比较优势理论的甘肃省主要畜产品生产区域结构研究	马丽荣	中国农业资源与区划	2019年第40卷第11期，115-119	农经所	1.658
甘肃省草食畜牧业发展现状及生态循环发展措施	王建连	中国农业资源与区划	2019年第40卷第10期，201-207	农经所	1.658

（续）

论文题目	第一作者	发表刊物	发表期数及页码	第一单位	IF
栽培方式对光敏型高丹草营养成分含量与产量的影响	何振富	草业学报	2019年第28卷第9期，110-122	畜草所	1.626
膜下秸秆还田添加腐解剂对旱地土壤碳氮积累及土壤肥力性状的影响	杨封科	草业学报	2019年第28卷第9期，67-76	旱农所	1.626
秸秆还田与氮肥减施对旱地春玉米产量及生理指标的影响	张建军	草业学报	2019年第28卷第10期，156-165	旱农所	1.626
施肥和地膜覆盖对黄土高原旱地冬小麦籽粒品质和产量的影响	张礼军	草业学报	2019年第28卷第4期，70-80	小麦所	1.626
西北地区和尚头小麦遗传多样性及农艺性状的关联分析	张彦军	草业学报	2019年第28卷第2期，142-155	作物所	1.626
不同胡麻品种 TAG 合成途径关键基因表达与含油量、脂肪酸组分的相关性分析	李闻娟	草业学报	2019年第28卷第1期，138-149	作物所	1.626
甘肃马铃薯省域竞争力分析	李红霞	干旱区资源与环境	2019年第33卷第8期，36-41	农经所	1.531
胡麻品种苗期抗旱性综合鉴定与评价	赵利	干旱区资源与环境	2019年第33卷第12期，179-185	作物所	1.531
减氮追施和增密对全膜覆盖垄上微沟马铃薯水分利用及生长的影响	于显枫	作物学报	2019年第45卷第5期，764-776	旱农所	1.524
旱地全膜覆土穴播荞麦田土壤水热及产量效应研究	方彦杰	作物学报	2019年第45卷第7期，1070-7079	旱农所	1.524
AtDREB1A 基因过量表达对马铃薯生长及抗非生物胁迫基因表达的影响	贾小霞	作物学报	2019年第45卷第8期，1166-1175	马铃薯所	1.524
普通小麦 Holdfast 条锈病成株抗性 QTL 定位	杨芳萍	作物学报	2019年第45卷第2期，1832-1840	小麦所	1.524
一个新的玉米 silky1 基因等位突变体的遗传分析与分子鉴定	王晓娟	作物学报	2019第45卷第11期，1649-1655	作物所	1.524
株行距配置连作对黄土旱塬覆膜春玉米土壤水分和产量的影响	王磊	水土保持学报	2019年第33卷第2期，79-86，92	旱农所	1.493
生物质炭中盐基离子存在形态及其与改良酸性土壤的关系	袁金华	土壤	2019年第51卷第1期，75-82	土肥所	1.471

（续）

论文题目	第一作者	发表刊物	发表期数及页码	第一单位	IF
玉米茎腐病研究进展	郭　成	植物遗传资源学报	2019 年第 20 卷第 5 期，1118-1128	植保所	1.432
甘肃省冬小麦抗条锈菌 CYR34 育种策略	曹世勤	植物遗传资源学报	2019 年第 20 卷第 5 期，1129-1134	植保所	1.432
降雨和风干对玉米秸秆青贮品质的影响	刘立山	中国草地学报	2019 年第 41 卷第 18 期，24-31	畜草所	1.267
刈割次数对甘肃庆阳地区光敏型高丹草产量及品质的影响	何振富	中国草地学报	2019 年第 41 卷第 2 期，36-43	畜草所	1.267
桃不同树形的冠层特征及对果实产量、品质的影响	牛茹萱	果树学报	2019 第 36 卷第 12 期，1667-1674	林果所	1.251
无核葡萄新品种"紫丰"的选育	郝　燕	果树学报	2019 第 36 卷第 4 期，533-536	林果所	1.251
晚熟梨新品种甘梨 3 号选育	王　玮	果树学报	2019 年第 36 卷第 11 期，1600-1602	林果所	1.251
桃硬枝扦插生根机理研究进展	张　帆	植物生理学报	2019 年第 55 卷第 11 期，1595-1606	林果所	1.225
不同陈酿时间苹果白兰地主要香气成分变化分析	曾朝珍	食品科学技术学报	2019 年第 37 卷第 3 期，76-85	加工所	1.185
不同施肥处理对日光温室内土壤微生物数量与酶活性的影响	李宽莹	西北林学院学报	2019 年第 34 卷第 2 期，56-61	林果所	1.118
不同生长调节剂对夏黑葡萄果实大小及品质的影响	王玉安	西北林学院学报	2019 年第 34 卷第 6 期，126-132	林果所	1.118
甘肃枸杞炭疽病菌对 4 种甾醇脱甲基抑制剂（DMIS）的敏感性	张海英	农药学学报	2019 年第 21 卷第 4 期，424-430	植保所	1.116
马铃薯花杀螨活性成分分离、鉴定及其杀螨活性	王玉灵	农药学学报	2019 年第 21 卷第 1 期，19-25	植保所	1.116
甘肃省甜瓜黄萎病的病原鉴定	何苏琴	微生物学通报	2020 年第 47 卷第 3 期，718-726	植保所	1.114
莴笋炭疽病病原鉴定	白　滨	微生物学通报	2019 第 46 卷第 9 期，2241-2248	质标所	1.114
甘肃省玉米大斑病菌对丙环唑和腈菌唑敏感性评价	郭建国	玉米科学	2019 年第 27 卷第 3 期，161-168	植保所	1.072

（续）

论文题目	第一作者	发表刊物	发表期数及页码	第一单位	IF
629 份国内外玉米种质及杂交种对丝黑穗病的抗性评价	王春明	草地学报	2019 年第 27 卷第 4 期，1075-1082	植保所	1.069
混菌发酵体系中异常汉逊酵母生长抑制机制研究	曾朝珍	中国农业科技导报	2019 年第 21 卷第 3 期，48-53	加工所	1.064
转 GhABF2 基因马铃薯植株的获得及抗旱性分析	裴怀弟	中国农业科技导报	2019 年第 215 卷第 11 期，35-42	生技所	1.064
尖孢镰孢菌对抗病和感病黄瓜幼苗生长及叶片游离氨基酸的影响	李亚莉	中国农业科技导报	2019 年第 21 卷第 11 期，94-102	蔬菜所	1.064
覆膜与钾肥互作对油葵产量和钾肥利用效率的影响	张平良	中国油料作物学报	2019 年第 41 卷第 3 期，435-444	旱农所	1.046
亚麻白粉病研究进展	王 炜	中国油料作物学报	2019 年第 41 卷第 3 期，478-484	生技所	1.046
胡麻残茬水提液化感自毒作用研究	王立光	中国油料作物学报	2019 年第 41 卷第 3 期，445-454	生技所	1.046
利用 RNA 干扰介导抗病性获得兼抗四种病毒的转基因马铃薯	齐恩芳	植物保护学报	2019 年第 46 卷第 1 期，204-212	马铃薯所	1.038
温湿度对黄芪根瘤象卵发育历期及孵化率的影响	刘月英	植物保护学报	2019 年第 46 卷第 6 期，112-129	植保所	1.038
青藏高原地区青稞茎基腐病病原菌的群体遗传多样性、毒素化学型及其地理分布	漆永红	植物保护学报	2019 年第 465 卷第 3 期，642-650	植保所	1.038
甘肃小麦品质的区域间差异和利用潜力分析	张礼军	麦类作物学报	2019 年第 39 卷第 9 期，1-9	小麦所	1.02
甘肃冬小麦品种品质性状分析与评价	周 刚	麦类作物学报	2019 年第 39 卷第 10 期，1180-1185	小麦所	1.02
花药培养与麦谷蛋白亚基分子标记结合选育小麦新品种的研究	王 炜	麦类作物学报	2019 年第 39 卷第 3 期，277-282	生技所	1.02
拟南芥 AtNHX6 基因启动子的克隆及表达分析	王立光	西北植物学报	2019 年第 39 卷第 2 期，191-198	生技所	1.008

共 68 篇

科技著作、实用技术手册

书　名	第一主编	出版社	出版时间	单　位	字数（万）
中国百村调查丛书．银达村	魏胜文	社会科学文献出版社	2019.10	院本级	24.5
甘肃农业现代化发展研究报告（2019）	魏胜文	社会科学文献出版社	2019.04	院本级	31.7
Red meat science and production	吴建平	Springer press 科学出版社	2019.01	院本级	120
甘肃马铃薯产业关键技术	王一航	中国农业出版社	2019.03	马铃薯所	20
甘肃小麦品种志	杨文雄	中国农业科学技术出版社	2019.01	小麦所	38.1
特色林果绿色生产技术	王卫成	甘肃科学技术出版社	2019.02	林果所	16.3
中国葡萄病虫草害及其防控原色图谱	张炳炎	甘肃文化出版社	2019.06	植保所	67.6

共计 7 部

审定（登记） 品种简介

品种名称： 陇鉴 114

审定（登记）编号： 甘审麦 20190018

选育单位： 甘肃省农业科学院旱地农业研究所

品种来源： 以陇鉴 386 为母本，陇原 932 为父本，杂交选育而成的常规品种。原代号 E44。

特征特性： 属冬性品种，幼苗生长习性半直立型，生育期 274 天，株高 92 厘米，穗长 9.2 厘米，穗纺锤形，长芒，白粒。成穗数 34 万个，穗粒数 35 粒，千粒重 32 克，越冬率 98%，容重 796.6 克/升，抗寒，抗旱，抗青干，中抗条锈病，感白粉病，蛋白质含量 13.37%，稳定时间 3.6 分钟。

产量表现： 2015—2017 年甘肃省冬小麦区域试验中，两年 11 点中 7 点增产，陇鉴 114 平均亩产 285.6 千克，比对照陇育 4 号增产 3.4%。2017—2018 年甘肃省冬小麦生产试验中，陇鉴 114 平均亩产 297.4 千克，比对照陇育 4 号增产 13.9%。

栽培要点： 一般 9 月下旬播种，播量以亩保苗 20 万株为宜。根据土壤肥力水平，亩施农家肥 4 000～5 000 千克，尿素 8～12.5 千克，过磷酸钙 80～100 千克（磷二铵 10～15 千克）做底肥，在返青前亩追施返青肥 5～8 千克。

适宜范围： 陇鉴 114 适宜在甘肃省旱塬区中低肥力区或宁夏同类型区域旱地种植。

品种名称： 陇春 40 号

审定（登记）编号： 甘审麦 2019006

选育单位： 甘肃省农业科学院小麦研究所、武威丰田种业有限责任公司

品种来源： 以陇春 8139/陇春 8 号为母本、68-73-20 为父本，杂交选育而成，原代号 05 选 992-3-1。

特征特性： 春性，幼苗直立，叶片深绿，大叶上举。株高 87 厘米，株型紧凑。穗长方形，长芒、白穗。穗长 8.2 厘米，小穗数 16 个，穗粒数 24.5 粒。籽粒长方形，红色，角质，千粒重 43.79 克。每升容重 780 克，含粗蛋白 15.64%，湿面筋 35.2%，每 100 克吸水量 61.3 毫升，形成时间 3.4 分钟，稳定时间 2.0 分钟。生育期 100 天。苗期对混合菌表现感病，成株期对供试小种条中 34 号、条中 33 号及混合菌表现中抗，对其他供试菌系表现免疫，总体成株期表现中抗。

产量表现： 在 2016—2017 年甘肃省旱地春小麦区域试验中，平均亩产 175.03 千克，比对照西旱 2 号增产 10.39%；在 2018 年甘肃省旱地春小麦区试生产试验中，5 试点平均亩产 147.09 千克，比对照西旱 2 号增产 15.24%。

栽培要点： 3 月中下旬播种，亩播量 12.5～15 千克，亩施尿素 10 千克，磷二铵 15 千克，硫酸钾 4 千克。

适宜范围：陇春 40 号适宜在甘肃中部春麦旱地品种类型区及国内同类型生态区种植。

品种名称：兰天 538

审定编号：甘审麦 20190015

选育单位：甘肃省农业科学院小麦研究所

品种来源：以 T. Spelta Ablum 为母本，陇原 935 为父本杂交、回交，再与兰天 20 号复交选育而成，选育系号 06-538-5-3-1-1。

特征特性：冬性，幼苗匍匐。穗长方形，顶芒，白壳。护颖长圆形、方肩，颖嘴鸟喙形，有颖脊，窄，无齿。根据区试资料，株高 66～122 厘米，平均 97.88 厘米；穗长 6.3～8.75 厘米，平均 7.54 厘米；小穗数 11.55～18.45 个，平均 16.5 个；穗粒数 26.0～54.4 粒，平均 36.74 粒；千粒重 36.44～49.34 克，平均 45.3 克。籽粒卵圆形，红色，粉质。生育期 226～280 天，平均 257.8 天，中熟。叶片较大，剑形，半下披，有蜡质，无毛；叶耳黄色；鞘深绿色，有蜡质，无毛。籽粒出粉率 67.0%，含粗蛋白（干基）9.6%，粗脂肪（干基）2.43%，赖氨酸（干基）0.33%，湿面筋（14% 水分基）20.6%，Zeleny 沉淀值 24.5 毫升，吸水量 60.3%，面团形成时间 1.8 分钟，稳定时间 2.7 分钟，弱化度 161F. U，粉质质量指数 41 毫米，评价值 35，硬度 60.5。苗期对条锈混合菌为 0，成株期对 CYR32 号、CYR33 号、CYR34、贵 22-14、中 4-1 和贵农其他，以及混合菌均为免疫。

产量表现：2016、2017 年省陇南片山区组试验，平均产量 401.93 千克/亩，比对照品种兰天 19 号增产 5.83%。2018 年生产试验，平均每亩产量 436.1 千克，比对照品种兰天 19 号增产 11.0%。

栽培要点：天水、陇南各地高寒山区适宜播种期为 9 月中旬，海拔较低的二阴山区为 9 月下旬。种植密度以每亩 30 万粒为宜，一般每亩播种量 15.0～17.5 千克。施肥一般亩施 15～20 千克磷二铵或 15 千克尿素＋25 千克磷肥为底肥，第二年拔节后趁雨每亩追施尿素 5 千克，扬花后可结合灭蚜适当叶面喷施尿素＋磷酸二氢钾。成熟后及时收获。

适宜范围：甘肃省天水、陇南市的二阴山区和高寒山区及平凉的庄浪、华亭等山区。

品种名称：兰天 39

审定编号：甘审麦 20190019

选育单位：甘肃省农业科学院小麦研究所、天水农业学校

品种来源：以兰天 33 号为母本，济麦 22 号为父本杂交选育而成。原代号为兰天 10-76。

特征特性：冬性，幼苗直立，生育期 244 天。株高 78.4 厘米，茎秆坚硬，抗倒伏性强。穗长方形，白壳，无芒，护颖白色、无茸毛，穗长 8.2 厘米，小穗数 16.5 个，穗粒数 41.0 个。籽粒白色、角质、椭圆形，千粒重 44.5 克。灌浆快，落黄性好。含粗蛋白 14.1%，湿面筋 33.4%，沉淀值 36 毫升，赖氨酸 0.36%，每升容重 762 克。抗条锈性，该品种连续两年苗期对条锈菌混合菌表现免疫，成株期对供试菌系表现免疫，对混合菌表现高抗，总体抗性表现优异。

产量表现：2015—2016 年参加了省陇南片川区组区域试验，区试中折合亩产 422.3 千克，较对照兰天 25 号增产 20%，居 11 个参试品种的第一位，6 个试验点 5 增 1 减。在 2016—2017 年度区试中折合亩产 514.3 千克，较对照兰天 33 号增产 11.6%，5 个点全部增产。两年平均折合亩产 461.3 千克，增产率

17.4%。在 2017—2018 年省陇南片川区组生产试验中折合亩产 480.1 千克，较对照兰天 33 号增产 11.1%。

栽培要点：每亩最适播量 15 千克。施足底肥，亩施 10 千克纯氮和 8 千克纯磷，返青后趁雨或结合灌水追施 5 千克尿素。

适宜范围：适宜在甘肃省陇南市、天水市及陕西省汉中市川区、浅山及半山区种植。

品种名称：玉米品种陇青贮 1 号

审定编号：甘审玉 20190067

选育单位：甘肃省农业科学院作物研究所

品种来源及鉴定：甘肃省农业科学院作物研究所自育新品种，2019 年 1 月通过甘肃省农作物品种审定委员会审定。

特征特性：

1. 粮饲兼用，产量高：该品种为晚熟品种，青贮刈割期为 131 天，株高 310～340 厘米，穗位高 125～130 厘米，2017—2018 年参加甘肃省青贮组玉米区域试验，干物质平均折合亩产 2 089.7 千克，比对照豫玉 22 号增产 6.3%；籽粒平均折合亩产 1 056.3 千克，比对照豫玉 22 号增产 4.2%。该品种可作为粮饲兼用品种，丰产性和稳产性好。

2. 品质优良，持绿性好：全株粗蛋白 7.47%，中性洗涤纤维 46.2%，酸性洗涤纤维 23.8%，粗淀粉 29.4%，刈割时持绿性好，绿叶占 70%。

3. 抗倒性和抗病性好：根系发达，秸秆粗壮，抗倒性强。该品种抗丝黑穗病和大斑病，中抗感禾谷镰孢茎腐病和禾谷镰孢穗腐病。

4. 适应性广：在甘肃省有效积温 2 800℃以上地区及我国同一生态区均可种植，每亩种植密度 4 500～5 000 株。

推广应用前景：青贮玉米是草食畜牧业发展的优质饲料，随着畜牧业迅速发展，对青贮玉米的需求量日益扩大。陇青贮 1 号综合性状优良，推广应用前景广阔。

品种名称：玉米品种陇青贮 2 号

审定编号：甘审玉 20190068

选育单位：甘肃省农业科学院作物研究所

品种来源：甘肃省农科院作物所以自交系 LY9012 为母本，自交系 LY0302 为父本杂交选育而成。

特征特性：该品种刈割期为 137 天，比对照晚熟 7 天；幼苗叶鞘紫色，叶片绿色，叶缘紫色。株高 327 厘米，穗位高 138 厘米，叶片数 20～21 片，花药黄色，颖壳绿色，花丝紫红色。穗长 21.1 厘米，穗粗 5.4 厘米，轴粗 2.9 厘米，秃尖长 1.0 厘米，穗行数 16.2 行，行粒数 39.8 粒，出籽率 84.1%，千粒重 346.2 克，穗锥形，穗轴红白色，籽粒马齿型，黄色。粗蛋白 7.7%，中性洗涤纤维 48.2%，酸性洗涤纤维 27.8%，粗淀粉 33.9%。高抗禾谷镰孢茎腐病，中抗禾谷镰孢穗腐病、丝黑穗病和大斑病，抗倒性好，持绿性好。

产量表现：2017—2018 年参加甘肃省青贮组玉米区域试验干物质平均折合亩产 2 338.7 千克，比对照豫玉 22 号增产 19.0%；籽粒平均折合亩产 1 054.0 千克，比对照豫玉 22 号增产 3.8%。该品种的丰产性和稳产性好。

栽培要点：种植密度每亩 4 000～4 500 株。

适宜范围：该品种适宜在甘肃省河西及中东部年有效积温在 2 800℃以上的地区推广种植。

品种名称：玉米品种陇单 601

审定编号：甘审玉 20190013

选育单位：甘肃省农业科学院作物研究所

品种来源：该品种是甘肃省农业科学院作物研究所与江苏金华隆种子科技有限公司合作，以自交系 NC222 为母本，自交系 NC235 为父本杂交选育而成。2019 年 2 月通过甘肃省农作物品种审定委员会审定。

特征特性：该品种生育期 139 天，较先玉 335 晚熟 1 天。株型半紧凑，株高 302 厘米，穗位高 123 厘米，成株叶片数 18～19 片。花药黄色，颖壳褐色，花丝浅红色。穗长 21.8 厘米，穗粗 5.3 厘米，轴粗 2.5 厘米，穗行数 16.8 行，行粒数 44.1 粒，出籽率 87.0%，千粒重 379.1 克，穗筒形，穗轴红色，籽粒马齿型，粒色黄色。籽粒粗蛋白 10.8%，粗脂肪 4.04%，粗淀粉 74.14%，赖氨酸 0.29%，容重 726.0 克/升。茎秆坚韧，抗倒性强。抗茎基腐病，感穗腐病和丝黑穗病，高感大斑病。

产量表现：2017—2018 年甘肃省玉米中晚熟高密组区域试验中平均折合亩产 1 009.0 千克，比对照先玉 335 增产 7.3%，10 点次增产。2018 年生产试验中，5 个试点平均亩产 1 121.3 千克，比对照先玉 335 增产 9.9%，5 个点均增产。

适宜范围：适宜在甘肃省河西及中东部年有效积温在 2 600℃以上的地区推广种植。

品种名称：玉米品种陇单 606

审定编号：甘审玉 20190015。

选育单位：甘肃省农业科学院作物研究所 吉林省吉东种业有限责任公司

品种来源：陇单 606 是甘肃省农科院作物所与吉林省吉东种业有限责任公司合作，以自交系 D703 为母本，自交系 D16 为父本杂交选育而成。

特征特性：生育期 137 天，较德美亚 3 号晚熟 4 天。幼苗叶鞘紫色，叶片绿色，叶缘绿色。株高 282 厘米，穗位高 114 厘米，株型半紧凑，成株期叶片 18～19 片，花药浅紫色，颖壳绿色，花丝浅绿色。穗长 20.1 厘米，穗粗 5.0 厘米，轴粗 2.6 厘米，秃尖长 1.0 厘米，穗行数 15.0 行，行粒数 39.8 粒，出籽率 87.3%，千粒重 377.9 克，穗锥形，穗轴红色，籽粒马齿型，黄色。粗蛋白 8.45%，粗脂肪 4.10%，粗淀粉 75.50%，赖氨酸 0.26%，容重 745.0 克/升。抗禾谷镰孢茎腐病，中抗禾谷镰孢穗腐病，感丝黑穗病，高抗大斑病，抗倒性好，耐密植、无空秆。

产量表现：2017—2018 年参加甘肃省机收组玉米区域试验中平均折合亩产 952.3 千克，比对照德美亚 3 号增产 8.2%，10 点次增产，收获时籽粒水分 23.1%，破损率为 5.4%，该品种的丰产性、抗倒性和抗病性好。2018 年机收组玉米生产试验中，陇单 606 在 5 个试点平均亩产 974.6 千克，比对照增产 6.9%，在 5 个点均增产。

栽培要点：种植密度每亩 5 500～6 500 株。

适宜范围：适宜在甘肃省河西及中东部年有效积温在 2 600℃以上的地区推广种植。

品种名称：大豆新品种陇中黄 603

审定编号：甘审豆 20190001

选育单位：甘肃省农业科学院作物研究所 中国农业科学院作物科学研究所

品种来源：该品种是由甘肃省农业科学院作物研究所与中国农业科学院作物科学研究所以晋大 70 为母本、中作 983 为父本通过有性杂交、南繁北育、异地穿梭选育的丰产、抗旱大豆新品系。

特征特性：幼茎紫色，叶片绿色，白色花，棕色茸毛，椭圆叶，亚有限结荚习性；生育期 135～142 天，株高约 95 厘米，分枝 3.6～5.3 个，单株结荚约 70 个，单株粒重约 30 克；籽粒椭圆形，种皮黄色，有光泽，种脐褐色，百粒重约 25 克，粗蛋白质（干基）含量 41.7%，粗脂肪（干基）含量 19.31%；经甘肃省农业科学院植物保护研究所鉴定抗大豆花叶病毒病，中抗灰斑病。

产量表现：在 2016—2017 年甘肃省大豆区域试验中，平均亩产 190.77 千克，较对照增产 12.72%；在 2018 年甘肃省大豆生产试验中，平均亩产 208.78 千克，较对照增产 14.20%。

适宜范围：适宜在甘肃河西灌区、沿黄灌区、陇东和陇南地区推广种植。

成果名称：优质早熟机采棉新品种陇棉 10 号

审定编号：甘审棉 2019001

选育单位：甘肃省农业科学院作物研究所

品种来源及鉴定：陇棉 10 号是甘肃省农业科学院作物研究所以引进埃及棉杂交后代材料 07-1 为母本，自育双抗棉花新品系 81-10-1 为父本，从其杂交分离后代中选育的常规陆地棉花新品种，2019 年 1 月通过甘肃省农作物品种委员会审定定名，原代号 7108-11，审定编号 20190001。2019 年 5 月通过省科技厅成果登记。

特征特性：该品种平均生育期 130 天；株型紧凑，Ⅰ式果枝，吐絮集中，含絮力较强；第一果枝着生节位较高，平均 25 厘米，单株结铃数 88～10 个，单铃重 5.8～6.8 克，衣分 44%；纤维上半部长度 28.7～0.8 毫米，断裂比强度 30.9cN/tex，整齐度指数 86.3%，马克隆值 4.1，伸长率 7.9%，反射率 76%，黄度 7.1，纺纱均匀指数 154.4，高抗枯萎病，耐黄萎病。

品种亮点：农艺性状符合机采；株型紧凑，Ⅰ式果枝；吐絮集中，含絮力较强；果枝节位高，平均 25 厘米。衣分高：大样衣分高达 44%；高抗枯萎病；产量性状突出，生产试验亩产 167.0 千克，较对照增产 5.6%。

推广应用前景：在 2016—2017 年甘肃省棉花品种区域试验中，平均亩产皮棉 150.3 千克，较对照种增产 5.1%，居参试品系第 3 位，增产达显著水平；在 2018 年甘肃省棉花新品系生产试验中，"7108-11"折合皮棉亩产为 167.0 千克，较对照增产 5.6%。2018 年多点示范平均籽棉产量 394 千克，高产田高达 420 千克。在河西走廊、新疆东疆及北疆棉区，年推广 30 万亩，亩增产值 200 元。

成果名称：胡麻新品种陇亚 15 号

审定编号：GPD 亚麻（胡麻）（2019）620013

选育单位：甘肃省农业科学院作物研究所

品种来源：该品种亲本组合"98019×86186"，原代号"99009-1-11"。2019 年通过国家品种登记，登记编号：GPD 亚麻（胡麻）（2019）620013。

特征特性：油用型常规种；花冠蓝色、种子褐色。株高 53.7～79.0 厘米，工艺长度 24.5～58.3 厘米，分枝数 0.0～17.0，单株果数 9.5～32.0，果粒数 6.0～10.0，千粒重 6.0～8.8 克，生育期 94～131 天。含油率 39.1%，亚麻酸含量 51.3%；高抗枯萎病，抗白粉病。生长整齐一致，综合性状优良。

产量表现：2015—2016 年参加甘肃省胡麻区域试验，2015 年折合亩产 129.3 千克，较对照品种陇亚 10 号增产 9.5%，居参试材料第 1 位；2016 年折合亩产 120.4 千克，较对照品种陇亚 10 号增产 6.3%，居参试材料第 3 位；两年 20 点次试验折合亩产 124.9 千克，较对照品种陇亚 10 号增产 7.94%，居参试材料第 1 位；大面积生产试验平均亩产 150.6 千克，较对照品种陇亚 13 号增产 31.6%。

适宜区域：甘肃兰州、白银、庆阳、天水及宁夏固原、新疆伊犁等同类生态区域。

品种名称：糜子新品种陇糜 15 号

审定编号：西北农林科技大学发文　农学〔2019〕27 号

选育单位：甘肃省农业科学院作物研究所

品种来源：该品种是 2006 年甘肃省农业科学院作物研究所以自育中间材料 8421-1-3-2-3-1 为母本，以自育中间材料 9103-6-3-1-4 为父本有性杂交（复合杂交），经过多年水旱穿梭选育和多点生态鉴定，育成的高产稳产粳性糜子新品种。

特征特性：该品种生育期 91～121 天，幼苗绿色，茎色绿色，侧穗型，粒色黄色，粳性，米黄色。该品种株高 106～190 厘米，主茎节数 8.4～8.8 节，穗长 23.7～45 厘米，单株穗重 4.5～11.8 克，单穗粒重 2.7～10.0 克，千粒重 6.9～9.0 克，株草重 6.1～25.4 克。

产量表现：该品种丰产潜力大，稳产能力强。两年多点区域试验中，平均亩产 233.48 千克，较对照陇糜 10 号增产 6.8%，15 个参试点中 10 个点次增产，增产点次占到参试点次的 66.7%，居 7 份参试材料第 2 位；泾川试点夏播麦后复种，折合亩产 231.121 千克，增产 39.6%；镇原试点夏播复种，折合亩产 153.34 千克，增产 24.3%，品种在复种中增产突出。4 点生产试验中，平均亩产 276.88

千克，较对照陇糜 10 号增产 12.3%；其中会宁旱川地最高亩产 333.73 千克，较对照陇糜 10 号增产 20.3%。

该品种抗病性较好。甘肃省农科院植保所人工接种鉴定，陇糜 15 号黑穗病发病株率 7.4%，结论为：表现抗黑穗病（R），可在适宜种植区推广利用。田间自然条件下，陇糜 15 号未见黄萎病和黑穗病发生。

该品种品质好，脂肪含量较低不易酸败，直、支链淀粉含量比例协调，烹制干饭适口性较好。经农业农村部谷物制品质量监督检验测试中心（哈尔滨）检测，陇糜 15 号黄米水分含量 11.1%、粗蛋白含量 15.42%、粗脂肪含量 2.42%、粗淀粉含量 78.70%、赖氨酸含量 0.21%、直链淀粉（占淀粉重）23.47%、维生素 B_1 含量 0.36 毫克/100 克、胶稠度 127.5 毫米，消减值 5.8 级。

适宜区域：适宜在甘肃省庆阳、平凉、白银、定西等地及其相似生态区海拔 1 650～1 900 米的地区春播，海拔 1 200～1 400 米的地区复种。

品种名称：糜子新品种陇糜 16 号

审定编号：西北农林科技大学发文　农学〔2019〕28 号

选育单位：甘肃省农业科学院作物研究所

特征特性：粳性，中熟，生育日数 99～101 天。株高 172.1～177.4 厘米，主茎节数 7.8～8.2 节。主穗长 35.8～37.8 厘米，侧穗绿色花序，籽粒黄色，卵圆形，商品性状优良。经田间观察，田间未发现病虫害和倒伏现象。穗粒重 10.6～11.4 克，千粒重 7.4～7.8 克，两年国家糜子（粳性）品种区域试验每公顷平均单产 3 784.1 千克。经农业农村部农产品质量监督检验测试中心（杨凌）检测，碳水化合物 62%，脂肪 3.5%，粗蛋白 13.3 %，水分 8.49%。

栽培要点：旱地春播区亩施优质农家肥 2 000 千克、尿素 8 千克、过磷酸钙 25 千克；旱地复种区前作收获后，及时铺施底肥，并结合耕翻亩施农家肥 3 000 千克、尿素 12 千克、过磷酸钙 35 千克；水地复种区亩施农家肥 4 000 千克、尿素 15 千克、过磷酸钙 50 千克。同时对春播区肥料不足的弱苗田要注意早期追肥。在海拔 1 650～1 850 米的春播区应在 5 月中下旬播种。夏播复种区，抢时早播种是夺取复种糜子丰产的技术关键。一般海拔 1 200～1 400 米的地区，应在 6 月底或 7 月初完成播种，播种深度应控制在 5～7 厘米。旱地春播每亩保苗 5 万株，旱地复种每亩保苗 8.5 万株，水地复种每亩保苗 14 万株。加强田间管理，严防麻雀危害，成熟后及时收获。

适宜范围：适宜在黑龙江齐齐哈尔、内蒙古赤峰、内蒙古鄂尔多斯、陕西延安、陕西榆林、甘肃会宁、宁夏固原、贵州六盘水等地及其生态相似地区种植。

品种名称：糜子新品种陇糜 17 号

审定编号：西北农林科技大学发文 农学〔2019〕29 号

选育单位：甘肃省农业科学院作物研究所

特征特性：糯性，中熟，生育日数 93～96 天，株高 160.0～162.0 厘米，主茎节数 7.7～

7.8 节。主穗长 33.2～36.0 厘米，侧穗。绿色花序，籽粒黄色，卵圆形，商品性状优良。经田间观察，田间未发现病虫害和倒伏现象。穗粒重 12.1～14.2 克，千粒重 7.6～7.9 克。两年国家糜子（糯性）品种区域试验平均单产 3 501.1 千克/公顷，比对照增产 6.69%，居第 1 位。经农业农村部农产品质量监督检验测试中心（杨凌）检测，碳水化合物 60.8%，脂肪 3.5%，粗蛋白 13.20%。

栽培要点：旱地春播区亩施优质农家肥 2 000 千克、尿素 8 千克、过磷酸钙 25 千克；旱地复种区前作收获后，及时铺施底肥，并结合耕翻亩施农家肥 3 000 千克、尿素 12 千克、过磷酸钙 35 千克；水地复种区亩施农家肥 4 000 千克、尿素 15 千克、过磷酸钙 50 千克。同时对春播区肥料不足的弱苗田要注意早期追肥。在海拔 1 650～1 850 米的春播区应在 5 月中下旬播种。夏播复种区，抢时早播种是夺取复种糜子丰产的技术关键。一般海拔 1 200～1 400 米的地区，应在 6 月底或 7 月初完成播种，播种深度应控制在 5～7 厘米。旱地春播每亩保苗 5 万株，旱地复种每亩保苗 8.5 万株，水地复种每亩保苗 14 万株。加强田间管理，严防麻雀危害，成熟后及时收获。

适宜范围：适宜在内蒙古赤峰、内蒙古鄂尔多斯、内蒙古通辽、甘肃会宁、宁夏固原、贵州六盘水、山西大同等地及其生态相似地区种植。

知识产权

授权国家发明专利名录

专利名称	专利号	专利权人	发明人
一种盐碱地盐分阻控的方法	2015103385903	土肥所	杨思存等
一种小黑麦黄矮病抗性的鉴定方法	2016104591565	植保所	郭 成等
一种获得胡麻转基因单倍体愈伤组织的高效方法	201610551787X	生计所	李淑洁等
一种野外霜冻模拟控制试验箱	2016106833107	林果所	王晨冰等
一种提高梨杂交种子发芽率及成苗率的方法	201610503398X	林果所	李红旭等
甜瓜养分专家系统	2019SR0288394	土肥所	杨思存等
农业检测实验室信息采集管理系统	2019SR0974740	质标所	张 环等
名特优农畜产品展示平台	2019SR0239894	旱农所	董 博等

共计 8 项

授权实用新型专利名录

专利名称	专利号	专利权人	发明人
一种植物组织培养试管	2018208836458	林果所	王 鸿等
一种株距可调式试验小区玉米精量播种器	2018210611490	旱农所	郭贤仕等
一种用于苗木分枝去除的简便刀具	2018211181235	林果所	陈建军等
一种菘蓝角果脱皮机	2018207751128	经啤所	蔡子平等
一种便携式田间实用测量尺	2019202903928	作物所	张丽娟等
一种果树花粉收集装置	2018222150033	林果所	郝 燕等
一种葡萄打药装置	2018222164750	林果所	郝 燕等
一种葡萄夏季枝叶修剪装置	2018222164816	林果所	郝 燕等

（续）

专利名称	专利号	专利权人	发明人
一种远程土壤监测装置	2018221146859	土肥所	刘宏斌等
一种葡萄授粉装置	2018222164746	林果所	郝　燕等
一种防倾倒定量取液装置	2019200364701	经啤所	柳小宁等
一种苗木生长用土壤水分监测装置	2018221139658	土肥所	马　彦等
一种捕鼠器	201920056438X	蔬菜所	苏永全等
一种生防真菌拮抗效果测定装置	2019201513690	植保所	郭　成等
一种播种器	2019202161311	经啤所	米永伟等

共计 15 项

计算机软件著作权名录

专利名称	专利号	专利权人	发明人
甜瓜养分专家系统	2019SR0288394	土肥所	杨思存等
农业检测实验室信息采集管理系统	2019SR0974740	质标所	张　环等
名特优农畜产品展示平台	2019SR0239894	旱农所	董　博等

共计 3 项

认定标准

省级地方标准名录

标准名称	标准编号	发布机构	完成单位	编撰人
胡麻主要病虫草害防治技术规程	DB62/T 2983—2019	甘肃省市场监督管理局	植保所	胡冠芳等
半干旱区苦荞麦全膜覆土穴播栽培技术规程	DB62/T 4001—2019	甘肃省市场质量管理局	旱农所	方彦杰等
半干旱区冬小麦全膜覆盖微垄沟播栽培技术规程	DB62/T 4002—2019	甘肃省市场监督管理局	旱农所	侯慧芝等
旱地苹果覆沙生产技术规程	DB62/T 4086—2019	甘肃省质量技术监督局	林果所	刘小勇等
葡萄 美红	DB62/T 4073—2019	甘肃省市场监督管理局	林果所	郝 燕等
春小麦花药培养技术规程	DB62/T 2986—2019	甘肃省市场监督管理局	生技所	王 炜等
紫苏复种栽培技术规程	DB62/T 2984—2019	甘肃省市场监督管理局	生技所	欧巧明等
小麦 陇春 32 号	DB62/T 2982—2019	甘肃省市场监督管理局	生技所	欧巧明等
食用百合脱毒技术规程	DB62/T 4068—2019	甘肃省市场监督管理局	生技所	裴怀弟等
食用百合种球生产技术规程	DB62/T 4069—2019	甘肃省市场监督管理局	生技所	林玉红等
小麦 陇春 30 号	DB62/T 4011—2019	甘肃省质量技术监督局	小麦所	杨文雄等
河西走廊抗旱节水玉米、小麦鉴选办法	DB62/T 4012—2019	甘肃省质量技术监督局	小麦所	杨文雄等
玉米抗红叶病鉴定技术规范	DB62/T 2985—2019	甘肃省市场监督管理局	植保所	郭 成等
玉米品种 陇单 9 号	DB62-T 4010—2019	甘肃省市场监督管理局	作物所	寇思荣等
玉米品种 陇单 10 号	DB62-T 4009—2019	甘肃省市场监督管理局	作物所	何海军等
糜子品种 陇糜 12 号	DB62/T 4040—2019	甘肃省市场监督管理局	作物所	杨天育等
糜子品种 陇糜 13 号	DB62/T 4041—2019	甘肃省市场监督管理局	作物所	董孔军等
谷子品种 陇谷 14 号	DB62/T 4038—2019	甘肃省市场监督管理局	作物所	杨天育等
谷子品种 陇谷 15 号	DB62/T 4039—2019	甘肃省市场监督管理局	作物所	何继红等
胡麻品种 陇亚 13 号	DB62/T 4004—2019	甘肃省市场监督管理局	作物所	王利民等
胡麻品种 陇亚 14 号	DB62/T 4005—2019	甘肃省市场监督管理局	作物所	党照等
胡麻品种 陇亚杂 4 号	DB62/T 4003—2019	甘肃省市场监督管理局	作物所	张建平等

共计 22 项

条件建设

农业农村部野外科学观测试验站一览表

试验站名称	依托单位	建设地点	承担任务
农业农村部天水作物有害生物科学观测实验站	植保所	甘 谷	主要承担作物有害生物观测监测，解决甘肃乃至我国农业生产特别是在作物重大有害生物控制中遇到的重要科学问题及技术难题。
农业农村部作物基因资源与种质创制甘肃科学观测实验站	作物所	张 掖	主要承担农作物种质资源的收集鉴定、繁殖更新、入库保存、提供利用和种质创制等科学试验。
农业农村部西北旱作马铃薯科学观测实验站	马铃薯所	会 川	主要承担农业气象数据观测、马铃薯晚疫病预测预报、病虫害防控、农田生态、土壤环境、品种基因型与环境互作关系等方面的观测监测以及马铃薯资源材料抗旱、品质及抗逆性状鉴定评价、马铃薯块茎发育与淀粉积累规律观测分析研究。
农业农村部西北地区蔬菜科学观测实验站	蔬菜所	永 昌	主要承担蔬菜种质资源精准鉴定、创制，土壤温度、水分、养分含量等数据观测以及蔬菜光合、蒸腾生理指标数据、区域气象数据的观测监测。
农业农村部西北地区果树科学观测实验站	林果所	榆 中	主要承担野外果树种质资源和新品种要素观测、公共实验、长期定位试验和技术示范服务等。
农业农村部甘肃耕地保育与农业环境科学观测实验站	土肥所	凉 州	主要承担耕地保育与农业环境监测，提升自主创新能力和服务水平。
农业农村部西北旱作营养与施肥科学观测实验站	旱农所	镇 原	主要承担旱地植物营养与施肥数据采集、土壤和植物营养长期要素监测等。
农业农村部西北黄土高原地区作物栽培科学观测实验站	旱农所	定 西	主要承担旱地农田生态系统的水、土、气、生物等生理生态要素的长期定位观测，建立数据共享信息系统。
农业农村部西北特色油料作物科学观测实验站	作物所	兰州新区	主要承担特色油料资源和农田气候的科学观测、科学试验和新品种、新技术示范工作。

共计 9 个

农业农村部现代种业创新平台（基地）一览表

平台名称	依托单位	建设地点	承担任务
国家油料改良中心胡麻分中心	作物所	兰州	主要承担胡麻育种、亲本材料创新、育种方法研究、品种优化选育等方面的研究任务。
国家糜子改良中心甘肃分中心	旱农所 作物所	兰州 镇原	主要承担种质资源创新和品种改良研究、育种材料与方法创新，培育糜子抗病、优质专用新品种。
甘肃省农业科学院抗旱高淀粉马铃薯育种创新基地	马铃薯所	榆中会川	主要承担干旱生态条件下的马铃薯高淀粉选育，抗旱高淀粉种质资源及亲本材料的搜集、鉴评、保存、利用、创新以及抗旱、高淀粉性状等转基因研究。
甘肃陇东旱塬国家农作物品种区域综合试验站	旱农所	庆阳平凉	主要以北方旱地冬小麦、春大豆、中晚熟玉米、杂粮糜子、谷子等作物为主，开展高标准、规范化新品种检测与鉴定试验。
国家牧草育种创新基地	畜草所	张掖	主要以抗病虫、抗逆性、高产优质育种技术、新品种集成创新为核心，开展苜蓿、藜麦、饲用高粱优良品种及产业化技术示范推广。
青藏区综合性农业科学试验基地（甘肃省）	张掖节水试验站	张掖	以设施高效栽培、制种玉米、高原夏菜、经济林果水肥高效利用、农作物新品种选育为主，开展高标准、规范化田间试验和技术集成，为青藏区（甘肃省）乃至全国绿洲节水高效农业新品种、新技术研发，技术集成熟化、成果应用转化提供技术支撑和保障服务。

共计 6 个

国家农业科学实验站一览表

名　称	依托单位	负责人	批复机构
国家农业环境张掖观测实验站（张掖站）	省农科院	马忠明	农业农村部
国家土壤质量镇原观测实验站（镇原站）	旱农所	樊廷录	农业农村部
国家种质资源渭源观测实验站（渭源站）	马铃薯所	吕和平	农业农村部
国家土壤质量凉州观测实验站（凉州站）	土肥所	车宗贤	农业农村部
国家土壤质量安定观测实验站（安定站）	旱农所	张绪成	农业农村部

共计 5 个

省部级重点实验室一览表

名　称	依托单位	负责人	批复机构
甘肃省旱作区水资源高效利用重点实验室（优化整合）	省农科院	樊廷录	省科学技术厅
甘肃省牛羊种质与秸秆资源研究利用重点实验室	畜草所	吴建平	省科学技术厅

共计 2 个

省部级联合实验室一览表

名　称	依托单位	共建单位	负责人
国家小麦改良中心-甘肃小麦种质创新利用联合实验室	小麦所	国家小麦改良中心	杨文雄
甘肃旱作区水资源高效利用联合实验室	旱农所	中国农业科学院环境与可持续农业研究所	樊廷录
反刍家畜及粗饲料资源利用共建联合实验室	畜草所	西北农林科技大学 云南农业大学	吴建平

共计 3 个

省部级工程（技术）中心、鉴定机构、技术转移机构一览表

名　称	依托单位	负责人	批复机构
国家技术转移示范机构	省农科院	马忠明	科学技术部
中美草地畜牧业可持续研究中心	省农科院	吴建平	科学技术部
国家果品加工技术研发分中心	加工所	田世龙	农业农村部
国家农产品加工预警体系甘肃分中心	加工所	胡生海	农业农村部
国家大麦改良中心甘肃分中心	经啤所	潘永东	农业农村部
农药登记药效试验单位资质（农药安全评价中心）	植保所	张新瑞	农业农村部
西北优势农作物新品种选育国家地方联合工程研究中心	省农科院	常　涛	国家发展和改革委员会

（续）

名　称	依托单位	负责人	批复机构
全国农产品地理标志产品品质鉴定检测机构	质标所	白　滨	农业农村部农产品质量安全中心
甘肃省技术转移示范机构	省农科院	马忠明	省科技厅
甘肃省农业废弃物资源化利用工程实验室	省农科院	庞忠存	省发改委
甘肃省中药材种质改良与质量控制工程实验室	省农科院	王国祥	省发改委
甘肃省小麦种质创新与品种改良工程实验室	省农科院	杨文雄	省发改委
甘肃省新型肥料创制工程研究中心	土肥所	车宗贤	省发改委
甘肃省无公害农药工程实验室	省农科院	张新瑞	省发改委
甘肃省马铃薯种质资源创新工程实验室	马铃薯所	胡新元	省发改委
甘肃省优势农作物种子工程研究中心	省农科院	常　涛	省发改委
甘肃省精准灌溉农业工程研究中心	省农科院	马忠明	省发改委
甘肃省草食畜产业创新工程研究中心	畜草所	杨发荣	省发改委
甘肃省农业害虫天敌工程研究中心	植保所	张新瑞	省发改委
甘肃省藜麦育种栽培技术及综合开发工程研究中心	畜草所	杨发荣	省发改委
西北啤酒大麦及麦芽品质检测实验室	经啤所	王国祥	省质监局
甘肃省农产品贮藏加工工程技术研究中心	省农科院	颉敏华	省科技厅
甘肃省马铃薯脱毒种薯（种苗）病毒检测及安全评价工程技术研究中心	省农科院	吕和平	省科技厅
甘肃省油用胡麻品种创新及产业化工程技术研究中心	作物所	张建平	省科技厅
甘肃省小麦工程技术研究中心	小麦所	杨文雄	省科技厅
甘肃省果蔬贮藏加工技术创新中心	省农科院	颉敏华	省科技厅

共计 26 个

省部级星创天地一览表

名　称	依托单位	负责人	批复机构
经作之窗．星创天地	经啤所	冉生斌	科学技术部
马铃薯脱毒种薯繁育技术集成创新与示范星创天地	马铃薯所	张　武	科学技术部

共计 2 个

省级科研基础平台一览表

名　称	依托单位	负责人	批复机构
甘肃省主要粮食作物种质资源库	作物所	祁旭升	省科学技术厅
甘肃省主要果树种质资源库	林果所	王发林	省科学技术厅

共计 2 个

省（市）级科普教育基地一览表

名　称	依托单位	负责人	批复机构
全国农产品质量安全科普基地	质标所	白　滨	农业农村部农产品质量安全中心
甘肃省科普教育基地	省农科院	马忠明	省科协
甘肃省马铃薯研究与栽培特色科普基地（会川）	马铃薯所	吕和平	省科技厅
兰州市科普教育基地	省农科院	马忠明	兰州市科学技术协会

共计 4 个

院级重点实验室一览表

名　称	依托单位	负责人
生物技术育种重点实验室	生技所	罗俊杰
甘肃省名特优农畜产品营养与安全重点实验室	质标所	白　滨

（续）

名　称	依托单位	负责人
旱寒区果树生理生态重点实验室	林果所	王　鸿
蔬菜遗传育种与资源利用重点实验室	蔬菜所	程　鸿
作物土传病害研究与防治重点实验室	植保所	李敏权
啤酒大麦麦芽品质检测重点实验室	经啤所	潘永东
农业资源环境重点实验室	土肥所	杨思存
油料作物遗传育种重点实验室	作物所	赵　利
农业害虫与天敌重点实验室	植保所	罗进仓
植物天然产物开发与利用重点实验室	生技所	赵　瑛
蔬菜栽培生理重点实验室	蔬菜所	张玉鑫

共计 11 个

院级工程技术中心一览表

名　称	依托单位	负责人
设施园艺环境与工程技术研究中心	蔬菜所	宋明军
果树种质创新与品种改良工程技术研究中心	林果所	王玉安
甘肃省名贵中药材驯化与种苗繁育工程中心	经啤所	王国祥
食用菌工程技术研究中心	蔬菜所	张桂香
马铃薯种薯脱毒繁育工程技术研究中心	马铃薯所	张　武
旱区循环农业工程技术研究中心	旱农所	樊廷录
玉米工程技术研究中心	作物所	何海军
智慧农业工程技术研究中心	农经所	王恒炜
集雨旱作农业工程技术研究中心	旱农所	张绪成
生物防治工程技术研究中心	植保所	徐生军
食用百合种质资源与种球种苗繁育工程中心	生技所	林玉红
棉花工程技术研究中心	作物所	冯克云
粮油作物资源创新与利用工程技术研究中心	作物所	董孔军

共计 13 个

院级科研信息平台一览表

名　称	依托单位	负责人
甘肃省农科院农业科技数字图书馆	农经所	展宗冰
甘肃省农科院科研信息管理平台	农经所	展宗冰
甘肃省农科院自然科技资源平台	农经所	乔德华
甘肃省农科院新品种新技术数据库	农经所	乔德华
甘肃省马铃薯数据库	马铃薯所	吕和平

共计 5 个

院级农村区域试验站一览表

试验站名称	依托单位	负责人	驻站人数	功能定位	承担任务
陇东黄土旱塬（镇原）半湿润偏旱区农业综合试验站	旱农所	李尚中	11	旱作节水及高效农作制	承担西北玉米新品种配套技术集成与示范、降解地膜田间功能验证与土壤环境影响研究、作物抗逆种植及逆境生物学机制、区域特色作物高效种植和施肥体系、环境协调型种植制度、旱地水土资源利用与环境要素演变监测等方面的研究与推广工作。
陇中黄土丘陵（定西）半干旱区农业综合试验站	旱农所	马明生	14	农田生态环境改善与水土资源利用	承担陇中旱作区马铃薯高产提质种植技术集成应用、旱地农田覆盖生理生态、作物抗逆种植及逆境生物学机制、区域特色作物高效种植和施肥管理及旱地水土资源利用与环境要素演变监测、基于 APSIM 模型的半干旱区绿色覆盖模式优化及其长期土壤水碳效应等方面的研究与集成示范。
陇东黄土丘陵（庄浪）半干旱区农业试验站	旱农所	何宝林	4	农田退化环境改善及特色作物高效生产	承担黄土高原半干旱区梯田高效生产开发利用、旱作农田膜秸双覆盖耦合土壤解磷及固碳效应、区域特色作物马铃薯和果树高效种植与产业开发等方面的研究与示范。

（续）

试验站名称	依托单位	负责人	驻站人数	功能定位	承担任务
石羊河流域（白云）绿洲农业综合试验站	土肥所	张久东	12	耕地保育与农业资源高效利用	承担绿肥作物栽培与利用、中低产田改良、退化耕地修复、高产和超高产农田培育、植物营养与生理生态、农业废弃物循环利用、水肥一体化技术等方面的研究与示范。
黑河流域（张掖）节水农业综合试验站	土肥所	孙建好	8	农业节水和农业环境监测	承担区域灌溉制度优化与水资源高效利用、农田节水灌溉原理与技术、高效栽培原理与技术、作物水肥高效利用、农田环境演变与监测等方面的研究。
白银沿黄灌区（靖远）农业试验站	土肥所	王成宝	5	土壤改良与作物耕作栽培	承担盐碱地改良利用、土壤培肥与退化耕地修复、高效节水技术与模式、植物营养与作物高效施肥、作物高效栽培、农业废弃物循环利用等方面的研究与示范。
陇南（天水）有害生物防控综合试验站	植保所	孙振宇	6	有害生物综合防控	承担农作物主要病虫害灾变规律、病虫流行暴发成因与预警技术、主要病虫抗药性监测、作物种质资源抗病、抗虫性鉴定与评价，抗病基因挖掘及种质资源创新，主要病虫害关键防控技术研究及集成与示范，甘肃河西小麦条锈病对我国小麦条锈西北越夏区的作用研究。
河西高海拔冷凉区（永昌）蔬菜综合试验站	蔬菜所	任爱民	6	蔬菜与食用菌栽培	承担高海拔冷凉区高原夏菜与日光温室蔬菜新品种引进、栽培生理、栽培技术、栽培模式的研究及集成技术示范，新型园艺设施及保温设备研发；食用菌高效栽培新品种引进、栽培设施研发、培养料发酵、工厂化栽培、高效栽培技术研究及集成技术示范。
高台西甜瓜试验站	蔬菜所	杨永岗	5	西甜瓜种质创制与新品种选育	承担西瓜优异种质资源创制及抗旱、抗病、优质和耐贮运新品种选育；甜瓜优异种质资源创新及抗病、耐贮运优质新品种选育；西北压砂西瓜与绿洲灌区露地厚皮甜瓜栽培研究与示范推广。
陇中高寒阴湿区（渭源）马铃薯综合试验站	马铃薯所	李高峰	6	马铃薯育种、栽培与种薯繁育	承担马铃薯种质资源保存、创新利用，新品种选育与育种新技术研究，高效栽培技术研究，高效低成本种薯繁育技术研究。

（续）

试验站名称	依托单位	负责人	驻站人数	功能定位	承担任务
河西绿洲灌区（黄羊镇）啤酒原料试验站	经啤所	潘永东	9	啤酒大麦育种与栽培	承担啤酒大麦（青稞）种质资源创新利用，专用、高产优质、抗（耐）性啤酒原料新品种选育，育种新技术研究，节水丰产优质栽培技术研究。
陇中（榆中）果树试验站	林果所	王玉安	5	果树育种与栽培	承担果树种质资源收集、保存及鉴定评价；果树新品种选育和新技术研究，果树旱、寒等生境下栽培生理研究，设施果树栽培模式及环境调控研究。
秦安试验站	林果所	王晨冰	5	桃树育种与栽培	承担国家桃产业技术体系兰州综合试验站任务：品种区域试验，病虫害综合防控，桃园土肥水管理；承担苹果新品种及示范园建设和花椒良种及示范园建设。
陇中（会宁）杂粮试验站	作物所	董孔军	6	杂粮育种与栽培	承担杂粮种质资源的征集、鉴定、评价与利用创新，杂粮育种技术研究、新品种选育、高产高效栽培技术研究。
河西绿洲灌区（敦煌）棉花试验站	作物所	冯克云	7	棉花育种与作物抗旱性鉴定评价	承担棉花种质资源创新、早熟优质棉花新品种选育、棉花育种技术研究；主要农作物种质资源（品种）抗旱性鉴定技术研究及评价。
秦王川现代农业综合试验站	作物所	王利民	15	油料作物与食用豆育种	承担胡麻种质资源创新、新品种选育及雄性不育系的基础和应用研究，油葵、春播油菜种质资源的创新利用、自交系及杂交种的选育研究，蚕豆、豌豆等豆种的资源创新利用、新品种选育及产业化示范。
河西绿洲灌区（张掖）玉米试验站	作物所	寇思荣	8	玉米育种	承担玉米种质材料创新，抗病、抗倒、耐密优质玉米自交系和杂交组合选育，玉米育种方法和技术的研究。
河西绿洲灌区（黄羊镇）春小麦试验站	小麦所	柳　娜	8	春小麦育种与栽培	承担春小麦种质资源创新利用，小麦杂优利用，麦类作物种质资源研究与利用，适宜河西和沿黄灌区种植春小麦新品种选育，育种新技术研究，节水丰产栽培技术研究。

（续）

试验站名称	依托单位	负责人	驻站人数	功能定位	承担任务
陇南（清水）冬小麦试验站	小麦所	鲁清林	6	冬小麦育种与栽培	承担冬小麦种质资源创新利用，抗锈、丰产稳产冬小麦新品种选育，育种新技术研究，高产高效栽培技术研究。
张掖节水农业试验站	张掖试验场	王志伟	36	试验示范基地	承担青藏区绿洲灌区农业技术集成创新、综合示范及成果转化；蔬菜集约化育苗关键技术研发与产业化示范。
黄羊麦类作物育种试验站	黄羊试验场	陈玉梁	28	试验示范基地	承担麦类、大豆、啤酒花等作物优异种质资源创制与繁育；麦类、玉米、胡麻、大豆高效节水、节肥、节药技术研究与集成示范。
榆中高寒农业试验站	榆中试验场	于良祖	16	试验示范基地	承担高寒阴湿地区果树及园艺作物新品种引进繁育、示范推广、农业综合开发及科技服务。

共计 22 个

三、脱贫攻坚与成果转化

脱贫攻坚工作

2019 年，甘肃省农业科学院认真贯彻落实省委、省政府脱贫攻坚工作部署，坚持把严守标准贯穿始终，把精准到户贯穿始终，把聚集深度贫困贯穿始终，把问题整改贯穿始终，把提高脱贫质量贯穿始终，举全院之力在庆阳市镇原县方山乡关山村、贾山村、王湾村和张大湾村开展脱贫攻坚帮扶工作。全面完成了 4 个帮扶村的年度减贫任务，减贫人口共 828 人，3 个贫困村实现整村脱贫，帮扶村富民产业发展和村集体经济建设取得进展，农业生产良种良法覆盖率得到提升，农民对科技成果认知程度和应用水平有所提高，科技带动脱贫效果彰显。在全省深度贫困地区开展科技帮扶行动，围绕"牛、羊、果、薯、药"五大特色产业进行科技成果示范和技术服务，为全省脱贫攻坚提供有力的科技支撑。2019 年度帮扶工作考核结果为"好"等次，一支驻村帮扶工作队被评为"2019 年度庆阳市脱贫攻坚先进驻村帮扶工作队"称号。

一、坚持问题导向，开展专项巡视反馈问题整改

甘肃省农业科学院坚持把脱贫攻坚整改工作作为重大政治问题和政治任务，实行院负总责，部门协调，所抓落实的责任体系，成立了院中央脱贫攻坚专项巡视反馈意见整改工作领导小组及驻村帮扶工作办公室，负责牵头抓总，研究部署整改事项，解决重大整改问题。制定出台了《甘肃省农业科学院中央脱贫攻坚专项巡视反馈问题整改工作方案》，对照《甘肃省中央脱贫攻坚专项巡视反馈问题整改工作汇总清单》、甘肃省国务院扶贫开发领导小组 2019 年脱贫攻坚督查反馈问题、国务院扶贫办对甘肃脱贫攻坚调研督导反馈意见、"三落实""三精准""三保障"方面排查出的问题，政治上对标对表，行动上立行立改。一是加强习近平总书记关于扶贫工作重要论述学习，提升理论武装水平。通过党委理论中心组学习（扩大）会议和党委会议，学习习近平总书记扶贫论述和重要讲话、指示精神。督促院属各单位、各部门把学习习近平总书记关于扶贫工作的重要论述作为各级党组织专题学习的重要内容。二是加强调查研究和开展现场办公，精准施策落实脱贫攻坚任务。院属各研究所组织专家赴深度贫困地区，针对产业发展难题和科技需求开展调研，组织落实科技帮扶项目。院主要领导带领院属各单位负责人到定点帮扶村，紧紧围绕"两不愁，三保障"脱贫标准，实地调研对接当地科技需求，现场解决实际困难，制定科技帮扶举措。全年召开现场办公会、工作推进会 4 次。三是加强项目倾斜集中，支持贫困地区脱贫攻坚和乡村振兴。列专项组织实施了 14 个深度贫困县科技帮扶项目。将"三区"人才项目集中向全省 23 个深度贫困县的贫困村、特困村倾斜。全年选派 174

人，分27个团队赴21个深度贫困县的贫困村、特困村开展帮扶工作，以每个贫困县牵头，研究所配合负责，跨研究所组团支撑技术指导，以科技帮扶团队的形式在贫困村开展技术示范及帮建工作，同时兼顾合作社技术指导，加大科技下乡和新型经营主体培训力度。按照"一户一策"动态管理要求，院级领导遍访了4个帮扶村、县处级领导干部遍访了本单位干部职工联系的贫困户，驻村帮扶工作队不落一户地走访了全村贫困户，并与帮扶责任人以及乡、村干部对联系村贫困户2019年"一户一策"方案进行进一步核实、调整、完善。四是加强纪检监察工作力度，与院属单位（处室）签订责任书，紧盯中央脱贫攻坚专项巡视反馈问题清单，开展专项监督检查，重点检查工作作风、项目资金使用及产业和科技扶贫工作完成质量、扶贫政策落实情况等，保障脱贫攻坚工作健康有序开展。

二、严格落实责任，脱贫攻坚帮扶任务全面完成

修订了《省农科院脱贫攻坚帮扶工作责任清单》，对院、所、职能部门、帮扶责任人、驻村帮扶工作队及村第一书记帮扶责任作了明确规定。全院各级帮扶责任主体严格履行职责，较好完成了年度帮扶任务。4个帮扶村全年共脱贫246户，828人，3个贫困村将实现整村脱贫。

一是把脱贫攻坚帮扶工作作为最大政治、最大任务和最大责任来抓。把学习党的十九大精神、中央脱贫攻坚战略部署作为开展工作的前提，对党中央及省委、省政府对精准扶贫精准脱贫工作的安排部署进行认真学习，深刻领会。院党委及院行政全年召开脱贫攻坚帮扶工

作领导小组会议4次，传达学习政策文件、研究部署帮扶工作。院领导每人到帮扶村调研指导、协调安排工作2次以上，召开现场办公会3次、推进会1次。遴选增派6名科技干部赴帮扶村开展驻村帮扶工作，充实帮扶队伍，加强帮扶力量。严格落实驻村帮扶干部保险购买、经费与补贴发放、健康体检等各项待遇，并协调解决驻村工作中遇到的困难和问题，为其驻村工作生活提供必要的保障。统筹全院资源，设立科技帮扶项目。组织院内基层党支部与帮扶村党支部结对共建。

二是院属各单位组织监督本单位帮扶责任人进村入户，全院110名帮扶干部每人全年入户走访2次以上。11个研究所在12个深度贫困县（区）实施科技帮扶项目14个。结合承担的国家现代农业产业技术体系、"三区人才"等项目，在全省贫困地区开展成果示范和技术培训指导等工作。

三是完善落实"一户一策"精准脱贫计划。全院110名帮扶干部切实履行帮扶责任人的职责，聚焦解决"两不愁、三保障"突出问题，按照庆阳市"四类分类法"，完善落实"一户一策"精准脱贫计划，帮办实事1件以上。

四是驻村帮扶工作队严格遵守驻村相关管理规定，完成日常帮扶任务。修订完善了4个村2019年"一户一策"附页。以逐户逐人"过筛子"的方式，推进"3＋1"冲刺清零行动，全面筛查"两不愁、三保障"和安全饮水方面存在的突出问题和弱项短板。配合乡村干部完成各级脱贫验收督查考核相关工作。充分发挥"六大员"作用，积极协助开展政策宣传、环境整治、矛盾化解、资金争取、项目落实、为民服务等村务工作。选派的村第一书记，积极开展党支部标准化建设，严格落实党

内生活制度，强化村级组织活动阵地建设等，村党组织政治功能和服务功能进一步提升。

三、发挥自身优势，科技支撑脱贫攻坚有力有效

充分调动科技、人才、项目资源，发挥成果、智力优势，聚焦产业扶贫、智力扶贫，在全省范围内开展科技帮扶。

一是驻村帮扶工作队在完成日常帮扶工作的同时，结合专业特点，大力开展科技成果示范应用和技术培训指导，培育壮大村级富民产业和村集体经济。结合4个村自然条件和产业发展规划，以近年来选育优良作物品种为基础，在4个帮扶村共落实小麦、玉米、马铃薯、糜谷、胡麻、饲用高粱等良种良法示范面积5 843亩，配套开展技术培训41场，培训农民1 500余人次。实现了4个村贫困户良种良法全覆盖、帮助种好"铁杆庄稼"的目标。在贾山村建成并投入使用15座蔬菜塑料大棚，带动就近务工岗位30多个，使集体经济收入实现零的突破。在张大湾村建成黄花菜初级加工生产线一条，建成300亩黄花菜新品种示范园区。依托该村合作社集中收购黄花菜鲜菜约28吨，兑付农户收购款7.1万元。协助关山村小杂粮种植专业合作社申请亚洲开发银行杂粮项目一项，争取经费13万元。

二是院内"三区"人才专家、"三百"增产增收科技行动项目组、国家现代农业产业技术体系团队等，分别结合各自项目广泛组织成果示范和技术培训。全年共建立示范基地1.37万亩，开展技术培训168场次，培训农户及技术人员1.2万余人次，发放技术资料1.8万份（册）、良种70.7吨、种苗4 000株、肥料15.5吨、农药近2万瓶（袋）。

四、开展科技帮扶，助力攻克深度贫困堡垒

在12个深度贫困县落实科技示范帮扶项目，同时开展覆盖23个深度贫困县的技术培训。通过"三实事＋一报告＋科技培训"（即建设至少1个科技示范基地、帮建至少1个农业新型经营主体、帮扶指导至少5户建档立卡贫困户科学生产、形成1个区域产业发展建议报告以及开展配套技术培训指导），将科技帮扶措施落实到县、到村、到户、到人，带动提升县域产业发展水平，创建农户产业脱贫模式。2019年建立示范基地17个，面积2 500亩；建设科技示范户165户；示范新品种52个，新技术33项；带动发展合作社15个。举办了全省脱贫攻坚能力提升"农业科技专题"培训班，来自全省部分深度贫困县分管扶贫工作的副书记、副县长，部分市（州）农业科研院所领导人员和"两州一县"及18个深度贫困县科技帮扶行动小组成员共50人，接受了15天的专题培训。举办全省脱贫攻坚农村实用人才特色林果和中药材、畜牧养殖、设施瓜菜等3期实用技术提升培训班，培训农村实用人才300多人。全年共开展技术培训168场次，培训农户及技术人员1.2万余人次。

五、加强组织建设，提升党组织服务群众脱贫能力

不断强化党组织和党员在脱贫攻坚帮扶方面的作用发挥。一是院属4个研究所党总支紧紧围绕"所村共建、优势互补"的思路，按照"党员专家＋贫困户"结对原则，开展"1＋1"共建活动，进一步增强帮扶力量的统

筹协调。充分发挥基层党组织作用，实现帮扶效益最大化。二是成立了驻村帮扶工作队临时党支部，并组建脱贫攻坚党员先锋队，把党的组织优势转化为脱贫攻坚的强大动力。开展"不忘初心、牢记使命"主题教育和党组织标准化建设，组织 12 名驻村干部到合水县蒿咀铺乡，参观了包家寨子会议旧址，观摩学习了省科协驻陈家河村和国家开发投资集团有限公司甘肃小三峡发电有限公司驻蒿咀铺村帮扶工作经验。大力推广"支部建在产业链、党员聚在产业链、群众富在产业链"模式。驻村帮扶工作队临时党支部分成 4 个党小组，帮助村"两委"班子发展壮大农民专业合作社、电子商务等新型农业经营主体，帮助村"两委"班子发展壮大集体经济。三是充分发挥全院党员志愿者作用，深入开展消费扶贫助力打赢脱贫攻坚战和献爱心活动，结合全国扶贫日，帮助贫困户销售蜂蜜、土鸡蛋等。四是为定点帮扶的 4 个贫困村培养 4 名党员致富带头人。五是为方山乡扶贫爱心超市捐款 1 万元，筹措 1 万元慰问了 16 户特困户。六是与地方党委、政府共同组织了"乡风文明模范评选活动"，表彰了五好家庭、勤劳致富模范、重教育才模范、孝老爱亲模范、文明新风模范先进典型，激发群众脱贫内生动力，探索精神扶贫方式。

甘肃省农业科学院在镇原县方山乡关山村举办"乡风文明"表彰奖励暨精神扶贫大会

1 月 22 日，由甘肃省农业科学院驻村帮扶工作队和关山村党支部、村委会共同组织举办的"方山乡关山村'乡风文明'表彰奖励暨精神扶贫大会"在关山村文化广场隆重召开。甘肃省农业科学院科技成果转化处处长马彦、镇原县委常委李存、县交通局局长岳生金、县科协主席徐淑贤、方山乡党委书记高亚丽、政府乡长景琳程及县文联秘书长郭伟峰等应邀出席大会。会议由关山驻村帮扶工作队第一书记兼队长、小麦所党总支书记王勇研究员主持。

会上，关山村党支部书记、村委会主任白生银宣读了"方山乡关山村党支部关于开展乡风文明评选活动表彰奖励的决定"，各位领导向受到表彰的五好家庭、勤劳致富模范、重教育才模范、孝老爱亲模范、文明新风模范 20 名获奖者进行了颁奖和授牌，五好家庭获得者贺德宝代表受表彰模范发表了获奖感言，方山乡政府副乡长杜金田发起了向全村模范学习的倡议；高亚丽书记对此次大会的召开讲了五点体会，马彦处长就帮扶单位发挥好帮扶作用讲了具体意见，李存常委对增强内生动力，推进乡风文明，聚焦产业培育，着力脱贫攻坚提出了新要求。

其间，受邀的镇原县科协、县文联和方山乡农村信用社结合此次会议，分别开展了"三下乡"活动和"2019 年'我的中国梦——文化进万家活动'"，现场为当地群众发放了科普图书、剪纸等，艺术工作者挥毫泼墨，为村民赠送了书画作品及春联。

会前，马彦处长和李存常委为方山乡电子商务培训室、关山村新时代农民培训室、镇原县黄土情小杂粮种植专业合作社培训室和镇原县巨力达种养殖产销专业合作社培训室进行了揭牌，并参观培训室和便民服务室等。

此次大会是甘肃省农业科学院驻村帮扶工作队在帮扶村首次召开的精神扶贫大会，旨在促进扶志扶智相结合，提振贫困户脱贫信心，最终实现精准脱贫，达到预期效果。

甘肃省农业科学院召开科技帮扶工作对接会

2月27日，甘肃省农业科学院召开了科技帮扶工作对接会。会议通报了2018年度科技帮扶项目完成情况，并就2019年度科技帮扶项目组织落实工作进行了对接安排。副院长贺春贵出席会议并讲话。会议由院帮扶办主任马彦主持。2018年度科技帮扶项目主持人及承担2019年任务的研究所负责人参加了会议。

会议要求2018年度科技帮扶项目要进一步完善效益评估、帮扶模式凝练和科技调研建议报告，规范结题资料，并于3月底完成项目结题资料报送。2019年项目实施要与中央脱贫攻坚专项巡视反馈问题整改工作和乡村振兴战略相结合，围绕科技成果转化组织落实。

副院长贺春贵对2019年科技帮扶项目组织实施提出三点要求。一是要深入调研。找准科技帮扶的切入点、落脚点和突破点，以"三件实事＋一个报告＋长期培训"为主要内容开展工作。二是要做好项目实施方案。在全面详细调研的基础上，精细谋划，做好资金预算、目标任务、进度安排、责任分工等规划设计，保障项目有序高效实施。三是执行方案要认真到位。在具体落实过程中，各项目承担单位要提高认识，加强保障，精心实施，确保人员到位、技术到位、措施到位，高质量完成项目目标任务，真正体现出科技帮扶效果。

聚焦精准　对标对表　坚决打赢脱贫攻坚战

——甘肃省农业科学院在镇原县方山乡 4 个贫困村召开脱贫攻坚工作现场办公会

为进一步做实做细定点帮扶的镇原县方山乡4个贫困村2019年脱贫攻坚工作，3月4—7日，甘肃省农业科学院党委书记魏胜文带领副院长贺春贵、院帮扶办主任马彦和14个研究所的主要负责人，分别在镇原县方山乡贾山村、张大湾村、王湾村、关山村组织召开了脱贫攻坚工作现场办公会。方山乡党委书记高亚丽、乡长景琳程参加了会议。

会议听取了4个驻村帮扶工作队队长关于贫困村2019年帮扶计划的汇报，并与方山乡委、乡政府进行了对接沟通，安排部署了2019年重点帮扶工作任务。确定在4个贫困村示范推广良种良法5 843亩，实现精准建档立卡贫困户良种良法全覆盖，为每个贫困村扶持建设1个专业合作社。院属14个研究所主要领导现场认领了帮扶任务，并做了表态发言。

会上，魏胜文对4个驻村帮扶工作队取得的成绩给予了充分肯定，同时指出工作中还存在对政策的理解和把握不准确，帮扶的重点和项目的选择离靶心较远，工作不聚焦、目标不精准等问题。魏书记围绕如何进一步理清思路，做实做细科技帮扶工作，种好"责任田"，提出了四点要求。一是对标对表，聚焦精准。要求各级帮扶干部一定要认真学习《习近平扶贫论述摘编》，用习近平总书记重要论述武装头脑、指导实践、推动工作。要对标"两不愁、三保障"脱贫标准，在脱贫标准上，既不能脱离实际、拔高标准、吊高胃口，也不能虚假脱贫、降低标准、影响成色。聚焦精准建档立卡贫困户，落实落细"一户一策"。驻村帮扶工作队要用 20 天的时间，完成本村安全饮水、义务教育、基本医疗、住房安全保障方面的排查摸底工作。二是良种良法配套，种好"铁杆庄稼"。各研究所领导要按现场办公确定的任务，做好统筹安排，组织科技人员开展春耕生产培训，并于 3 月 20 日前将所需资金落实到位，确保春耕生产不误农时。驻村帮扶工作队要做好种植规划，建立台账，精准到户到人，把有限的资金用在刀刃上，确保示范效果。三是做好脱贫攻坚与乡村振兴战略的衔接。驻村帮扶工作队要指导村"两委"班子把脱贫攻坚作为实施乡村振兴战略的首要任务，紧紧围绕实现"两不愁、三保障"，在重点做好产业扶贫、易地搬迁、转移就业等的基础上，开展农村环境综合治理，厕所革命，乡风文明等工作。四是认真开展抓党建促进脱贫攻坚工作，建强村级组织。院驻村帮扶工作队临时党支部要发挥先锋模范作用，第一书记要切实履行好职责，组织党员认真学习习近平新时代中国特色社会主义思想，把学习《习近平扶贫论述摘编》作为打赢打好脱贫攻坚战的思想武器，纳入村党支部理论学习的必学内容，真正把基层党组织建设成带领群众脱贫致富的坚强战斗堡垒。

副院长贺春贵强调，驻村帮扶工作队和各单位要认真领会落实好魏书记讲话精神，切实做好"两不愁、三保障"摸底排查工作，使用好帮扶资金，安排好农资的购买、发放和使用。按照集中连片的布局，建成科技帮扶示范园。研究所要做好技术培训和现场指导。院帮扶办要尽快完成现场办公会议纪要，下发到各级帮扶单位，加强跟踪问效管理，督促按时完成各项任务。

脱贫攻坚出实招　科技帮扶走在前

——甘肃省农业科学院驻贾山村帮扶工作队向贫困户发放良种并开展科技培训

3 月 26 日，甘肃省农业科学院驻贾山村帮扶工作队与院帮扶该村的各研究所共同组织开展了良种发放活动及科技培训会。甘肃省农业科学院驻村帮扶工作队队员和旱农所、农经所、蔬菜所相关科技人员，以及方山乡包村干部参加了活动。

良种发放活动上，旱农所党总支书记乔小林代表旱农所、蔬菜所及农经所向贾山村164 户贫困户捐赠玉米新品种"陇单 339"500 千克、胡麻新品种"陇亚 10 号"850 千克、马铃薯新品种"冀张薯 12 号"2 500 千克、塑料大棚蔬菜种苗 3.2 万株。李兴茂、李尚忠研究员分别对冬小麦田间管理、玉米高产高效栽培进行了现场培训，同时发放了饲用甜高粱高产栽培和高效利用技术、胡麻全膜微垄沟种植技术、农药安全使用及病虫害绿色防控技术等单行材料。

通过良种配送和良法配套，着力提升贾山村春耕生产科技水平和贫困户的科技素质，得到了广大村民的一致称赞。贾山村村民130余人参加了活动及培训。

抢抓春耕生产　良种技术先行

——甘肃省农业科学院驻王湾村帮扶工作队向贫困户发放作物良种并开展技术培训

3月10—23日，甘肃省农业科学院驻王湾村帮扶工作队与院帮扶该村的各研究所协调调运作物良种并向贫困户发放，同时组织开展技术培训，抢抓春耕生产。

王湾村驻村帮扶工作队先后协调林果所、马铃薯所、土肥所、畜草所，调运胡麻、玉米和甜高粱良种并发放到位，其中"陇单10号"和"陇单339"玉米种子950袋，计划示范950亩；"陇亚10号"胡麻种子2 200千克，计划示范550亩；"海牛"甜高粱种子200千克，计划示范200亩；"陇薯7号"和"冀张薯12号"马铃薯种薯12吨，计划示范60亩。

驻村帮扶工作队临时党支部充分发挥"脱贫攻坚党员先锋队"作用，组织党员干部开展了相关栽培技术培训，培训农民120人次，发放技术资料360份。

此次发放的良种为王湾村实现玉米、胡麻、马铃薯等农作物"陇"字号良种全覆盖，发展现代丝路寒旱农业打下了基础，提振了贫困户产业脱贫的信心，受到全村干部群众的热烈欢迎。

甘肃省农业科学院驻张大湾村扶贫工作队举办产业扶贫培训会

3月15—17日，甘肃省农业科学院驻镇原县方山乡张大湾村科技帮扶工作队邀请李继平研究员、胡冠芳研究员、颉敏华研究员、庞中存研究员等在张大湾村开展了产业扶贫培训会。专家们精准把脉，就张大湾村中药材、花椒、黄花菜、胡麻栽培管理和加工的关键技术进行了现场讲座，并与驻村工作队成员走村入户，对接"一户一策"落实情况。该村96个贫困户（含2017年已脱贫户）、村干部、各社社长和村专业合作社部分成员等参加了培训。

驻村工作队还对接了村集体经济发展的思路，由村集体合作社，以"三变"改革的思路流转了150亩土地建设产业科技示范园，开展花菜、无刺花椒栽培以及其他套种技术示范。培训会上还给贫困户发放了价值8万余元的无刺花椒、黄花菜、杂交玉米、甜高粱、胡麻等种子种苗。

甘肃省农业科学院驻关山村帮扶工作队
开展春季科技培训

　　3月15日，在国际消费者权益日到来之际，甘肃省农业科学院驻镇原县方山乡关山村帮扶工作队组织开展春季科技培训暨全院"三百"帮扶项目启动和良种发放工作。甘肃省农业科学院帮扶工作队队员、关山村干部、乡政府包村干部全部参加，成果转化处副处长张国和，方山乡党委副书记、副乡长慕廷涛到会指导。

　　培训会上，甘肃省农业科学院科技专家董

孔军、王兴荣、周玉乾分别讲解了糜谷、大豆、玉米等作物品种特性及管理技术要点，并同当地农民进行了交流互动。根据"三百"项目任务指标，培训会上发放了陇亚胡麻、陇单玉米、陇糜、陇谷、陇中黄大豆及饲用甜高粱等各种作物品种共 2 770 多千克，作物所向村委会捐赠了一台计算机。关山村村民 120 多人参加本次培训。甘肃电视台公共频道"话农点金"栏目记者进行了现场采访录制。

甘肃省农业科学院驻贾山村帮扶工作队
举办农业科技培训会

　　3月15日，甘肃省农业科学院驻镇原县方山乡贾山村帮扶工作队邀请樊廷录研究员、李兴茂研究员和工作队队长侯栋研究员以及方山乡副乡长陈康宁等在贾山村村部开展了产业扶贫农业科技培训会。专家们就贾山村玉米、小麦、大棚蔬菜的新品种、新技术、设施瓜菜技术和科学管理进行了现场讲座，并与驻村工作队成员走村入户，对接"一户一策"落实情况。该村 51 户贫困户（含2017 年已脱贫户）、乡村干部、各社社长、村专业合作社部分成员和致富带头人等参加了培训。

　　驻村工作队还针对全乡目前的农业现状和农户的科技需求，引进适合当地气候和自然条件的优质良种，以提高农作物产量，并确定了100 亩玉米、100 亩马铃薯和 100 亩小麦的示范户。对接了村集体经济发展的思路，由村集体合作社，以"三变"改革的思路流转了 10亩土地投建 7 座高标准钢架结构塑料蔬菜大棚，确定了塑料大棚蔬菜高效栽培技术示范与产业培育科技示范园，开展塑料大棚厚皮甜瓜、薄皮甜瓜、白黄瓜、辣椒等优质高效蔬菜栽培技术示范。培训会上还给贫困户发放了杂交玉米、甜高粱、胡麻等种子种苗。

以不获全胜决不收兵精神扎实推进脱贫攻坚帮扶工作

——甘肃省农业科学院召开驻村帮扶工作推进会

　　为进一步提高驻村帮扶工作成效，确保按时完成脱贫攻坚帮扶任务，5 月 13 日，甘肃

省农业科学院院长马忠明带领副院长贺春贵、宗瑞谦，院纪委书记陈静及院纪委、财务处、

帮扶办主要负责人，赴镇原县方山乡4个联系帮扶村进行调研，并组织召开了驻村帮扶工作推进会。方山乡党委书记高亚丽、乡长席银东陪同调研并参加了会议。

5月13日上午，院长马忠明一行首先深入部分贫困户家中，查看住房、饮水情况，详细了解了"3＋1"冲刺清零行动落实情况及存在的问题，宣讲了习近平总书记近期关于脱贫攻坚工作的讲话精神，对接完善了联系户"一户一策"脱贫计划。随后，实地查看了院列科技帮扶项目和3月现场办公会议确定的重点任务落实进展情况，并与各村党支部书记进行了交流，了解当前产业发展中存在的主要问题和科技需求。其间，考察了镇原县久鼎养殖专业合作社湖羊养殖场和镇原县物宗园姚山黑山羊繁育专业合作社万头黑山羊基地建设情况。

5月13日下午，驻村帮扶工作推进会在贾山村召开。会议传达学习了习近平总书记在参加十三届全国人大二次会议甘肃代表团审议和在重庆考察并主持召开解决"两不愁、三保障"突出问题座谈会时的重要讲话精神，以及《中共甘肃省委办公厅 甘肃省人民政府办公厅〈关于进一步充实力量从严管理充分发挥驻村帮扶工作队作用〉的通知》精神，听取了4个驻村帮扶工作队的工作近况汇报和乡、村两级领导班子的意见建议。

会上，院长马忠明指出，驻村帮扶工作队在全院统一安排部署下，紧密结合地方政府的脱贫攻坚任务，在走访农户、摸底调查、政策宣传、项目争取、项目落实、技术指导等方面开展了大量富有成效的工作。培育的富民产业，大体框架基本形成，并产生了一定效果。通过大家的努力和各部门的配合，驻村帮扶工作有序推进，取得的成绩值得肯定。马忠明代表院领导班子和全院职工对驻村帮扶工作队成员表示亲切慰问和衷心感谢。同时，也指出了下一步工作必须改进的方面：一是在全产业链技术支撑上还有盲点；二是良种良法还未完全配套，种植模式传统难以发挥良种效益，示范带动效果不明显；三是现有研究工作还需进一步与地方确定的产业进行对接，支撑当地产业的发展；四是产业雏形已成，但要做大做强任务还很艰巨。

马忠明对做好下一步帮扶工作，提出了明确要求。一是驻村帮扶工作队要进一步学习政策文件，提高思想认识和政治站位。一方面要学习贯彻习近平总书记关于扶贫开发的重要论述、参加十三届全国人大二次会议甘肃代表团审议时重要讲话精神和重庆考察并主持召开解决"两不愁、三保障"突出问题座谈会讲话精神，在思想上、行动上同党中央保持一致。切实做到坚定信心不动摇、咬定目标不放松、整改问题不手软、落实责任不松劲、转变作风不懈怠，确保全面完成脱贫攻坚任务。另一方面要认真贯彻落实省脱贫攻坚领导小组2019年第四次会议精神和安排部署，做到方向不偏、决心不移，以决战决胜的状态，最后冲刺的决心，有力有序推进冲刺清零行动。二是落实好3月上旬现场办公会议精神，帮出特色、帮出质量。第一，要充分发挥农科院的人才、技术、项目优势，根据农时关键时间节点做好技术培训和指导生产工作，确保良种良法配套，切实发挥好省农科院科技帮扶的特色和优势，帮助贫困户种好"铁杆庄稼"。第二，要严明纪律，加强项目资金管理，切实靠实责任，实施好各项项目。第三，要进一步完善"一户一策"，推动帮扶户扶贫政策落地见效。驻村帮扶工作队要积极协助帮扶责任人，对照

"两不愁、三保障"，进一步完善"一户一策"脱贫计划。院帮扶办要排出时间表，督促全院帮扶责任人在5月入户走访一次，精准落实"一户一策"。第四，要做好项目衔接落实，抓好产业培育。对短板、弱项、盲点再排查、再梳理，做好技术对接工作，整合一些资源，下功夫解决在做大做强产业过程中的一些问题。第五，要精准聚焦产业，提出下一步的产业规划。第六，要帮助建强基层党组织。院驻村帮扶工作队临时党支部要充分发挥战斗堡垒作用，村第一书记要切实履行好职责，组织党员认真学习习近平新时代中国特色社会主义思想，把学习《习近平扶贫论述摘编》纳入村党支部理论学习的必学内容。推动党支部标准化建设，并帮助发展村集体经济，全面推行党支部建在产业链上、党员聚在产业链上、群众富在产业链上的"三链"建设模式，帮助做好乡村振兴和乡村治理等工作，真正把基层党组织建设成带领群众脱贫致富的坚强战斗堡垒。

副院长贺春贵强调驻村帮扶工作队要聚焦重点工作，认真贯彻落实此次推进会精神和驻村帮扶工作责任清单，协助地方全面完成"3+1"清零任务。副院长宗瑞谦、院纪委书记陈静，就进一步做好全院脱贫攻坚帮扶工作提出了意见和建议。

甘肃省农业科学院召开深度贫困县科技帮扶项目推进会

为加速推动甘肃省农业科学院脱贫攻坚工作，促进深度贫困县科技帮扶项目落实，5月17日，院科技成果转化处组织召开了深度贫困县科技帮扶项目推进会。副院长贺春贵出席会议并讲话。院列2018年度及2019年度深度贫困县科技帮扶项目负责人先后汇报了项目进展及资金使用情况。院纪委副书记、行政监察室主任程志斌就脱贫攻坚工作作风和资金使用等事项进行了强调。院成果处负责同志就项目任务书填报、资金安排等进行了说明。

副院长贺春贵就实施好深度贫困县科技帮扶项目提出三点要求。一是各项目承担单位要提高认识，高度重视深度贫困县科技帮扶工作，加强组织领导和任务落实，切实体现出全院科技助推精准脱贫的职责和能力。二是要明确项目任务和细化资金预算，使任务、资金精准匹配，重点开展"点"上的科技示范和服务工作，减少大规模建设和设施设备投入，把有限资金用在刀刃上。三是要绷紧扶贫纪律这根弦，严格执行项目任务，资金使用必须专款专用，保证科技帮扶项目任务不打折扣按期完成。

不畏冰雪灾害，科技帮扶显力量

深处黄土高原的永靖县新寺乡王年沟村，是甘肃省农业科学院在23个深度贫困县开展科技帮扶的贫困村之一，是"难啃的硬骨头"。5月，在一场冰雹之后紧接着又是一场大雪，给当地农作物带来了严峻的考验。6月3日，副院长贺春贵带领院帮扶办主任马彦到永靖县查看抗灾帮扶情况。从县城出发，沿着海拔2300米山巅上的弯曲公路，行车3小时到达新寺乡王年沟村，实地查看了生物技术研究所所长罗俊杰带领的科技帮扶小分队的示范田冰雪灾害后作物生长情况，听取了现场汇报。看到种植的玉米、胡麻、饲用甜高粱等经受住了冰雪灾害，副院长贺春贵对他们的工作给予了肯定，并强调要不畏冰雪灾害，科学帮扶。要根据当地气候和各种作物生长特点，选择适宜作物种类、管好示范田，发挥好示范带动作用；突出饲草作物种植和养牛羊小农户精准脱贫模式的推广；加强对农民专业合作社的指导，创造条件让小分队人员经常驻村开展技术服务。

黄花菜成"黄金菜"，特色加工产业助张大湾脱贫

在省农科院党委、院行政的正确领导下，在各研究所的大力支持下，7月9—21日，张大湾驻村帮扶工作队对本村321户农户的黄花菜进行了收购加工。

农家少闲月，丰收人倍忙。张大湾村的黄花菜迎来了采摘季，三五成群的农户，挑着箩筐，背着背篓，满载着新鲜的黄花菜，一大早便在厂房门前排起了长队。现场过称、杀青、晾晒、烘烤，忙碌而有序，金灿灿的黄花菜通过一道道加工工艺变成了原生态优质干成品，得到了老乡们一致的认可和好评。平均每天可收购鲜菜2400千克，为镇原县畅越种植养殖产销专业合作社培养技术人员2～3人，解决了贫困户发展产业的后顾之忧，逐步实现了把"支部建在产业链上、党员聚在产业链上、群众富在产业链上"的目标，为打赢打好脱贫攻坚战奠定了坚实的产业基础。

把初心和使命融入到脱贫攻坚中的好同志——刘明军

刘明军是方山乡贾山村一名驻村队员，也是甘肃省农业科学院一名响当当的蔬菜专家。2018年8月，按照精锐出战的要求，甘肃省农业科学院选派他到镇原县方山乡贾山村开展驻村扶贫工作。到村伊始就进村入户，和乡亲们拉家常，了解村情民情，对百姓的生活很是关心。贫困户席甲录身患偏瘫，走起路来左手一个拐、右手一个拐，行动很不方便。有几次入户，他看到席甲录的炉子灭了，就到外面找来柴火把火给生上；炕冷了，他就抱来秸秆把炕给烧上。白惠萍的公爹病了，要到离村子20多千米的镇上去看病，70多岁的老人连下炕的力气都没有。他听说了，便自己开车把老人送到了镇上的医院。老百姓也都愿意和他拉家常。"第一次见面就觉得他很随和，不像兰州来的干部"，老百姓这样评价他。

他不但关心百姓生活，更是把产业扶贫当做科技帮扶重大事情来对待，工作上心、认真细致。甘肃省农业科学院为帮扶贾山村而建的塑料大棚，对贾山村来说是新生事物。村里没人知道怎么种、怎么管，他就带着村民干。他不仅给农民培训讲课，而且移苗、起垄、覆膜、整枝、吊蔓、灌水等各个技术环节，都亲力亲为，不是站在那里动动嘴皮子指挥农民干，而是从日出到日落亲自做给农民看，而且手把手地带着农民干。在移苗的关键时期，他两个多月没有回过一次家。好不容易等到苗子大点能够回家了，队长让他在家多待几天，好好休息休息，多陪陪家人，可没过三五天他就又心急火燎地回到了村里。队长问他，他说：

"我们是来驻村帮扶的，院里光买苗子就花了三四万块钱，不能因为我们的工作不到位，让这么多投入打了水漂，也不能因此给农科院丢了脸。"他根据当地市场的特点，帮扶村里制订了首先打开附近周边市场的销售方案，所产的陇椒新品种辣椒很快在孟巴等当地市场上有了一席之地。院里领导看了他的工作后深受感动，表扬他是甘肃省农业科学院"讲给农民听、做给农民看、带着农民干、引着农民富"科技扶贫的典型代表，是大家学习的榜样。

谈起刘明军，驻村帮扶工作队的同事们说："当前，我们正在开展'不忘初心、牢记使命'主题教育活动，其实，刘明军就是把初心和使命融入到我们脱贫攻坚工作中的优秀代表，也是懂农业、爱农村、爱农民的农业科技工作者的典型代表"。

科技支撑，扶贫先锋

——记甘肃省农业科学院旱农所通渭县第三铺乡侯坡村科技扶贫经验

通渭县位于甘肃中部，2017 年被列为全省 23 个深度贫困县之一。第三铺乡是通渭县的贫困乡，而侯坡村更是三铺乡的深度贫困村。该村地处山区，是省级重点精准扶贫村，全村辖 8 个村民小组 232 户 1 041 人，过去村里无支柱产业，主要靠种植粮食和外出务工来维持生活，发展意识不强，缺乏经济来源，贫困比例较高，2018 年年底，未脱贫人口 20 户 95 人，贫困面 9.13%。

2019 年，甘肃省农业科学院旱农所承担的科技扶贫项目"通渭县马铃薯、藜麦高产增效技术集成示范推广"在该村实施。为了尽快解决当地农民增收难、土地产出低、产业不突出等问题，旱农所高度重视，组建了有 13 人参加的强有力的项目实施团队。春播前，先后 4 次深入乡、村和农户家里，进行对接和调研，了解政府规划，掌握农民需求，把脉产业发展，制定了科学合理的精准扶贫方案；播种期，科技人员深入田间地头，面对面、手把手、零距离给农民进行现场指导和培训，把技术要领和标准实实在在地传授给农民。在此基础上，引进马铃薯中早熟良种冀张薯 12 号，采用微垄沟地膜覆盖种植技术，建立集中连片示范田 180 亩。4 月下旬种植，7 月下旬开始收获，平均亩产达到 1 860 千克。投入市场后，均价每千克 2 元以上，比当地多年传统种植的马铃薯每亩增产 1 000 千克以上，增收 2 700 元，成效显著。据统计，仅此一项，侯坡村新增收益 65 万元以上，人均增收 600 多元。8 月初产品在通渭县城大量上市的时候，许多人不认识这个品种，直接称呼"侯坡洋芋"，村委会的订单一个接着一个。村民高兴地说："农科院给我们送来的不是洋芋蛋，是金蛋蛋"！贫困户侯树雄，种植 16 亩，已售罄，收入 5 万多元。记者采访时他激动地说："有了农科院给的这个金蛋蛋，我今年保证脱贫"。三铺乡政府还赠送了"科技支撑，扶贫先锋"荣誉牌匾，以感谢旱农所的帮扶工作。

让洋芋蛋变成农民致富的金蛋蛋

甘肃省农业科学院王湾扶贫工作队，响应院党委产业科技帮扶的号召，在王湾村柳湾自然村开展冀张薯 12 号、陇薯 7 号等试验示范，取得了良好的效果。7 月中旬，早熟马铃薯冀张薯 12 号在蒲河河畔的柳湾自然村 4 户种植 5 亩获得了丰收。在柳湾村村民赵维会家，冀张薯 12 号亩产达到 2 150 千克，平均每千克 2 元（大的每千克 2.5 元，小的每千克 1.6 元），亩产值达到 4 500 元。7 月下旬到 8 月初，老赵把收获的马铃薯送到了附近的几家超市、菜店，很快被抢购一空。农民朋友反映用冀张薯 12 号炒菜或者煮着吃口感都很好，形状好，个头大，一个足有一斤多，一家人一顿饭炒一个洋芋就够了。老赵举起沉甸甸的洋芋蛋，想着到手的红票子，孩子的学费有了着落，脸上露出了幸福的笑容。

成果转化工作

2019 年，甘肃省农业科学院加大科技成果转化力度，从组织领导、基地和平台建设、制度完善、院地院企合作、宣传展示、管理服务等方面全面发力，开创了成果转化工作的新局面。

一、召开成果转化工作会议，统一思想、提振信心、明确方向

会议分析了科技成果转化工作面临的形势和重要性，回顾了科技成果转化取得的成绩和历史教训，交流了兄弟院所科技成果转化的经验、模式及效果，阐明了增强科技成果转化的意义和责任，对下一步提升全院科技成果转化能力和效益的具体举措做了安排部署。会议达到了提高认识、统一思想、提振信心、明确方向的效果，为开创成果转化新局面奠定了基础。

二、开展基地、平台、制度和队伍建设，为成果转化提供基础支撑

对接落实各研究所成果转化基地 40 个，面积 7.06 万亩。组织申报的"甘肃省藜麦育种栽培技术及综合开发工程研究中心"通过评审认定。认真贯彻落实各项科技创新和成果转化文件精神，结合自身实际制定出台了《甘肃省农业科学院科技成果转化管理办法》和《甘

肃省农业科学院关于进一步加强科技成果转移转化工作的指导意见》。组织 4 名科技人员参加 2019 年第一期甘肃省技术经理人培训班，取得了技术经理人从业证书。

三、深化院（所）地院（所）企合作，加速科技成果向一线输送

加强院地院企科技合作，促进科技成果向地方和企业转移转化，与兰州新区、定西市政府、酒泉市政府、农垦集团等地方政府和企业签订了合作协议，与甘肃同德农业科技集团联合发布藜麦新产品。全年签订各类科技服务协议 188 项，合同金额近 1 141.76 万元。

四、多渠道宣传推介，提升科技成果影响力

成功举办"首届甘肃省农业科技成果推介会"，面向全省集中宣传推介农业科技成果，发布了 2019 年度 100 项重大农业科研成果，路演推介了 17 类重要创新成果，展示 60 余种新品种、40 余项农业新技术和 20 余个农业新产品，召开了交流座谈会，达到了展示成果、扩大影响、促进交流合作的效果。与兰州科技大市场对接合作，举办了"农业领域技术专项推介会"，推介 15 项科技成果，现场与 3 家企

业签订技术服务协议。参加了全国农业科技成果转化联盟 2019 年（首届）全国农业科技成果转化大会，展示推介了以新品种为主的 30 多项科技成果。参加全省科技成果转移转化工作现场会，展出成果 79 项、路演推介系列成果 11 项、签约成果转让与合作开发协议 4 项。组织开展试验站"科技开放周"活动，在甘谷、清水、定西、岷县、会宁、榆中、敦煌、永昌 8 个试验站开展了不同形式的科技开放周活动，展示科技成果 60 项，开展培训 25 场次，培训各类人员 1 790 人次，接待 2 630 人次进行观摩，在各类媒体报道相关情况 24 次，展示了全院科研创新能力，发挥了试验站宣传展示科技成果的窗口作用，打通了科技与生产的"最后一公里"。完成 52 期"话农点经"电视栏目制作播出任务，并组织进行了项目验收。该栏目充分依托甘肃省农业科学院科技资源和省广电总台媒体资源，以"牛羊菜果薯药"六大特色产业科技推广为重点，同时涉及一些地方特色优势农产品品牌建设和"五小"扶贫产业发展内容。栏目突出了农业科技和媒体对促进"三农"发展的实用性、服务性。通过传递科技知识，传授致富技术，促进农业科技向生产力的快速转化，带动农民增收，有力支持乡村振兴和脱贫攻坚。通过搭建展示"三农"风采的平台，塑造"三农"新形象，引起社会对"三农"的关注，提升了农业科研单位和科研人员的影响力。根据中国广视索福瑞媒介研究数据调查，省网 4＋以上收视人群平均 169 万人次，市网 4＋以上收视人群平均 231.4 万人次。

五、服务与管理并行，知识产权和企业管理工作稳步开展

全年共申请发明专利 53 件，实用新型专利 25 件，著作权 10 件；授权发明专利 5 件，实用新型专利 15 件，著作权 14 件。组织申报 5 项发明专利参加甘肃省专利奖评审，获二等奖 2 项，三等奖 1 项。推荐了"一种当归处理剂及其制备方法和应用"专利，参加评选第二十一届中国专利奖。参加了"丝绸之路国际知识产权港论坛会"，为取得的各类专利分析评估，打包转化进入国际知识产权港奠定了基础。与兰州市知识产权局共同举办了"提升知识产权保护运营能力实务运用培训班"，全院 100 多名科技人员和管理人员参加了培训。开展了世界知识产权日宣传活动，学习了中共中央 国务院《关于强化知识产权保护的意见》《甘肃省专利奖励办法》，提高了知识产权保护意识。对省农科院管理的国有企业按照省政府国资委和省财政厅要求，进行了财务报告、财务资料审查、国有资产清查盘点等工作。

甘肃省农业科学院召开科技成果转化工作会议

8 月 13 日，甘肃省农业科学院召开科技成果转化工作会议，院领导、全院兰州片在职职工及试验场负责人等共计 270 余人参加了会议。植保所、绿星公司及马铃薯脱毒与繁育技术团队分别代表研究所、科技公司和研究团队做了典型交流发言。副院长贺春贵围绕推进科技成果市场化转化，深入分析了全院科技成果转化的现状、问题及潜力，提出了下一步加强成果转化工作的具体意见。院长马忠明做了题为"提高认识 转变观念 夯实基础 深化改革开创我院科技成果转化工作新局面"的讲话。会议由院党委书记魏胜文主持。

马忠明在讲话中指出，加强科技成果转化是实施创新驱动发展战略的必然要求，是落实国家和甘肃省政策的具体行动，是推动全省农业农村现代化的重要支撑，是推动甘肃省农业科学院高质量发展的重要途径。党的十八大以来，国家围绕实施创新驱动发展战略和推进科技成果转化提出了一系列新思想、新观点、新论断，出台了一系列政策法规，为科技创新和成果转化营造了良好的政策环境。全院上下要进一步学习这些法规政策，理解精神实质，把握政策方向，充分利用好政策，并结合实际创造性地开展成果转化工作。他深刻总结了甘肃省农业科学院科技成果转化工作取得的成绩、经验和教训，深入剖析了存在的问题及其原因，交流了国内外科技成果转化的成功经验和模式，认为只要进一步统一思想，坚定信心，正视问题，传承经验，敢于担当，勇于突破，就一定能够走出一条符合省农科院实际的科技成果市场化转化的路子。

马忠明指出，全院上下要克服创收意识不强，小富即安、小足即满的观念，要统一思想，提高认识，转变观念，改革体制机制，规范管理，多途径多方式做大做强成果转化工作，显著提升经济效益并让广大职工普遍受益。

马忠明强调，甘肃省正处于全面建成小康社会和脱贫攻坚的关键时期。全院上下要深入分析形势、把握机遇，进一步解放思想、转变观念，从重研发、轻转化向研发转化并重并举转变，从重公益性转化、轻市场化转化向公益性市场化转化并重并举转变，从各自为阵、零敲碎打向系统谋划、整体推进转变，从以企业为主的单一转化方式向成果转让、政府购买、技术服务等复合转化方式转变。要坚持宏观统筹、坚持面向市场、坚持大胆创新，以显著增强科技成果对全省现代农业发展和脱贫攻坚的支撑能力、显著提升科技成果转化效率和经济效益、显著增加科技人员成果转化收入为目标，把科技创新与成果转化有机统一，把实现社会效益与经济效益有机统一，不断创新机制、完善制度，开创全院事业发展新局面。

马忠明要求，今后要从以下六个方面提升全院科技成果转化能力和效益。一是加强创新，改革机制，强化科技成果的有效供给；二是结合实际，突出特色，构建全院成果转化体系；三是立足本土，引育结合，加强成果转化队伍建设；四是创新机制，完善制度，营造宽松环境；五是加强宣传，拓展渠道，加大成果推介力度；六是加强领导，明确责任，形成工作合力。全院科技人员要积极行动起来，提高认识，下定决心，坚定信心，自觉为全院科技成果转化事业发展建言献策、贡献力量。

魏胜文在总结讲话中指出，这次会议既是科技成果转化工作的部署会，也是"不忘初心、牢记使命"主题教育中即知即改、整改落实的部署会议。围绕贯彻落实会议精神，魏胜文提出三点要求：一要学习政策，提振信心，把握科技成果转化的历史机遇；二要正视问题，总结经验，探索符合全院实际的成果转化模式；三要创新机制，完善制度，营造利于科技成果转化的良好氛围。

首届甘肃省农业科技成果推介会
在甘肃省农业科学院隆重举行

为进一步贯彻落实省委、省政府《关于建立科技成果转移转化直通机制的实施意见》，加强农业科技成果转移转化，支撑特色产业发展，服务地方经济，助力脱贫攻坚和乡村振兴，由甘肃省农业科技创新联盟主办，甘肃省农业科学院承办的"首届甘肃省农业科技成果推介会"于11月10日在兰州隆重举行。

本次推介会以"支撑特色产业，服务地方经济，助力脱贫攻坚"为主题，面向全省集中宣传推介农业科技成果，是甘肃省农业科学院推进农业供给侧结构性改革，聚拢政府部门、科研院所、龙头企业和专业合作社，推动政、产、学、研、用紧密结合的一项重要举措，在甘肃省尚属首次。

开幕式由甘肃省农业科学院党委书记魏胜文主持，省农业科技创新联盟理事长、甘肃省农业科学院院长马忠明致欢迎辞。东乡族自治县人民政府副县长焦建国、甘肃金九月肥业有限公司总经理何洋分别代表地方政府与龙头企业发言。开幕式上，举行了"甘肃省农业科学院农业科技成果转化基地"授牌仪式和成果交易签约仪式。定西市政府、甘肃省农垦集团有限责任公司、兰州新区管理委员会分别与甘肃省农业科学院签署战略合作协议；甘肃农垦良种有限责任公司、甘肃瑞丰种业有限公司、兰州新区陇原中天羊业有限公司、甘肃祁连牧歌实业有限公司等10家龙头企业分别与省农科院相关研究所签署合作协议。

随后发布了支撑乡村振兴的100项重大农业科研成果，展示了陇亚系列胡麻、陇单系列玉米、陇鉴系列小麦、陇薯系列马铃薯、甘啤系列啤酒大麦、陇藜系列藜麦及瓜菜、桃等新品种；推介了旱地马铃薯立式深旋耕作、农产品贮藏加工、戈壁农业、中药材种子丸粒化及种苗繁育等农业新技术；推广了马铃薯微型种薯包衣剂、花卉胶囊专用肥、缓释专用肥、生物有机肥、水溶肥、土壤调理剂、氨基酸营养液等农业新产品；宣传了工程咨询服务、检验检测等农业科技服务。

马忠明在致辞中指出，科研院所要坚持科技创新和成果转化两条腿走路、坚持科技成果公益性转化与商业性转化两方面兼顾，同步实现支撑产业和自身发展"双重任务"。近年来，甘肃省农业科学院把成果转化工作作为一项重点工作，系统谋划、全面部署，取得初步成效。组织召开全院成果转化会议，提出提升科技成果转化能力和效益的具体措施，积极探索符合自身实际的科技成果转化之路。依托农村试验站，连续两年举办了"科技开放周"活动。进一步加强与地方政府的联系与合作，共同搭建科技服务平台，不断拓展科技成果转移转化的渠道，促进院地院企合作向纵深开展。同时，发挥联盟的平台作用，围绕区域性重大问题，研究提出解决方案，凝练形成5个中心10个重点任务；联合市（州）农业科研院所，遴选创新联盟18个单位、118项支撑全省乡村振兴的重大科技成果。

马忠明指出，举办首届甘肃省农业科技成果推介会，既是全省农业科研单位共同推动农业科技供给侧结构性改革的重要举措，也是优化科技资源配置、实现院所自身高质量发展的内在需要。甘肃省农业科学院作为全省唯一的省级综合性农业科研机构和全省农业科技创新联盟的牵头单位，有责任、有义务担负加速农业科技成果转化的历史重任，有能力、有信心让农业科技成果接受经营主体和生产实践的检验。

省直有关部门、各市（州）政府及涉农部门、专业合作社，甘肃省农业科技创新联盟各成员单位、农业龙头企业等共计300余人参加了开幕式。

院地院企对接，农业科技成果转化搭上"直通车"

为了使农业科技成果搭上快速转化的"直通车"，11 月 10 日，甘肃省农业科学院、12 个市（州）农业科研院（所）与参加"首届甘肃省农业科技成果推介会"的地方政府部门、农业企业和合作社代表齐聚一堂，围绕"对接地方产业需求，实现科技与地方经济深度融合发展"和"深化院企产学研合作，加强科技成果转化应用，助推企业转型升级"两个主题，分组进行了交流座谈。省农业科技创新联盟理事长、甘肃省农业科学院院长马忠明和甘肃省农业科学院党委书记魏胜文分别主持分组会议。

参会代表纷纷表示，此次成果推介会为地方政府、企业和科研院所搭建了一个很好的合作交流融合平台，是促进全省农业科技成果转移转化的一个良好开端，希望省农业科技创新联盟和省农科院今后每年能组织 1～2 次这样的推介会，并扩大范围，让企业和合作社也能展示自己的科技创新产品和技术。座谈会上，各地方政府部门和企业代表回顾了甘肃省农业科学院在支持地方产业发展、助力脱贫攻坚和加强院企合作等方面开展的工作和取得的成效，提出了解决关键生产技术难题、加强技术指导和科技服务、密切合作交流及共享科研资源等具体需求，并就如何进一步发挥农业科技创新联盟作用，畅通科技成果转移转化渠道，加强政、产、学、研结合提出了意见和建议。

马忠明强调，科研院所要围绕市场、围绕地方政府和农民的需求，以解决生产中的关键难点为出发点，研发出过硬的技术、过硬的成果，能够强有力支撑产业发展。希望市（州）政府继续支持省、市（州）农业科研院（所）的发展，特别在人才、经费、体制机制、科研条件等方面给予支持，也能在成果转化方面进行投入。

魏胜文表示，当前农业企业对科技的需求极其旺盛，科研院所和企业间的合作愿望也很强烈，大家对甘肃省农业科学院科技创新和成果转化工作寄予厚望，甘肃省农业科学院将会以大家的需求为方向，加强与地方科研院所合作，加速科技攻关和成果转化，履行好服务"三农"的使命，同时也需要与政府部门和企业深化合作，充分发挥各方职能和优势，携手谱写农业科技创新和成果转化的新篇章。

甘肃省农业科学院参加甘肃省科技成果转移转化工作现场会暨科技成果展启动仪式

12 月 3～4 日，由省科技厅主办、定西市政府协办、陇西县政府承办的全省科技成果转移转化工作现场会暨科技成果展启动仪式在陇西县药博园举行。省政府副秘书长贾宁主持启动仪式。副省长张世珍出席并宣布全省科技成果转移转化工作现场会暨科技成果展启动，并为全省首批认定的 11 家新型研发机构授牌。省科技厅厅长史百战介绍了全省科技成果转移转化工作现场会基本情况及科技成果展有关情况，定西市市长戴超致辞。

此次科技成果展出面积 4 000 米²，展位 117 个，共有参展单位 101 家，主要围绕中医中药、清洁生产、循环农业、文化旅游、清洁能源等十大生态产业，全面展现甘肃省高校、科研院所科技创新成就，展示定西市依靠科技创新发展特色优势产业的新成果。通过展示、路演和对接等推动全省科技成果转移转化，为实现高质量发展提供重要支撑。

甘肃省农业科学院由副院长贺春贵带队，10个研究所负责人和相关科技人员50多人参加，展出成果79项、路演推介系列成果11项、签约成果转让与合作开发协议4项。路演涉及陇椒、陇薯、陇藜、陇豌、陇油、陇草等系列新品种，中药材种子丸粒化及高效育苗、半干旱区旱地马铃薯立式深旋耕作栽培等新技术，中药材长效缓释专用肥等新产品。旱农所、土肥所和加工所与定西市4家企业分别进行了现场签约。副院长贺春贵还参加了相关成果转移转化省、市两个座谈交流会，介绍了甘肃省农业科学院科技成果转移转化工作情况。与会代表还实地观摩了陇西一方制药有限公司、甘肃数字本草中药检测中心、西北铝业有限责任公司等单位。

本次科技成果展会，甘肃省农业科学院参会成果多、展区面积大、且与全省农业农村产业发展结合紧密，给与会领导和人员留下了良好印象。副省长张世珍，省科技厅厅长史百战，定西市委副书记、市长戴超等领导参观了甘肃省农业科学院成果展区。省科技厅厅长史百战在开幕式和会议总结讲话中对甘肃省农业科学院科技成果转移转化工作给予了充分肯定，他说，甘肃省农业科学院积极响应省委、省政府关于加强科技成果转移转化的政策精神，给这次全省科技成果转移转化工作现场会增添了浓墨重彩的一笔，甘肃省农业科学院坚持问题导向，深入基层扑下身子搞科研，真正把论文写在了大地上，科技成果转移转化工作是衡量一个科研单位绩效的重要指标，今后应大力支持像甘肃省农业科学院这样的科研单位。

四、 经费收支情况

经费收支情况

2019 年度院属各单位经费收入情况一览表

单位：万元

单位名称	合计	财政拨款收入							事业收入		
		小计	机构运行经费	离退休费	社保经费	抚恤金	改制政策性补贴	财政拨款科研专项	小计	非财政拨款项目收入	其他事业收入
院本级	6 419.51	6 143.86	1 216.61	52.24	421.92	45.10	1 525.60	2 882.39	275.65	275.65	0.00
作物所	2 860.44	1 127.01	644.16	4.80	172.75	4.84		300.46	1 733.43	1 652.35	81.08
土肥所	1 975.10	767.31	478.97	4.00	118.97			165.37	1207.79	1 035.90	171.89
马铃薯所	1 580.92	908.03	313.27	1.90	77.70			515.16	672.89	548.38	124.51
植保所	1 975.26	1 134.26	485.80	13.81	126.61			508.04	841.00	638.29	202.71
旱农所	1 819.31	967.63	495.66	2.00	122.02			347.95	851.68	752.47	99.21
林果所	1 192.64	729.54	445.24	1.90	119.87	12.72		149.81	463.10	406.49	56.61
农经所	927.46	728.14	371.42	1.90	94.62	4.12		256.08	199.32	59.68	139.64
蔬菜所	1 455.26	945.79	546.43	3.40	137.07	4.80		254.09	509.47	509.47	0.00
生技所	703.93	513.17	302.14	0.90	76.01	8.23		125.89	190.76	179.00	11.76
加工所	1 686.27	1 136.17	395.39	1.90	109.52			629.36	550.10	550.10	0.00
畜草所质标所	1 918.33	913.14	381.76	1.60	95.59			434.19	1 005.19	771.20	233.99
经啤所	903.43	624.55	328.55	2.00	85.91			208.09	278.88	200.20	78.68
小麦所	933.57	514.59	280.04	0.70	61.56			172.29	418.98	376.82	42.16
后勤中心	1 028.56	907.21	183.52	1.80	53.46			668.43	121.35		121.35
合　计	27 379.99	18 060.40	6 868.96	94.85	1 873.58	79.81	1 525.60	7 617.60	9 319.59	7 956.00	1 363.59

说明：院本级包括院财务处、试验站。

2019 年度院属各单位经费支出情况一览表

单位：万元

单位名称	合计	工资福利支出	商品和服务支出	对个人和家庭的补助支出	资本性支出（基本建设）	资本性支出	对企业补助
院本级	7 220.15	1 406.34	1 752.32	298.94	31.07	2 205.88	1 525.60
作物所	2 835.28	714.53	1 407.32	105.97		607.46	
土肥所	1 686.75	516.56	1 083.76	79.08		7.35	
马铃薯所	1 199.73	338.77	739.33	50.25		71.38	
植保所	1 884.24	535.58	1 172.21	88.10		88.35	
旱农所	2 430.83	581.91	1 368.34	77.55		403.03	
林果所	1 251.86	481.23	643.70	92.15		34.78	
农经所	845.43	405.39	360.52	61.52		18.00	
蔬菜所	1 554.91	596.30	848.50	84.71		25.40	
生技所	839.20	334.04	246.74	57.88		200.54	
加工所	1 359.53	433.08	636.59	67.84		222.02	
畜草所质标所	1 682.38	594.01	915.18	62.74		110.45	
经啤所	1 052.52	359.15	429.67	53.72		209.98	
小麦所	784.05	300.25	438.12	39.70		5.98	
后勤中心	955.04	212.94	694.29	38.04		9.77	
合　计	27 581.90	7 810.08	12 736.59	1 258.19	31.07	4 220.37	1 525.60

说明：院本级包括院财务处、试验站。

2019 年度试验场经营收支情况一览表

单位：万元

单位名称	收入			支出						
	小计	财政补助收入	经营收入	小计	工资福利支出	商品和服务支出	对个人和家庭的补助支出	资本性支出	对企事业单位的补贴	经营支出
张掖试验场	1 996.31	1 851.93	144.38	3 661.94	404.10	75.62	74.43	1 880.51	1 056.77	170.51
榆中试验场	966.37	951.37	15.00	769.40	157.40	9.01	24.40	244.00	315.70	18.89
黄羊试验场	368.95	246.90	122.05	426.81	76.21	63.37	12.10		153.12	122.01
合　计	3 331.63	3 050.20	281.43	4 858.15	637.71	148.00	110.93	2 124.51	1 525.59	311.41

五、人才队伍建设

概　　况

2019年，人事处以习近平新时代中国特色社会主义思想为指导，认真学习贯彻十九大和十九届四中全会及习近平总书记对甘肃重要讲话精神，在院党委、院行政的正确领导和大力支持下，扎实开展"不忘初心、牢记使命"主题教育，奋力完成全年重点工作任务，统筹兼顾、科学谋划，强化责任担当、狠抓协调落实，各项工作取得良好成效。

一、人才招聘引进成效较好

积极适应"放管服"改革新形势，严格按照相关程序和要求自主进行公开招聘，共招聘博士1名、硕士12名。对全院学科团队人才现状进行了全面分析，向省委人才工作领导小组办公室报送了急需紧缺专业，增强了遴选确定公开招聘专业岗位的针对性。积极参加省委组织部在清华大学、北京大学举行的甘肃省选调生招录暨高层次人才引进宣介会，现场招聘高层次和急需紧缺专业人才，并到中国农业大学洽谈博士、硕士等人才引进事宜，在主动到重点院校招揽人才方面迈开了步伐、积累了经验。调入副高级专业技术人员1人、硕士2人，对稳定高层次人才产生了积极作用。院博士后科研工作站招入第一个外籍博士后研究人员，促进了全院的国际交流与合作。

二、人才推荐选拔成效显著

1人入选国家百千万人才工程，1人享受国务院政府特殊津贴，14人享受甘肃省高层次专业技术人才津贴，11人获颁建国70周年纪念章。36名省领军人才获得续聘。选派1名2019年"西部之光"访问学者赴中国农科院研修，3名专家参加省委组织部高层次人才疗养活动。推荐10人为省拔尖人才候选人，5名省领军人才二层次专家申请进入一层次，2名专家申请进入省领军人才二层次，13名专家进入专业技术人才项目评审专家库，3人为中国战略发展研究院"农业高端智库专家"。推荐1人为未来女科学家候选人，1人为2019年中国科协优秀中外青年交流计划人选，1人参加"甘肃省赴日本亲环境式农业循环经济发展专题研修班"。推荐1人为全国三八红旗手、1人为省三八红旗手候选人。在首届科技成果推介会上制作展板，对36名二级、三级研究员做了宣传。

三、人才培养培训扎实有效

组织召开了全院高级专业技术人员集体谈话会，院长马忠明就全院高级专业技术人员进一步弘扬科学家精神、加强作风和学风建设、更好地发挥表率作用做了讲话。集体谈话会的召开，有力激发了高级专业技术人员潜心创新创造、建功立业新时代的热情。召开了 2019 年度急需紧缺人才选派研修启动会，共选派 10 名青年科技人员赴中国农大、中国农科院进行为期一年或半年的研修培训。选派 4 名省领军人才参加了高级国情研修班。以中央和甘肃省乡村振兴政策为主要内容，开展了全院继续教育公需课培训考核。承办了人社部"全国农产品冷链物流与精深加工高级研修班"，共有来自 12 个省（自治区、直辖市）的 74 名专家参加研修。举办甘肃省脱贫攻坚农村实用人才特色林果和中药材、畜牧养殖、设施瓜菜 3 期实用技术提升培训班，共培训 8 个市（州）30 多个县（区）的农村实用人才 300 人。根据省委组织部安排，接收 3 名 2019 年度陇原之光研修人员来院研修。

四、人才项目争取收获丰硕

从省委组织部争取到 2019 年度省级重点人才项目 3 项，陇原青年创新创业人才团队项目 1 项、个人项目 2 项，共获得扶持、资助资金 208 万元。争取到人社部国家级高级研修项目 1 项，获得资助经费 17 万元。组织申报了 2020—2022 年省级人才项目，其中，陇原青年创新创业人才个人项目 9 个、团队项目 3 个，省重点人才项目 10 个。

五、人才发展制度不断健全

积极与甘肃省机构编制委员会办公室沟通衔接，批复成立了科技合作交流处。草拟了机关处室职责修订稿，进一步明确界定各部门工作职责，确保职责无交叉、无重叠、无空白。制定印发了《甘肃省农业科学院急需紧缺人才

培养办法》。草拟了《关于试验场内设机构设置的指导意见》《甘肃省农业科学院专业技术人员离岗创业暂行规定》，征询了意见建议。完成了全院科级岗位摸底工作，草拟了《甘肃省农业科学院研究所及后勤服务中心科级岗位干部选聘实施方案》。制定了工勤人员院内聘任工作方案，对拟聘人员进行了量化评分。

六、人才评价使用规范推进

制定出台了《甘肃省农业科学院自然科学研究系列专业技术职务评价条件标准》，为全面深化职称制度改革奠定了制度基础。按照新的评价条件标准，审核推荐 72 人参加 2019 年职称评审，正高级 10 人、副高级 39 人、中级 23 人；其中，13 人按特殊人才评价申报正、副高级职称，进一步畅通了人才评价"绿色通道"。组建了 2019 年度甘肃省农业科学院职称改革工作领导小组、高中级职称考核推荐小组、自然科学研究系列高中级职务和农业技术人员中级职务任职资格评审委员会。完成了 161 人内部等级岗位晋升认定、54 人职称晋升和 13 名公开招聘人员的岗位设置工作。办理了 2 名 2018 年公开招聘人员转正定级手续。按照"腾二补一"原则向省人力资源和社会保障厅争取了 10 个高级工补聘名额。组织 2 名工勤人员参加了升等考核。配合成立院智慧农业研究室，在全院范围内对有计算机特长的人员进行了摸底遴选。

七、人才相关待遇及时落实

完成了 158 人晋升内部等级岗位后提高工资标准、56 人晋升职称后提高工资标准、695 人正常晋升薪级工资、5 名挂职人员艰苦边远

地区津（补）贴、5名调入人员重新确定工资的审批工作。完成了全院712名职工2018年业绩考核奖发放审批工作。申报发放了37名省领军人才和14名高层次人才津贴。办理了11名到龄退休人员退休审批、6名退休职工提高高龄补贴手续。及时完成养老保险缴费对账、人员增减变化和2020年度养老保险缴费基数申报工作。认真做好统计，对2018年度获得院厅级及以上荣誉称号的6个先进集体和11名先进个人进行了奖励。

八、人才工作交流广泛开展

参加了省委人才工作领导小组会议，省委人才办人才培养引进、人才工作座谈会，省人社厅进一步深化事业单位人事管理放管服改革座谈会、继续教育经验交流会，全国省级农科院人事人才工作会议，提交了书面汇报交流材料，学习交流了人才工作新政策和好做法。承办了省委人才办人才工作调研督查和省人社厅省领军人才队伍建设调研。

九、其他工作统筹协调推进

完成了机构编制实名制数据库更新、电子机构编制管理证年检和机构编制统计表上报工作，自查了吃空饷、机构编制情况并报送了自查报告，报送了事业单位基本情况调研报告。完成了全院715名工作人员2018年度考核备案工作。向省人社厅、省农业农村厅报送了全院2018年度人才、工资、农业报表。启动了县处级以下人员人事档案数字化建设工作，组织全院职工填写了2015版干部履历表和职工信息表，完成了纸质档案整理。办理了4人调入、3人调出手续。按政策安置了1名退役士兵，完成了全院14名退役士兵中断社会保险缴费补缴申报工作。完成了全院供养遗属和20世纪60年代精简下放人员认证工作，共认证129人。接待信访人员14人次，撰写书面答复材料8份。

甘肃省农业科学院召开高级专业技术
人员集体谈话会

7月31日，甘肃省农业科学院召开全院高级专业技术人员集体谈话会。院长马忠明就全院高级专业技术人员进一步弘扬科学家精神、加强作风和学风建设、更好地发挥表率作用做了讲话。院党委书记魏胜文主持会议并讲话。副院长李敏权宣布全院2018年认定为二级、三级研究员和晋升为研究员专业技术职务人员名单。院领导向二级、三级研究员颁发聘任证书。副院长贺春贵、宗瑞谦，院纪委书记陈静出席会议。

马忠明指出，高级专业技术人员是全院科技创新的主要力量，是综合科技实力的重要体现，是服务全省现代农业发展和脱贫攻坚的智力支撑。要进一步弘扬科学家精神，加强作风和学风建设，肩负起历史赋予的重任，勇做新时代科技创新的排头兵。

马忠明强调，要充分肯定科技创新成就，增强高级专业技术人员荣誉感。"十三五"以来，以高级专业技术人员为主体的科研人员，紧紧围绕省委、省政府关于农业农村工作的总体部署，在全省乡村振兴和脱贫攻坚中发挥了重要的支撑作用，为实现"十三五"奋斗目标奠定了坚实的基础。一是科技人才的创新实践取得显著成效，坚持把上题立项工作摆在突出位置，夯实了科技创新的基础；坚持把科技创新与生产实际紧密结合起来，增强了科技支撑能力。二是科技人才的创新活力得到充分释放，人事人才工作取得重大进展，学术氛围更加浓厚，制度机制进一步完善。三是科技人才的重要贡献得到普遍认可，高级职称专家在国内外、省内外学术界的影响力不断提升，为省委、省政府咨询决策的能力日益提高，对"三农"的服务能力逐年增强。

马忠明指出，要准确认识科技创新形势，增强高级专业技术人员使命感。高级职称意味着更高的责任和担当，承载着院党政组织和职工群众更高的期望和寄托，要勇做新时代农业科技创新的排头兵，争做支撑引领农业现代化的领头羊，用科技的力量推动农业全面升级、农村全面进步、农民全面发展。一要充分认识科技创新的战略支撑作用，落实"藏粮于地""藏粮于技"战略，为保障国家粮食安全和主要农产品有效供给提供品种和技术支撑；瞄准现代农业科技前沿和方向，针对现代丝路寒旱农业发展需求，开展前瞻性、基础性研究，引领全省现代农业发展；在农业产业发展的重要领域深化研究，通过协同攻关和沉淀积累，形成重大标志性成果；要围绕"牛羊菜果薯药"六大特色产业持续健康发展，突破一批"卡脖子"技术，要顺应新型经营主体的变化，创新科技服务的方式，有效破解科技与生产"最后一公里"问题。二要牢牢把握产业革命大趋势，不断突破农业产业优化升级的关键技术问题，增加农业效益，为产业发展保驾护航；以培育具有核心竞争力的主导产业为主攻方向，抢占技术制高点，不断培育新产业、新业态；要不断创新科技与产业融合的方式，加强农业

龙头企业、新型经营主体的联合；要通过科技成果产业化之路，加速成果转化推广，合理合法地增加职工收入。三要坚定不移走自主创新道路，要把实施创新驱动发展战略转化为自身的自觉行动，大力弘扬追求真理、严谨治学的求实精神，把热爱科学、探求真理作为毕生追求，坚定自主创新的自信和自觉；要坚持解放思想、实事求是，大胆假设、认真求证，不迷信学术权威，理性质疑，在自主创新的道路上不断前进；要立足自身优势，聚焦工作目标，用咬定青山不放松的毅力，日积月累、久久为功；要强化联合促创新，大力弘扬集智攻关、团结协作的协同精神，通过优势互补、资源共享，提升自主创新的能力和水平。四要牢牢把握科技进步大方向，带头加强学习，通过研习权威学术期刊、出国访问研修等途径，了解掌握科技前沿动态，及时调整、优化科研工作思路，明确科研目标；要及时学习掌握国家和地方政策，积极跟进区域产业发展，瞄准国家重大科研项目靶向和产业发展重大需求，同步解决好科学问题和生产问题；要带头打破各自为阵、分散重复的"怪圈"，倡导优势互补、开放共赢，谋划申报大项目、组织开展大联合，凝练形成大成果，支撑产业大发展；要及时掌握最新的研究方法，缩短研究周期，提高研究效率和投入产出比。

马忠明要求，要努力发挥引领表率作用，强化高级专业技术人员责任感。高级专业技术人员要坚持服务"三农"的初心，牢记"为现代农业插上科技翅膀"的使命，传承和弘扬"服务三农、吃苦耐劳、开放包容、求实创新"的农科精神，充分发挥表率引领作用，自觉在富民兴陇的伟大实践中做出新的贡献。一要作讲政治顾大局的表率，高职称要有高觉悟，要深入学习、深刻领悟习近平总书记关于"三

农"工作和科技创新的一系列讲话精神,坚决贯彻落实党中央、国务院和省委、省政府的工作部署;要善于从政治上看问题,把握历史方位,顺应时代潮流,投身伟大实践;要提高政治站位,带头破除既得利益藩篱;要牢固树立以人民为中心的发展理念,时刻着眼满足社会需求、增进人民福祉;要正确看待自己的岗位,自觉服从组织安排,正确面对个人利益得失;要及时跟进学习国家和甘肃省的政策,使自己的研究活动与国家战略、行业发展和产业需求相一致。二要作守纪律讲规矩的表率,高职称要有严约束,要自觉接受党的纪律和规矩约束,不断增强遵规守矩的思想自觉和行动自觉,要严守八项规定,绝不能抱有侥幸心理;要严明政治纪律,提高政治鉴别力;要加强廉洁纪律,管好用好科研经费。三要作把握前沿引领发展的表率,高职称要有高水准,要增强自信,保持进取的锐气;要坚持学习,克服自满的傲气;要永不停歇,增强拼搏的勇气。四要作遵守学术规范和科研道德的表率,高职称要有严要求,要带头落实《关于进一步弘扬科学家精神加强作风和学风建设的意见》,善养浩然正气,传播真理、传播真知,崇德向善、见贤思齐,在全院树立良好道德风尚;要坚守诚信底线,崇尚学术民主,反对浮夸浮躁、投机取巧。五要作"传帮带"的表率,高职称要有高品格,要树立良好的师德师风,继续把"传帮带"的优良传统继承发扬下去,分享自己成长路上的经验,帮助青年人才快速成长。

马忠明强调,要着力推进体制机制创新,提升高级专业技术人员获得感。一要充分发挥评价引导作用,制定省农科院新的职称评审标准和办法,由院里统一组织研究员年度考核,推进专业技术内部等级岗位晋升常态化,鼓励新入职博士面向全院选择学科团队,允许科技

人才按照双向选择的原则在学科团队间适度流动,切实解决片面追求论文、忽视科技成果产业化转化的问题。二要深化科技管理体制机制改革,科研管理部门要抓战略、抓规划、抓政策、抓服务,改革科研项目申请制度,优化项目形成和资源配置方式,建立有利于重大科技成果产出的分类评价制度,加大对优秀科技工作者和创新团队稳定支持力度,完善科技成果、知识归属和利益分享机制,实行重大成果培育计划。三要建立科研道德规章制度,制定全院科研道德规范、科研诚信与信用管理办法、学术道德与学术纠纷问题调查认定办法和科研人员纪律红线清单等制度,从预防、管理、惩治、保障等多个环节,加强全院科研诚信和信用体系建设。四要加强人才奖励宣传,修订完善全院科技奖励等办法,开展职业道德和学风教育,细化完善学科团队建设、科技成果转化、专业技术人员离岗创业和兼职兼薪等办法,挖掘和宣传科技人才中爱国奋斗、严谨治学的科学家典型和团队典型,做好全院优秀人才、科技成果、技术示范等典型宣传。五要强化研究所自我发展责任担当,切实落实院学科团队建设的具体措施和要求,解决好投入产出不对等、科研绩效低和科研人员反映突出的管理工作上的问题,提出谋划大成果的思路和具体措施,建立完善内部规章制度,加大成果转化力度,重视青年科技人才培养。

魏胜文在总结讲话中指出,举行高级专业技术人员集体谈话会,在全院是第一次。2018年,甘肃省农业科学院大力推进专业技术内部等级岗位认定工作,二级研究员达到9人,三级研究员达到27人,共有161人晋升了内部等级岗位,一半以上的专业技术人员职务晋升、薪酬增加,标志着全院人才工作取得了重大成就,有力激发了高级专业技术人员潜心创

新创造、建功立业新时代的热情。给晋升内部等级岗位的高级专业技术人员颁发聘任证书，是对大家做出的贡献和取得的成就的肯定认可，具有重要的纪念意义。魏胜文指出，马忠明院长的讲话，充分肯定了高级专业技术人员取得的成绩，从增强荣誉感、使命感、责任感、获得感四个方面，对高级专业技术人员弘扬科学家精神、建功立业新时代提出了明确要求，讲话政治站位高，政策理解到位、含金量大、工作落点实、针对性强，有很强的思想性和可操作性性，要认真传达、学习。魏胜文强调，专业技术人员占全院职工的75%以上，是全院科技创新事业的主体，专业技术职务晋升既是对专业技术人员的评价、认可，也是对专业技术人员的提拔、重用，可喜可贺。对晋升内部等级岗位和专业技术职务人员进行集体谈话，等同于领导干部任前谈话和廉政谈话，要作为一项制度坚持下去。职务的晋升，意味着新岗位对自己提出了更高的要求，大家要用更高的热情、更多的创新、更大的成就回报国家、组织和单位，做出与自己职务职称相匹配的贡献。魏胜文要求，全院高级专业技术人员要向新晋升职务的专家学习，深入开展"弘扬爱国奋斗精神、建功立业新时代"活动，更好地发挥骨干支撑力量、示范引领作用，当好科技创新排头兵，为富民兴陇做出新贡献，向中华人民共和国成立70周年献礼。

甘肃省农业科学院召开2019年度急需紧缺人才选派研修启动会

9月3日，甘肃省农业科学院召开2019年度急需紧缺人才选派研修启动会。院长马忠明出席并讲话，副院长李敏权主持会议。

马忠明指出，在岗培养急需紧缺专业人才，是解决新兴学科人才引进困难问题的现实途径，是应对人才断层问题的积极举措，是改变科技人员专业知识老化、知识更新渠道狭窄局面的有力抓手，是为科技创新团队注入新元素、激发新活力的有效办法，全院上下一定要深刻认识人才培养与科技创新的关系，高度重视、积极支持此项工作。

马忠明要求，选派的研修人员要珍惜机会，学、思、用相结合，学本领、长知识、补短板、填空白，着力提高自身综合素质。一要不忘初心、牢记使命，立足互补，学有所长，努力成为省农科院栋梁，为以后选派研修人员做好榜样。二要采取多种形式提高自己的学习

工作能力，制订好学习计划，带着工作任务去学习，带着发展目标去学习，融入到对方的工作中去学习。三要严格执行院里的各项规定和培养办法，认真履行培养协议，遵守研修单位的各项规章制度，尊重导师，尊重同行，广交朋友。四要交接好现有工作，安排好家庭生活，全身心投入到研修中去。

马忠明强调，派出单位要安排好相关工作，确保研修质量。一要为研修人员提供便利条件，保证研修时间，保证研修人员的各项待遇与在岗职工相同。二要督促研修人员交接好现有工作，不能因派出研修而耽误正常工作的开展。三要加强对研修人员的跟踪管理，确保研修取得实效。

马忠明强调，相关职能部门要密切配合，落实好各项工作。人事处要落实好《急需紧缺人才培养办法》，完善签订培养协议，加强

研修人员考核，组织学习成果汇报，不断规范管理，为全院急需紧缺人才在岗培养工作实现常态化打好基础。科研管理处要进一步分析全院学科团队人员结构，和人事处共同精准梳理急需紧缺专业和培养人员，统筹谋划下一步工作。财务资产管理处要做好经费保障工作。

李敏权在总结时强调，研修人员要严格遵守研修单位和派出单位的各项纪律，不能参与不该参与的社会活动，要不辜负单位的期望，做到学习好、工作好、家庭好；派出单位要从生活上和工作上多关心研修人员。

人才队伍

优 秀 专 家

国家级（3人）：

王吉庆　　秦富华　　党占海

甘肃省（12人）：

金社林　　周文麟　　马天恩　　刘积汉

李守谦　　李秉衡　　邱仲华　　兰念军

郭天文　　杜久元　　樊廷录　　杨文雄

享受政府特殊津贴人员（共37人）

陈　明　　马忠明　　王吉庆　　邱仲华

李守谦　　秦富华　　周文麟　　马天恩

朱福成　　刘桂英　　吕福海　　李隐生

李秉衡　　陈效杰　　于英先　　孟铁男

孙志寿　　刘积汉　　宋远佞　　徐宗贤

黄文宗　　欧阳维敏　党占海　　贾尚诚

吴国忠　　雍致明　　王效宗　　王兰兰

张永茂　　王一航　　张国宏　　吕和平

潘永东　　樊廷录　　王发林　　金社林

吴建平

学术技术带头人

全国专业技术人才先进集体（1个）：

农产品贮藏加工科研创新团队

全国优秀科技工作者（1人）：

张永茂

"百千万人才工程"国家级人选（4人）：

党占海　　樊廷录　　金社林　　张建平

甘肃省科技功臣（1人）：

王一航

甘肃省政府特聘科技专家（1人）：

张永茂

甘肃省领军人才（36人）：

第一层次（8人）：

陈　明　　樊廷录　　郭天文　　金社林

王恒炜　　罗俊杰　　潘永东　　王一航

第二层次（29人）：

马忠明　　马　明　　文国宏　　王　勇

王发林　　王晓巍　　车宗贤　　吕和平

祁旭升　　何继红　　张建平　　张桂香

张新瑞　　李继平　　杨天育　　杨文雄

杨发荣　　杨永岗　　杨封科　　张国宏

邵景成　　罗进仓　　贾秋珍　　郭晓冬

颉敏华　　刘永刚　　杨晓明　　曹世勤

郝　燕

甘肃省宣传文化系统"四个一批"人才(1人)：

魏胜文

甘肃省"333科技人才工程"第一、二层次（共16人）：

陈　明　　马忠明　　郭天文　　樊廷录

金社林　　庞中存　　王发林　　张国宏

吕和平　　张新瑞　　张正英　　王兰兰

胡冠芳　　郭贤仕　　张永茂　　党占海

甘肃省"555 创新人才工程"（共 25 人）：

第一层次（5 人）：

马忠明　　金社林　　王发林　　郭天文

王兰兰

第二层次（20 人）：

邵景成　　车宗贤　　王恒炜　　张　武
文国宏　　罗俊杰　　曹世勤　　寇思荣
赵秀梅　　李继平　　王晓巍　　罗进仓
潘永东　　王　勇　　杨文雄　　王文丽
何宝林　　何继红　　杨天育　　杜久元

甘肃省属科研院所学科带头人（5 人）：

郭天文　　金社林　　王发林　　罗俊杰
潘永东

研究生指导教师（共 52 人）

博士研究生导师（8 人）：

吴建平　　陈　明　　马忠明　　李敏权
贺春贵　　党占海　　樊廷录　　王发林

硕士研究生导师（42 人）：

魏胜文　　郭天文　　罗俊杰　　张新瑞
郭晓冬　　吕和平　　张正英　　金社林
王兰兰　　胡冠芳　　张桂香　　罗进仓
杨封科　　郭贤仕　　颉敏华　　王晓巍
车宗贤　　杨天育　　杨文雄　　文国宏
马　明　　张国宏　　鲁清林　　刘小勇
张　武　　王国祥　　杨晓明　　张绪成
冯毓琴　　李　掌　　陆立银　　杨虎德
杨思存　　杨芳萍　　王文丽　　孙建好
高彦萍　　曹世勤　　田世龙　　刘永刚
赵　利　　张建平

在职研究员（98 人）

二级研究员（9 人）：

马忠明　　吴建平　　陈　明　　樊廷录
金社林　　张国宏　　郭天文　　王发林
吕和平

三级研究员（27 人）：

魏胜文　　李敏权　　贺春贵　　寇思荣
罗俊杰　　杨封科　　王兰兰　　张新瑞
胡冠芳　　杨天育　　罗进仓　　杨文雄
张桂香　　车宗贤　　王　勇　　李继平
潘永东　　杜久元　　鲁清林　　文国宏
王晓巍　　祁旭升　　曹世勤　　马　明
杨发荣　　何继红　　张绪成

四级研究员（62 人）：

宗瑞谦　　王恒炜　　郭贤仕　　郭晓冬
贾秋珍　　杨永岗　　邵景成　　刘小勇
颉敏华　　张东伟　　张　武　　杨芳萍
李　掌　　张建平　　刘永刚　　赵秀梅
何宝林　　张辉元　　何海军　　陈灵芝
王志伟　　杨晓明　　郝　燕　　陆立银
林玉红　　杜　蕙　　王文丽　　侯　栋
王世红　　李兴茂　　王玉安　　李高峰
胡立敏　　赵　利　　程　鸿　　齐恩芳
张正英　　庞中存　　王　鸿　　康三江
陈建军　　杨思存　　于安芬　　田世龙
冯毓琴　　宋明军　　王淑英　　王国祥
刘忠祥　　董孔军　　周玉乾　　李尚中
白　斌　　刘效华　　陈光荣　　袁俊秀
王立明　　李红旭　　张礼军　　唐文雪
郑　果　　乔德华

在职副研究员（204 人）

姚元虎　　陆登义　　马志军　　张国和
何苏琴　　王　方　　程卫东　　杨虎德
蒋锦霞　　赵　瑛　　董　铁　　任爱民
马学军　　郭致杰　　李宽莹　　王卫成

梁　伟	尹晓宁	柴长国	龚成文
高彦萍	刘润萍	崔云玲	孙建好
刘　芬	胡生海	胡志峰	汤　莹
庞进平	苟作旺	冯克云	南宏宇
汤瑛芳	于庆文	展宗冰	高育锋
王晓娟	卯旭辉	曲亚英	王　萍
陈子萱	贾小霞	张　芳	李红霞
郭全恩	吕军峰	张立勤	吕迎春
赵晓琴	胡新元	张　茹	岳宏忠
康恩祥	刘月英	马丽荣	张霁红
张邦林	魏莉霞	张廷红	李玉萍
牛军强	赵　玮	白　滨	董　俊
罗爱花	王彩莲	叶德友	张玉鑫
倪胜利	陈玉梁	欧巧明	张朝巍
陈　伟	陈　富	班明辉	包奇军
骆惠生	杨蕊菊	陶兴林	郭建国
周昭旭	张建军	霍　琳	王建成
吕晓东	叶春雷	王红梅	连彩云
刘建华	王红丽	孙振宇	俄胜哲
董　云	李　梅	李建武	王利民
张海英	张久东	葛　霞	李　娟
赵有彪	李守强	黄　铮	卢秉林
谢奎忠	杨君林	马彦霞	李玉芳
李瑞琴	李晓蓉	郎　侠	李淑洁
谭雪莲	王春明	黄玉龙	李亚莉
张平良	陆建英	侯慧芝	夏芳琴
杨建杰	苏永全	李国锋	马　彦
陈卫国	漆永红	惠娜娜	王学喜
赵建华	柳　娜	王　婷	朱惠霞
耿新军	贾秀苹	李建军	张　勃
董　博	于显枫	王兴荣	袁金华
张　帆	田甲春	杨彦忠	王晨冰
曹　刚	谢亚萍	徐生军	宋淑珍
蔡子平	魏玉明	党　翼	韩富军
姜小凤	赵　刚	赵欣楠	刘明军

张开乾	赵　鹏	王　磊	李玉梅
连晓荣	黄　杰	曾朝珍	杜少平
张海燕	王宏霞	张　荣	杨如萍
王智琦	张雪婷	张东琴	方彦杰
党　照	孙小花	杨长刚	王立光
刘文瑜	任　静	李雪萍	周文期
陈　娟	薛　亮	赵　旭	柳燕兰
王　炜	李静雯	王　玮	赵明新
孙文泰	吴小华	郭　成	冉生斌
李青青	陈大鹏	孔维萍	曹素芳
李闻娟	王　毅	崔文娟	潘发明
徐银萍	张东佳	张　力	牛小霞

高级农艺师（23人）

汪建国	安小龙	唐小明	常　涛
梁志宏	张广虎	焦国信	田　斌
刘忠元	王　颢	秦春林	谢志军
李元万	刘元寿	任瑞玉	王润琴
魏玉红	李玉奇	虎梦霞	火克仓
岳临平	于良祖（单位有效）		
王小平（院内有效）			

高级畜牧师（1人）

窦晓利

高级实验师（4人）

张雪琴	张华瑜	胡　梅	张　环

高级会计师（9人）

王　静	师范中	王晓华	张延梅
杨延萍	段艳巧	蔡　红	王　卉

孙小瞻

高级经济师（3人）

程志斌　　周　洁　　化青春

高级工艺美术师（1人）

周　晶

副主任护师（1人）

马惠霞

副研究馆员（1人）

郭秀萍

2019年晋升高级专业技术职务人员

研究员（9人）：

刘效华　　陈光荣　　袁俊秀　　王立明
李红旭　　张礼军　　唐文雪　　郑　果
乔德华

副研究员（37人）：

张　荣　　杨如萍　　王智琦　　张雪婷
张东琴　　方彦杰　　党　照　　孙小花
杨长刚　　王立光　　刘文瑜　　任　静
李雪萍　　周文期　　陈　娟　　薛　亮
赵　旭　　柳燕兰　　王　炜　　李静雯
王　玮　　赵明新　　孙文泰　　吴小华
郭　成　　冉生斌　　李青青　　陈大鹏
孔维萍　　曹素芳　　李闻娟　　王　毅
崔文娟　　潘发明　　徐银萍　　张东佳
张　力

高级实验师（1人）：

张　环

2019年晋升中级专业技术职务人员（24人）

赵鹏彦　　郑　娅　　冯丹妮　　齐燕妮
边琳鹤　　张国琴　　刘婷婷　　刘天鹏
张彤彤　　杨　钊　　刘　风　　梁宏杰
陈　琛　　段　誉　　朱少聪　　李　倩
鲍如娟　　郭天云　　刘彬汉　　赵　恒
杨　攀　　杨学鹏　　王亚萍
刘强德（转系列）

2019 年公开招聘录用人员名单

招聘单位	姓名	性别	出生年月	毕业院校	专业	学历/学位
畜草所	陈 平	男	1988.01	甘肃农业大学	动物医学工程	研究生/博士
旱农所	雷康宁	男	1988.07	甘肃农业大学	作物栽培与耕作学	研究生/硕士
土肥所	崔 恒	男	1995.06	华中农业大学	植物营养学	研究生/硕士
土肥所	罗双龙	男	1990.06	甘肃农业大学	作物栽培与耕作学	研究生/硕士
林果所	李玉斌	男	1991.01	甘肃农业大学	作物栽培与耕作学	研究生/硕士
林果所	朱燕芳	女	1992.10	甘肃农业大学	果树学	研究生/硕士
林果所	张译文	女	1992.09	甘肃农业大学	植物病理学	研究生/硕士
生技所	李 琦	男	1992.09	甘肃农业大学	作物栽培与耕作学	研究生/硕士
蔬菜所	任凯丽	女	1993.07	西北农林科技大学	蔬菜学	研究生/硕士
蔬菜所	唐桃霞	女	1988.06	西北农林科技大学	蔬菜学	研究生/硕士
加工所	朱子婷	女	1992.07	法国第戎-勃艮第高等商学院	葡萄酒管理与酿造	研究生/硕士
畜草所	刘 佳	女	1991.10	兰州大学	动物营养与饲料科学	研究生/硕士
植保所	张美娇	女	1995.08	华南农业大学	农业昆虫与害虫防治	研究生/硕士

省、市人大、政协任职情况

中国人民政治协商会议第十三届全国委员会委员	马忠明
政协甘肃省第十二届委员会常务委员	吴建平
政协甘肃省第十二届委员会委员	马 明　王兰兰
兰州市安宁区十八届人大代表	李敏权
政协兰州市安宁区第九届委员会常委	杜 惠
政协兰州市安宁区第九届委员会委员	颉敏华
甘肃省人民政府参事	陈 明

民主党派和党外知识分子联谊会

中国民主同盟甘肃省第十四届委员会	委 员	杨晓明
民盟省农科院支部	主任委员	杨晓明

	副主任委员	高彦萍
九三学社甘肃省第八届委员会	委 员	李宽莹
九三学社省农科院支社	主任委员	李宽莹
	副主任委员	包奇军
中国民主促进会甘肃省第八届委员会	委 员	鲁清林
民进省农科院支部	主任委员	鲁清林
省党外知识分子联谊会	常务理事	马忠明
甘肃欧美同学会	会 长	吴建平
	常务理事	王 鸿
院党外知识分子联谊会	会 长	马忠明
	副会长	马 明　颉敏华
	秘书长	窦晓利

六、 科技交流与合作

概　况

2019 年，甘肃省农业科学院积极开展对外合作与交流，以建国 70 周年为契机，组织开展了多频次、高层次的学术交流活动。由省政府主办，甘肃省农业科学院与省经济合作局共同举办"第二十五届兰洽会丝绸之路经济带循环农业产业发展研讨会"，邀请来自美国的专家威廉·霍尔瓦斯、中国工程院院士傅廷栋、骆世明等 5 位专家做专题报告。

全年先后组织有关国际合作信息交流会、座谈会、对接会等 11 批次，组织申报各类国际合作与交流项目 40 余项，争取立项 8 项，总经费 920 余万元。其中省级国际合作重大专项 1 项，联合国粮食计划署项目 1 项，香港中文大学合作项目 1 项，国家外国专家局引智示范推广项目 1 项。全年共接待来自美国、加拿大、乌克兰、澳大利亚、英国、法国、白俄罗斯、荷兰等 11 个国家和我国香港及台湾地区的 9 批次 29 人次专家学者的参观访问与交流，选派 17 批 52 人次的专家和科技骨干赴美国、日本、法国、德国、以色列、英国、俄罗斯等国进行考察访问和合作研究，参加国际会议和科技展览。4 名青年科技骨干赴美国开展一年期西部访问学者研修。此外，国际合作项目进展顺利，落实国家级国际科技合作基地 1 个、省级国际科技合作基地 2 个，其他国际合作项目有序推进，

争取到省科技厅国际合作项目 3 个、国家外专局高端引智项目 1 个，省科学技术协会项目 1 个，引进发展中国家杰出青年人才项目 2 人，签订国际合作协议 4 项。国际合作与交流日趋活跃，为培养国际化科技人才，提升国际科技合作层次和科技创新能力水平奠定了基础。

在国内科技合作与学术交流方面，先后邀请专家、学者来院讲学、访问或担任外聘教授，选派科研人员和科技骨干到兄弟院（校）进修学习、参加学术会议、开展学术考察，综合发展能力和影响力不断提高。全年共参加国内各类学术会、培训班、研修班、汇报会等学术交流 357 批次 726 人次。

在院地院企合作方面，先后与兰州新区管委会、定西市人民政府、甘肃省农垦集团有限责任公司、兰州新区陇原中天羊业有限公司、甘肃祁连牧歌实业有限公司等 38 家单位签订了产学研科技合作框架协议或技术服务协议等，甘肃省农业科学院农业科技领头羊作用进一步凸显。

2019 年制定出台了《甘肃省农业科学院因公出国（境）管理办法》，有利于全院对外科技合作交流顺利运行和发展，达到"简化程序，提高效率"的要求，充分体现了外事工作的"放、管、服"要求。

2019 年因公临时出国（境）人员统计表

序号	团组名称	出访时间	类型	出访国家	出访人员
1	作物种质资源与抗逆分子机理研究学术交流	4 月 3-11 日	考察访问	美 国	杨天育　董孔军　李闻娟　齐燕妮　刘天鹏
2	植物保护与病害防控技术研究的学术交流	5 月 5-12 日	考察访问	美 国	李敏权　刘永刚　郭 成　李雪萍
3	第九届国际豆科遗传与基因组学大会	5 月 12-18 日	国际会议	法 国	杨晓明
4	马铃薯组培快繁育全程机械化生产技术访问	5 月 12-19 日	考察访问	日 本	吕和平　张 武　陆立银　齐恩芳
5	2019 年中日园艺学术交流暨日本设施园艺及植物工厂技术交流	6 月 9-15 日	考察访问	日 本	张桂香　康恩祥　马彦霞
6	农业大数据应用与农产品质量安全学术交流	7 月 3-11 日	考察访问	法 国德 国	魏胜文　白 滨　于安芬　张东伟　秦春林
7	赴以色列开展旱作节水农业科技交流	9 月 4-8 日	考察访问	以色列	杨发荣
8	土壤质量提升与可持续农业发展学术交流	9 月 20-28 日	考察访问	荷 兰德 国	樊廷录　王 磊　党 翼　程万莉
9	欧洲小麦育种与产业化交流学习	9 月 22-25 日	考察访问	丹 麦德 国	杨文雄　白 斌　张礼军　柳 娜
10	全球小麦产量提升创新联动（GIL）研讨会	10 月 1-6 日	国际会议	澳大利亚	王 勇　鲁清林
11	中日设施园艺学术技术交流暨日本国际农业博览会	10 月 6-12 日	科技展览	日 本	邵景成　宋明军　胡志峰
12	赴英国爱尔兰参会并开展学术交流团	10 月 14-20 日	考察访问	英 国爱尔兰	马忠明　郭天文　张开乾
13	小麦多样性与人类健康国际学术大会	10 月 21-26 日	国际会议	土耳其	金社林
14	第 19 届国际植保大会	11 月 9-16 日	国际会议	印 度	陈 明　张海英　张 勃
15	化肥农药精准高效使用技术交流	11 月 14-20 日	考察访问	德 国	汤 莹　杜少平
16	俄罗斯塔吉克斯坦科技合作访问团	11 月 25 日至12 月 2 日	合作研究	俄罗斯塔吉克斯坦	马忠明　吕和平　张 武　齐恩芳
17	农牧业病虫害生物防治技术交流	12 月 9-18 日	考察访问	澳大利亚新西兰	宗瑞谦　郭致杰　牛淑君

2019 年度出国留学人员统计表

姓名	派往国家	学习身份	学习时间	主要任务	备注
叶德友	美 国	访问学者	2018 年 9 月 2 日至 2019 年 9 月 2 日	出国留学	西部留学专项
黄 瑾	美 国	访问学者	2018 年 9 月 18 日至 2019 年 9 月 21 日	出国留学	西部留学专项

2019 年外国专家来华工作统计表

姓名（中文）	国别	导师	类别	工作年限
马芙蓉	苏 丹	马忠明	博士后 发展中国家杰出青年人才项目	2019 年 4 月 1 日至 2020 年 4 月 1 日
塔瑞克	埃 及	马忠明	发展中国家杰出青年人才项目	2019 年 6 月 20 日至 2020 年 6 月 20 日

2019 年国际合作统计表

单位	合作国家及单位	协议名称	合作内容	签约时间
畜草所	马拉维农业资源大学	中国-马拉维农业科技合作协议	项目联合申报 种质交换 技术交流	9 月 26 日
畜草所	荷兰 SUMR 项目顾问公司	基于未来藜麦科学研究的合作协议	项目联合申报 种质交换 技术交流	9 月 26 日
作物所	加拿大萨斯喀切温大学	中国-加拿大杂豆资源利用与营养健康科技创新联合实验室合作协议	项目联合申报 种质交换 技术交流	9 月 26 日
蔬菜所	泰国农业大学	国家重点研发计划政府间国际科技创新合作 2019 年第二批项目联合申报协议	项目联合申报	11 月 8 日

2019 年全院外事接待汇总表

来访时间	团组名称	来访国家和地区	人数	接待单位	来访内容
3 月 4—9 日	美国专家一行参观访问	美 国	3	畜草所	考察访问
7 月 5—6 日	加州大学戴维斯分校教授 William R. Horwath	美 国	1	旱农所	国际会议
8 月 2—8 日	澳大利亚、美国、英国、加拿大、法国专家一行交流访问	澳大利亚 美 国 英 国 加拿大 法 国	9	畜草所	合作研究
9 月 21—26 日	"藜麦优异抗逆种质引进与关键栽培技术示范推广"项目访问团	白俄罗斯 马拉维 荷 兰	6	畜草所	合作研究
9 月 23—24 日	香港中文大学林汉明教授一行	中国香港	2	旱农所	合作研究
9 月 26 日	加拿大萨斯喀切温大学农业与生物资源学院教授、萨斯喀切温省农业部油脂质量与利用首席专家、暨南大学客座教授 Martin Reaney	加拿大	1	作物所	合作研究
10 月 22 日	国际马铃薯中心亚太中心（中国）马铃薯育种专家 Philip Kear	美 国	1	马铃薯所 加工所	合作研究
11 月 25—28 日	"藜麦优异抗逆种质引进与关键栽培技术示范推广"项目访问团	白俄罗斯 肯尼亚 吉尔吉斯斯坦	4	畜草所	合作研究
12 月 17 日	乌克兰哈尔科夫国家农业科学院植物生产研究室高级研究员 Vus Nadila	乌克兰	2	作物所	考察访问

共计来访 9 批 29 人

2019 年度参加学术交流人员统计表

单位	批次	参加人数	主要内容	参加天数	作报告数
作物所	43	99	学术会议、研修班、汇报会	75	5
小麦所	18	43	学术会议	52	1
马铃薯所	17	34	学术会议、研修班	54	0
旱农所	35	60	学术会议、研修班、汇报会	78	19
生技所	6	22	学术会议、研修班、汇报会	30	0
土肥所	44	117	学术会议、研修班、汇报会	168	15
蔬菜所	36	59	学术会议、研修班、汇报会	80	5
林果所	24	49	学术会议、汇报会	98	2
植保所	10	48	学术会议、研修班、汇报会	72	5
加工所	33	53	学术会议、研修班、汇报会	114	10
畜草所	28	47	学术会议、研讨会	101	9
质标所	23	67	学术会议、培训班、汇报会	65	5
经啤所	6	20	学术会议、培训会	20	0
农经所	28	132	学术会议、培训班	50	4

共计 357 批次 726 人次

参加 2019 年甘肃省高层次专家国情研修班专家

金社林　　郭天文　　罗俊杰　　潘永东

2019 年"西部之光"访问学者

李静雯（研修单位：中国农业科学院作物科学研究所）

2019 年选派的急需紧缺专业研修人员

姓名	工作单位	学历	研修方向	研修单位
周文期	作物所	博士	玉米分子育种及杂种优势利用	华中农业大学
张彦军	作物所	硕士	作物种质鉴定及信息管理	中国农业科学院作物科学研究所
王 毅	作物所	硕士	油菜含油量相关基因的定位与功能验证	中国农业科学院油料作物研究所
荆卓琼	植保所	硕士	微生物资源开发与利用	中国科学院微生物研究所
武伟国	经啤所	硕士	中药材资源鉴定与成分检测	中国医学科学院药用植物研究所
冯丹妮	土肥所	硕士	土壤与产地环境污染控制	中国农业大学
薛 亮	土肥所	硕士	旱区节水农业根系调控技术研究	中国农业大学水利与土木工程学院
孔维萍	蔬菜所	硕士	蔬菜分子标记辅助育种及相关基因挖掘	中国农业科学院蔬菜花卉研究所
张雪婷	小麦所	硕士	小麦品种改良（基因编辑）	中国农业科学院作物科学研究所
白玉龙	小麦所	硕士	农业生产智能管理、大数据机器学习新型 AI 算法、智能图像识别和无线传感网络技术	国家农业信息化工程技术研究中心

2019 年院地院企合作统计表

单位	合作单位	协议名称	合作内容	签约时间
省农科院	定西市人民政府	农业科技合作协议	科技指导　技术咨询　精准扶贫	11 月 10 日
省农科院	兰州新区管委会	农业科技合作协议	科技指导　技术咨询	11 月 10 日
省农科院	甘肃农垦集团有限责任公司	农业科技合作协议	科技指导　技术咨询	11 月 10 日
作物所	甘肃农垦良种有限责任公司	科技合作协议	科技指导　技术咨询	11 月 10 日

（续）

单位	合作单位	协议名称	合作内容	签约时间
小麦所	武威丰田种业有限责任公司	小麦品种陇春 40 号品种合作审定协议	品种合作审定协议	1 月 29 日
小麦所	甘肃瑞丰种业有限公司	小麦品种陇春 34、陇春 39 号品种权和生产经营权转让协议书	品种转让	5 月 8 日
马铃薯所	定西市农夫薯园马铃薯脱毒快繁有限公司	马铃薯种植提供技术咨询田间指导	技术服务合同	1 月 1 日
马铃薯所	甘肃凯凯农业科技发展股份有限公司	陇薯 7 号、陇薯 10 号品种授权	技术转让合同	1 月 1 日
马铃薯所	定边县科发马铃薯良种有限责任公司	马铃薯合作育种	技术开发合同	1 月 1 日
马铃薯所	西吉县守强薯业开发有限公司	陇薯 7 号品种授权	技术转让合同	4 月 1 日
旱农所	定西坤丰农业科技开发有限公司	所企合作协议	合作研发 人才培训 成果转化	11 月 10 日
生技所	甘肃新天亿环保工程有限公司	生物菌肥生产技术合作协议	技术合作	11 月 10 日
土肥所	临泽县鼎丰源凹土高新技术开发有限公司	凹凸棒石农业资源利用技术开发合作协议	技术服务合同	1 月 1 日
土肥所	中国农科院农业资源与农业区划研究所	农业科研杰出人才培养计划委托试验协议	技术服务合同	1 月 1 日
土肥所	甘肃炜洁生物科技有限公司	土壤调理剂新产品研发技术服务	技术服务合同	2 月 1 日
土肥所	景泰县农业技术推广中心	景泰县农业技术推广中心 院地技术合作协议	技术服务合同	2 月 1 日
土肥所	先正达中国投资有限公司	定西市安定区高峰乡明星村马铃薯种植土壤质量提升技术方案	技术服务合同	3 月 1 日
土肥所	甘肃天元化工有限公司	技术服务合同	技术服务合同	5 月 1 日
土肥所	古浪县自然资源局	古浪县申请承担国家统筹补充耕地项目区耕地质量提升方案编制合同	技术服务合同	8 月 1 日

（续）

单位	合作单位	协议名称	合作内容	签约时间
土肥所	河南心连心化学工业集团股份有限公司	16-13-16 专用肥马铃薯肥效验证项目	技术服务合同	8 月 1 日
土肥所	兰州新区陇原中天羊业有限公司	中天羊业兰州新区生态农业示范园土壤改良技术服务	技术服务合同	9 月 1 日
土肥所	甘肃金九月股份有限公司	金九月技术服务合同	技术服务合同	11 月 10 日
土肥所	甘肃施可丰新型肥料有限公司	肥料新产品研制技术服务	技术服务合同	11 月 10 日
蔬菜所	靖远县农业技术推广中心	靖远县农业技术推广中心院士专家工作站技术合作服务	科技指导 技术咨询 技术服务	2 月 4 日
蔬菜所	崇信县人民政府	崇信县院士专家工作站技术团队合作	科技指导 技术咨询 技术服务	3 月 18 日
蔬菜所	永昌县人民政府	永昌县冷凉区食用菌生态高效生产技术集成与示范	科技指导 技术咨询 技术服务	11 月 10 日
蔬菜所	永昌县人民政府	永昌县高原蔬菜绿色高效生产技术集成与示范	科技指导 技术咨询 技术服务	11 月 10 日
林果所	秦安县一画农业发展有限公司	农业技术咨询服务协议书	技术咨询服务	11 月 10 日
植保所	武威春飞作物科技有限公司	科技成果转让协议	成果所有权转让	9 月 29 日
加工所	兰州介实农产品有限公司	蔬菜保鲜贮运技术	技术转让	1 月 1 日
加工所	陇南市益科农副产品开发有限责任公司	鲜核桃保鲜技术指导	技术服务	8 月 1 日
加工所	甘肃祁连牧歌实业有限公司	畜产品精深加工研究	技术服务	11 月 1 日
畜草所	庄浪县养殖业产业扶贫开发有限责任公司	庄浪县肉牛产业体系建设项目	科技指导 技术咨询 技术服务	1 月 14 日
畜草所	庄浪县农业产业扶贫开发有限责任公司	庄浪县肉牛饲草料加工基地建设项目	科技指导 技术咨询 技术服务	1 月 14 日

（续）

单位	合作单位	协议名称	合作内容	签约时间
畜草所	甘肃奥凯农产品干燥装备工程研究院有限公司	技术合作协议书	科技指导 技术咨询 技术服务	6 月 28 日
畜草所	甘肃同德农业科技集团有限责任公司	藜麦产业技术开发合作框架协议	技术服务	7 月 1 日
畜草所	甘肃省正宁县人民政府	甘肃省正宁县人民政府-甘肃省农业科学院畜草与绿色农业研究所地所合作协议	科技指导 技术咨询 技术服务	7 月 29 日

联盟、 学会工作概况

挂靠甘肃省农业科学院的学术团体有甘肃省农业科技创新联盟、甘肃省农学会、甘肃省植保学会、甘肃省作物学会、甘肃省土壤肥料学会、甘肃省种子协会。2019年，各个学术团体以习近平新时代中国特色社会主义思想为指导，认真学习贯彻习近平总书记关于"三农"工作的重要论述和致中国农学会成立100周年贺信的重要指示精神，加强自身建设，树立服务意识，提高政治站位，以党建为核心，强化高端智库建设、搭建学术交流平台、推动农业科技人才成长、推进科技成果推广普及，各项工作取得了新进展。

甘肃省农业科技创新联盟召开了第二届联盟理事会，推选马忠明为新一届联盟理事长，修改并通过了新的联盟章程；在农业农村部、国家农业科技创新联盟的指导下，顺利通过国家农业科技创新联盟组织的第三方评估；精心组织、扎实推动"三平台一体系"建设项目落实落地和高效执行。联盟农业科技支撑体系项目建设取得新进展，5个区域协同创新中心建设进展顺利，资源共享平台建设稳步推进，咨询服务平台建设和农产品品质标识及新产品研发取得新成果。围绕产业发展关键，整合联盟单位科技资源优势，凝练了十大科技任务，确定了"陇南山地优质桃和苹果绿色增效关键技术集成应用"等10个重大项目，联合开展攻关，助推六大产业健康可持续发展。牵头主办

"首届甘肃省农业科技成果推介会"，发布118项支撑乡村振兴的重大成果，展示100余项成果和技术，17项成果在开幕式路演介绍，10家龙头企业与联盟单位签约，15家企业被授予成果转化基地牌匾，100多家企业及专业合作社现场洽谈、对接交流，是全省80家联盟成员单位首次集中的成果展示和亮相。

甘肃省农学会截至2019年年底，共有理事单位62家，理事95人，会员5 000余人。一年来，学会充分发挥智库优势，编辑出版以绿色发展为主题的省级农业科技绿皮书，以《甘肃农业科技智库要报》形式上报咨询建议16期，完成"甘肃农业科技智库"基础资料征集工作，组织专家学者赴基层开展多种形式的决策咨询活动。学会联合各理事单位积极开展学术交流活动。承办了"2019年甘肃省学术年会现代思路寒旱农业发展论坛"，举办了"甘肃省农学会学术年会及学术论坛"等大型学术活动，开展论文征集和评奖活动，89篇学术论文参加大会交流，邀请陈化兰、傅廷栋等院士专家莅临交流，受众近万人次。

学会深入推进科学普及，先后举办、承办"试验站开放周""社区科普开放日""兰州市青少年科技夏令营""兰州市少年儿童生态道德实践活动"，累计接待参观230多批、3 600多人次，得到了各级政府的肯定。加大人才推荐培养力度，推荐1人申报2019年中国工程

院院士，1人获得2019年度甘肃省青年科技奖，4人分别荣获2018年度、2019年度兰州"优秀科技工作者"荣誉称号。加强自身建设，积极组织理事单位开展项目申报工作。撰写项目申报书20余份次，获得立项12项。

甘肃省植保学会积极推荐优秀青年学者开展项目申报工作，有多人获得立项支持。一年来，学会和理事单位主办、承办学术交流活动10余次，积极参加国内外相关学术活动。与省农业科学院植物保护研究所、省植保植检站联合举办黄瓜绿斑驳花叶病毒检疫培训班开展专题培训。依托甘肃省农业科学院甘谷试验站举办科技开放周，取得良好反响。充分发挥专业优势服务地方经济发展，全年示范推广蔬菜、生物农药新品种新技术推广5 200亩；发放资料12 000余本（张），培训40余场次共3 000余人（次），取得了明显的经济、生态和社会效益。

甘肃省作物学会积极加强学术交流与合作，影响力进一步提升。与省土壤肥料学会联合举办"地膜减量替代技术研讨会"，通过交流讨论，扩展了思路，凝结了共识。全年学会会员单位组织主办、承办或协办国内、国际学术交流活动30余次，累计参会人数达1 200多人次，交流论文80多篇。构建多层次、多渠道的人才培养和推送机制，推荐3人当选中国作物学会理事，3人分别获得甘肃省三八红旗手、"第九届甘肃青年科技奖"和兰州市"优秀科技工作者"称号。

省土壤肥料学会先后主办、承办"地膜减量替代技术专题研讨会""第十九届中国农业生态与生态农业学术研讨会暨第二届生态咨询工作委员会年会""甘肃灌区节水减肥增效示范带建设专家论坛"等学术交流活动，取得了良好的社会反响。积极开展项目申报，获得"甘肃省青年科技人才托举工程""甘肃省科协学会助力精准扶贫"项目立项资助。大力推荐各类人才，先后推荐甘肃省科学技术协会第八次代表大会代表2人，院士候选人1人，"陇原最美科技工作者"候选人1人，中国土壤学会理事候选人2人。

省种子协会强化自身建设，制定和完善了《甘肃省种子协会会费标准与管理办法》《甘肃省种子协会会员自律公约》，进一步规范了协会管理。深入基层，针对全省种业发展现状和趋势，开展现代种业调研，理清了种业发展思路和目标。抓好行业服务，先后与省种子局、甘肃省农业科学院联合举办培训班14期，培训技术人员500多人（次），为种业发展提供了人员和技术保障。加强产业交流，先后组织会员单位赴北京、陕西、河南、广西等地进行种业考察，组团参展中国国际种业博览会及地方农业交流暨产品交易会等，学习了经验、增长了见识、扩大了视野。

全年，由各挂靠学术团体牵头组织召开大型学术交流活动9场，承办或协办国内、国际学术交流活动20余次，累计受众达1.5万余人，参加国内各类学术会、学术交流活动等87批，920余人次，交流论文、学术报告180多篇，派员参加国内学术交流380余人次，邀请相关专家学者来甘肃省访问交流90余人次。

甘肃省农业科技创新联盟第二届
理事会组成人员名单

（2019 年 5 月 6 日常务理事会通过）

理 事 长：马忠明

副理事长：赵兴绪　冉福祥　刘建勋
　　　　　郭小俊　王合业　王义存
　　　　　张春义

秘 书 长：郭天文

副秘书长：樊廷录　马心科

常务理事：（按姓氏笔画为序，23 人）
　　　　　马忠明　王义存　王合业
　　　　　王　冲　牛济军　左小平
　　　　　旦智才让　冉福祥　刘建勋
　　　　　闫志斌　李全明　李建国
　　　　　李　恺　张春义
　　　　　张振科　张莲英　陈志叶
　　　　　陈耀祥　赵兴绪　郭小俊
　　　　　郭天文　程志国　焦堂国

理　　事：（按姓氏笔画为序，82 人）
　　　　　于良祖　马忠明　马海军
　　　　　马麒龙　王　冲　王义存
　　　　　王长明　王发林　王合业
　　　　　王进荣　王志伟　王国祥
　　　　　王育军　王俊凯　王晓巍
　　　　　车宗贤　牛继军　文建水

左小平　旦智才让　冉福勇
冉福祥　白　滨　包旭宏
吕和平　吕裴斌　乔德华
刘建勋　刘振波　刘海平
闫志斌　关晓玲　杜永涛
李　恺　李大军　李全明
李幸泽　李国智　李明孝
李建国　李建科　杨天育
杨文雄　杨发荣　杨增新
何应文　何顺平　沈宝云
张　华　张红兵　张春义
张振科　张莲英　张健挺
张绪成　张辉元　陈　富
陈　馨　陈玉良　陈志叶
陈耀祥　林益民　罗天龙
罗俊杰　孟宪刚　赵兴绪
侯　健　高　宁　郭小俊
郭天文　郭志杰　容维中
曹　宏　曹万江　逯晓敏
韩登仑　程志国　焦国信
焦堂国　谢晓池　雷志辉
樊廷录

甘肃省科学技术协会农业学会联合体
主席团组成人员名单

（2017 年 12 月 25 日选举产生）

主席团主席：
　南志标　甘肃省农学会名誉会长

轮 值 主 席：
　吴建平　甘肃省农学会会长

成　　员：

魏胜文　甘肃省农学会副会长

杨祁峰　甘肃省农学会副会长

马忠明　甘肃省农学会副会长

贺春贵　甘肃省作物学会理事长

郁继华　甘肃省园艺学会理事长

李敏权　甘肃省植保学会理事长

执行秘书长：

郭天文　甘肃省土壤肥料学会理事长、甘肃省农学会秘书长

副秘书长：

杨天育　甘肃省作物学会秘书长

颉建明　甘肃省园艺学会秘书长

郭致杰　甘肃省植保学会秘书长

吴立忠　甘肃省土壤肥料学会秘书长

张建平　甘肃省种子协会秘书长

甘肃省农学会第七届理事会组成人员名单

(2016 年 11 月 1 日选举产生)

名誉会长：任继周　南志标

会　　长：吴建平

副 会 长：杨祁峰　魏胜文　吴建民
　　　　　马忠明　郁继华

秘 书 长：郭天文

副秘书长：丁连生　李　毅

常务理事：(排名不分先后)

杨祁峰	丁连生	李　福
于　轩	赵贵宾	崔增团
常　宏	吴建平	魏胜文
陈　明	马忠明	郭天文
车宗贤	王发林	王晓巍
樊廷录	张新瑞	吴建民
郁继华	李　毅	王化俊
师尚礼	韩舜愈	陈佰鸿
李敏骞	郭小俊	宋建荣
王宗胜	王义存	张振科
程志国		

理　　事：(排名不分先后)

杨祁峰	丁连生	李　福
于　轩	常　宏	赵贵宾

崔增团	刘卫红	安世才
李向东	高兴明	韩天虎
李崇霄	杨东贵	张世文
贺奋义	吴建平	魏胜文
陈　明	马忠明	郭天文
展宗冰	吕和平	杨天育
杨文雄	樊廷录	罗俊杰
车宗贤	王晓巍	王发林
张新瑞	田世龙	杨发荣
白　滨	王国祥	王恒炜
吴建民	郁继华	李　毅
陈佰鸿	韩舜愈	师尚礼
陈　垣	李玲玲	王化俊
白江平	柴　强	柴守玺
孟亚雄	司怀军	杨德龙
冯德勤	赵多长	豆新社
宋朝辉	张法霖	马德敏
任建忠	郭小俊	文生辉
宋建荣	李中祥	付金元
王宗胜	王义存	张振科
张仲保	刘建勋	程志国

费彦俊　左小平　李永清　　　　　王世红　文国宏　张绪成
王三喜　李敏骞　李怀德　　　　　杨思存　王　鸿　郭致杰
王忠亮　文建水　曹　宏　　　　　颉敏华　苏永生　周　晶
魏玉杰　杨孝列　田　斌　　　　　陈　富　黄　铮
刘永刚　刘小平　龚成文

甘肃省植物保护学会第十届理事会
组成人员名单

（2017 年 3 月 25 日选举产生）

名誉理事长：南志标　蒲崇建　陈　明　　　　吕和平　任宝仓　刘大化
理　事　长：李敏权　　　　　　　　　　　　刘卫红　刘长仲　许国成
副 理 事 长：李春杰　刘卫红　刘长仲　　　　孙新纹　运　虎　李　虹
　　　　　　张新瑞　徐秉良　陈　琳　　　　李金章　李春杰　李彦忠
秘　书　长：郭致杰　　　　　　　　　　　　李继平　李晨歌　李敏权
常 务 理 事：（排名不分先后）　　　　　　　李惠霞　李锦龙　杨成德
　　　　　　李敏权　李春杰　刘卫红　　　　杨宝生　何士剑　张　波
　　　　　　刘长仲　张新瑞　徐秉良　　　　张建朝　张晶东　张新瑞
　　　　　　陈　琳　郭致杰　金社林　　　　沈　彤　陈　琳　陈　臻
　　　　　　罗进仓　姜红霞　陈　臻　　　　陈广泉　陈杰新　罗进仓
　　　　　　王森山　杨成德　李彦忠　　　　岳德成　金社林　郑　荣
　　　　　　王军平　运　虎　王安士　　　　胡冠芳　段廷玉　姜红霞
　　　　　　沈　彤　　　　　　　　　　　　费彦俊　袁明龙　贾西灵
理　　　事：（排名不分先后）　　　　　　　徐生海　徐秉良　高　强
　　　　　　马如虎　王安士　王作慰　　　　郭致杰　康天兰　谢　谦
　　　　　　王森山　王军平　文朝慧　　　　强维秀　魏周全

甘肃省作物学会第八届理事会
组成人员名单

（2016 年 11 月 1 日选举产生）

理　事　长：贺春贵　　　　　　　副 理 事 长：李　福　常　宏　赵贵宾

杨文雄　白江平　刘建勋　　　　　张想平　何景全　闫治斌
闫治斌　　　　　　　　　　　　　张　德　何小谦　乔喜红
秘 书 长：杨天育　　　　　　　　　刘小平　贺春贵　展宗冰
副秘书长：司怀军　李向东　展宗冰　　杨天育　张正英　张建平
常务理事：（排名不分先后）　　　　　杨文雄　吕和平　樊廷录
　　　　　贺春贵　李　福　常　宏　　　罗俊杰　王晓巍　杨发荣
　　　　　赵贵宾　杨文雄　白江平　　　白　滨　王国祥　田世龙
　　　　　刘建勋　闫治斌　杨天育　　　苏永生　侯　栋　龚成文
　　　　　司怀军　李向东　展宗冰　　　文国宏　张绪成　车　卓
　　　　　罗俊杰　吕和平　王国祥　　　文生辉　肖正璐　潘水站
　　　　　杨发荣　白　滨　张仲保　　　马　宁　王林成　宋世斌
　　　　　付金元　李永清　赵振宁　　　鲁光伟　黄　铮　何继红
　　　　　王三喜　左小平　曹　宏　　　寇思荣　祁旭升　何海军
　　　　　张想平　何景全　乔喜红　　　卯旭辉　庞进平　冯克云
理　　　事：（排名不分先后）　　　　赵　利　杨晓明　葛玉彬
　　　　　李　福　常　宏　赵贵宾　　　杜久元　鲁清林　王世红
　　　　　李向东　白江平　柴　强　　　杨芳萍　张俊儒　刘效华
　　　　　司怀军　杨德龙　郭小俊　　　李　掌　张　武　陆立银
　　　　　赵振宁　逯文生　付金元　　　齐恩芳　李高峰　王兰兰
　　　　　王宗胜　王义存　张　明　　　邵景成　张桂香　杨永岗
　　　　　张仲保　刘建勋　程志国　　　张国宏　何宝林　李兴茂
　　　　　左小平　李永清　郭青范　　　李尚中　倪胜利　吕迎春
　　　　　王三喜　李怀德　曹　宏　　　周　晶

甘肃省土壤肥料学会第十届理事会
组成人员名单

（2018 年 5 月 28 日选举产生）

理 事 长：车宗贤　　　　　　　　　**常务理事：**（排名不分先后）
副理事长：崔增团（常务）　郭天文　　　车宗贤　崔增团　郭天文
　　　　　张仁陟　张建明　白　滨　　　张仁陟　张建明　白　滨
　　　　　刘学录　　　　　　　　　　　刘学录　杨思存　刘　健
秘 书 长：杨思存　　　　　　　　　吴立忠　蔡立群　邱慧珍

段争虎	李小刚	樊廷录	张杰武	金社林	段廷玉
胡燕凌	谢晓华	周 拓	陈志叶	李志军	吕 彪
吴湘宏	王 方	柴 强	包兴国	顿志恒	马明生
张绪成	郭晓冬	牛济军	张平良	张 环	苏永中

理　　事：（排名不分先后）

			南忠仁	毛 涛	刘建勋
车宗贤	崔增团	郭天文	胡秉安	冯 涛	李国山
张仁陟	张建明	白 滨	关佑君	杨志奇	李晓宏
刘学录	杨思存	刘 健	赵宝勰	张 鹏	李效文
吴立忠	蔡立群	邱慧珍	马 宁	秦志前	丁宁平
段争虎	李小刚	樊廷录	王鹏昭	刘大化	戚瑞生
胡燕凌	谢晓华	周 拓	王平生	何士剑	费彦俊
吴湘宏	王 方	柴 强	王泽林	胡梦珺	展争艳
张绪成	郭晓冬	牛济军	张恩辰	方三叶	冯克敏
黄 涛	武翻江	罗珠珠			

甘肃省种子协会第八届理事会
组成人员名单

（2018 年 9 月 26 日选举产生）

理 事 长：张建平			马丽英	马俊邦	马 彦
秘 书 长：田 斌			王 婷	王小平	王永军
副秘书长：展宗冰 赵 玮			王西和	王 伟	王多成
副理事长：（按姓氏笔画为序）			王佐伟	王国祥	王和平
白江平	李会文	李忠仁	车天忠	水建兵	文国宏
张绍平	陆登义	周爱兰	方 霞	白江平	卯旭辉
贾生活			冯克云	冯 海	乔喜红
常务理事：（按姓氏笔画为序）			刘万军	刘克禄	刘艳霞
马 彦	王 伟	王国祥	孙亚钦	杜彦斌	李万仓
文国宏	卯旭辉	冯克云	李立勇	李有红	李会文
李明生	何海军	罗志刚	李明生	李忠仁	李荣森
周玉乾	庞进平	侯 栋	李 恺	李森堂	杨东恒
贾天荣	徐思彦	陶兴林	杨海平	杨新俊	杨德润
寇思荣			肖立兵	肖必祥	吴义兵
理　　事：（按姓氏笔画为序）			何小谦	何 文	何海军

何雁龄	张志年	张建平	庞进平	赵康定	郝　铠
张绍平	张俊全	陆登义	胡志坚	侯　栋	骆世明
陈卫国	陈永明	陈作兴	袁　森	贾天荣	贾生活
陈顺军	陈淑桂	陈锦花	贾永祥	贾建文	夏学礼
武怀宁	范会民	林永康	徐思彦	徐博鸿	陶立新
罗志刚	罗积军	罗耀文	陶兴林	寇思荣	董克勇
周玉乾	周建国	周爱兰	谢新学	薛兴明	薛兴明

七、管理服务

办公室工作

作为全院承上启下的工作枢纽，2019 年，甘肃省农业科学院办公室紧紧围绕全院中心工作，认真贯彻落实院党委、院行政的决策部署，积极履行参谋助手、督查督办、综合协调、服务保障等职能，较好地完成了各项工作任务。

一、注重理论学习，进一步提高政治站位

按照院党委统一安排，结合工作特点，院办公室坚持以习近平新时代中国特色社会主义思想为指导，全面贯彻落实党的十九大及十九届三中、四中全会精神和习近平总书记对甘肃重要讲话和指示精神，增强"四个意识"、坚定"四个自信"、做到"两个维护"，提升理论素养和政治站位，指导工作实践。全年先后派出 3 人外出参加相关业务培训和学习交流，进一步提升了工作水平，增强了自身能力。

二、注重统筹协调，服务的超前性、计划性进一步增强

一年来，全面贯彻院领导指示，坚持按时间统筹工作，按计划组织推进。从年初全院重点工作任务的分解，到每两个月组织承办一次院长办公会再次明确职能部门重点工作任务，

再到每周对院领导工作日程协调落实，使各部门重点工作的计划性更强，工作的日程更明确。全年统筹组织召开办公会、专题会、调研会等 50 多场（次），协调落实院领导日程 310 项（次）。

三、注重督查督办，督办的网格化、系统性进一步增强

围绕全年任务分解、院长办公会确定事项和院领导指示批示意见三个方面，积极与相关处室沟通衔接，采取到期提醒的方式，确保各处室在繁忙的业务工作中事项不遗漏、工作不迟滞、标准不降低。坚持每月对院领导公文批示进行汇总，与相关处室对接，全年督办院领导指示批示 520 项（次），确保各处室在公文办理中工作不疏漏，使机关工作一盘棋的格局得到巩固和加强，对上、对外的影响力进一步提升。

四、注重管理服务，服务的大局观念、效率意识进一步增强

强化制度落实，对全院 2005 年至 2019 年继续执行的 81 项规章制度整理并汇编成册，方便职工查阅，促进制度落实；规范日常管理，强化了印章的使用、信函的出具、重要来电信息的记录及处理、值班日志填报、机要保密文件的传阅等的管理。规范公务接待，严格落实

院机关公务接待管理办法，从接待审批、日程安排、会议组织、食宿保障、宣传报道等各环节、各流程进行了规范，确保接待高效规范；加强保密工作，组织召开院保密工作会议，全年无失秘泄密事件发生；组织相关人员进行"保密观"普法知识竞赛，进行了警示教育；推进档案建设，从对发展负责、对历史负责的高度，主动担责，积极对接，对科研档案、基建档案、会计档案等进行收集归档，对获奖证书、鉴定证书等进行整理，并实现全文数字化。全年收集整理及归档3 690件/卷，完成全文数字化43 056画幅，在全省档案考核中名列事业单位前列，继续保持了省特级称号；优化《年鉴》版式，使增设的工作剪影、党的建设、媒体宣传、专题纪要等栏目内容更丰富，提高了史料保存的完整性，使可读性更强，与社会各界交流的价值更高。加强服务保障，圆满完成了院党代会的会务工作；做好院领导公务车辆及创新大厦电梯的年检及安全运行；做好会议室的管理服务，全年协调服务各单位会议506场次。做好

应急值班，按省政府要求落实好节假日24小时全天候值班工作，确保应急管理措施落实到位。

五、注重政务运转，工作的精准度、时效性进一步增强

提升办文效率，做到急事快办，全年呈转来文来电1 536份；印发公文380件（份），继续对全院下行公文统一分送，减轻各部门及各单位多头领取文件的压力，使服务更贴心、更到位。积极启动"智慧农科"（一期）建设项目，为全院网上办公、智慧管理构建工作平台。落实院领导接等日制度，通畅了职工反映社情民意的渠道，和谐院所建设进一步得到加强。聘请法律顾问，让合法性审查成为保障院决策科学性的重要环节。配合成果处举办的两次成果转化推介会，成为促进全院成果转化的标志性工作，提升了全院知名度和影响力；落实一岗双责，使党内学习与每周的工作部署相结合，"三会一课"制度得到落实。

财务工作

2019年，甘肃省农业科学院财务处紧紧围绕全院中心工作，结合部门职责和年度工作重点，精心安排，通力合作，全面完成了各项工作任务。

一、资金争取成效明显

在全省财政支出形势趋紧的背景下，着力加强资金争取工作。2019年省级财政下达一般公共预算财政拨款13 662.77万元，实际到位财政拨款18 060.40万元，争取追加经费4 397.63万元。其中，"省农科院西北种质资源保存与创新利用中心建设项目"到位资金1 000万元，争取省级引导科技创新发展专项760万元，省级科技科普单位基础条件改善及能力建设专项166万元，省级行政事业单位信息化建设专项资金100万元。

二、预算管理渐趋严谨

资金分配合理合规。按照"服务基层保民生、全力保证职工待遇"的原则，足额安排了人员工资、住房公积金、工会经费、职工取暖费、医疗保险费、工伤保险费、退休活动费等人员经费。按照"服务大局保运转、全力保障和谐稳定"的原则，足额安排后勤保障、公用事业支出，合理安排了试验场运行保障经费及研究所运转费，安排了试验基地、试验站保障费。按照"服务中心保科研、全力支撑科研工作"的原则，统筹安排了全院科技保障类、条件建设类、科技创新类、成果转化类、科技支撑体系项目，保障了全院科研事业发展。

预算绩效管理持续加强。根据财政部和省财政厅关于全面实施预算绩效管理的政策精神，全面启动预算绩效管理工作。一是组织完成《科研条件建设及成果转化项目》2018年度绩效自评和部门绩效评价试点单位整体支出绩效评价工作。二是组织完成2020年度部门整体支出绩效和各专项绩效评价指标体系申报，顺利通过财政绩效管理部门审核，为2020年度预算争取创造了条件。三是着力加强项目预算绩效管理。

三、机制建设稳步推进

1. 推进会计制度改革工作。 按照省财政统一安排部署，贯彻落实政府会计制度政策相关内容，全面启动政府会计制度改革工作。一是组织完成软件招标采购，政策衔接培训，新旧制度衔接。二是结合会计制度改革，启动财务管理平台建设。

2. 推进内控体系建设工作。 一是协调院本级各部门与专业机构完成调研对接，梳理出全院经济活动开展过程中存在的主要问题与风险点。二是同步启动制度重建工作。制定出台

《甘肃省农业科学院科研条件及成果转化专项资金管理办法（暂行）》，完成 5 项管理制度的调研分析和初稿撰写工作。

3. 加强财务人员培训。组织财务人员完成继续教育网上学习培训工作。组织全院各单位财务分管领导和财务人员完成政府会计制度改革培训工作。积极争取培训名额，委派 3 名高级会计师参加省财政厅在上海国家会计学院举办的财务培训班。委派 4 名财务人员参加全国农科院财务管理研讨会。

四、积极配合审计监督，完成内审整改工作

1. 配合完成审计署驻兰办延伸审计。2019 年审计署驻兰州特派员办事处在对省财政厅进行例行审计时，对甘肃省农业科学院承担的中央财政下达项目和"科研条件及成果转化专项"进行了延伸审计。根据审计结论，侧重加大了对项目执行进度和资金支付进度的管理。

2. 积极配合主要领导经济责任审计工作。根据省审计委员会统一安排部署，2019 年省审计厅派出审计组对甘肃省农业科学院 2014—2018 年期间院主要领导经济责任履行情况进行了审计。按照边审边改的要求，对于审计中发现的问题，具备即时整改条件的积极做好整改工作，涉及政策衔接的认真做好梳理分析工作，为后续全面整改创造条件。

3. 完成内部审计整改工作。配合院行政监察室完成全院内审工作，完成院本级接受审计和整改工作。对于审计中发现的具体问题进行了逐条对照整改。对于审计中发现的涉及政策调整和执行口径等方面的问题进行梳理和分析，作为制度重建和流程再造的依据。

基础设施建设工作

2019年，基础设施建设办公室以习近平新时代中国特色社会主义思想为指导，全面贯彻党的十九大和十九届二中、三中、四中全会精神，牢固树立新发展理念，落实高质量发展要求，在甘肃省农业科学院党委、院行政的正确领导下，以增加职工的幸福感、获得感和安全感为目标，克服重重困难，认真开展工作，完成了各项任务。

一、稳步推进西北种质资源保存与创新利用中心项目建设

一是可行性研究报告获省发改委批复。向省政府上报立项请示以来，得到了省政府领导以及省发改委、省财政厅的高度重视，组织有关专家研究了甘肃省种质资源现状和保存需求，论证了项目建设的必要性和可行性。为更好地借鉴种质资源保存与利用的先进经验，对中国农科院及北京、上海、浙江、吉林、河南等省（直辖市）6个农科院的种质资源保存与利用情况进行了现场考察学习。在借鉴兄弟省份同类项目建设经验的基础上，明确了建设规模、建设内容、项目估算等，编制了项目可行性研究报告，7月25日省发改委批复同意建设。

二是完成了《甘肃省农业科学院总体规划》编制工作。随着甘肃省农业科学院的不断发展，建设用地现状已发生较大变化，在西北种质资源保存与创新利用中心建设项目规划审批时，兰州市自然资源局要求编制《甘肃省农业科学院总体规划》。2019年6月26日取得了地形图测绘及道路红线规划的初步成果。委托兰州大学城市规划设计研究院编制了《甘肃省农业科学院总体规划》，9月10日报送兰州市自然资源局审批。9月29日兰州市自然资源局邀请规划、建筑专家与相关部门进行了技术审查，提出具体修改意见。《总体规划》完善后再次报送兰州市自然资源局，12月12-18日在兰州市自然资源局网站进行公示并通过。依据办理流程，委托兰州市测绘院完成了所需用地界址点测绘，编制了用地红线图。

三是取得了项目用地规划许可证。在全院总体规划报批的同时，多次向兰州市自然资源局汇报项目建设的重要性、紧迫性，兰州市自然资源局于11月20日核发了项目的用地规划许可证。

四是完成了工程场地勘察工作。在中招联合招标采购网上发布了项目地质勘察招标公告，10月9日完成招标，甘肃水文地质工程地质勘察院中标。11月中旬完成勘察工作，查明了拟建场地范围内各层土的类别、厚度、结构、工程性质、地下水埋藏条件，判定了拟建场地范围水和土对建筑材料的腐蚀性，以及场地土的标准冻结深度等，为建筑物基础设计提供了工程地质资料。

五是完成了设计招标。11月下旬在甘肃省公共资源交易网上发布了项目设计招标公

告，12月18日完成了设计招标，中国城市建设研究院有限公司中标，并开始了方案设计工作。

二、扎实做好管理与服务工作

（一）17-20 号住宅楼竣工验收和结算审核顺利完成

一是通过了节能验收。根据节能验收的要求，完成验收材料的准备、上报、审查，并与兰州经济技术开发区建设局节能办公室积极沟通汇报，组织参建单位按时参会，经济区建设局节能办现场检查，并通过节能验收。

二是通过了竣工验收。经积极努力与经济区建设局质监站对接，查验了 17-20 号楼的工程资料，现场检查了工程实体质量，3月通过了竣工验收。

三是办理了人防验收备案。人防验收通过后，3月完成了人防备案资料的准备工作，经安宁区人民防空办公室同意后，报兰州市人防办备案。取得了人防工程竣工验收认可书和人民防空工程平时使用证。

四是退回了农民工工资保证金。工程竣工

验收通过后，基建办着手办理农民工工资保证金退回工作，在准备相关资料的基础上，协调施工单位进行公示、拍照。省人社厅按照相关程序审核后转中国建设银行，由建设银行退回至基建账户，退回金额 430.44 万元（含利息 5.44 万元）。

五是完成了工程结算审核。为了使工程结算数据更为准确、合理，程序满足国家工程结算审核的有关要求，委托有资质的第三方造价公司依据国家基本建设工程的相关法律、法规，与施工单位反复核对，对工程结算进行了审核，完成全部审核工作。

六是加强装修过程的管理。根据后勤中心装修巡检发现破坏承重结构的住户，及时到现场查看并将结果反馈后勤中心。协调处理了 17-20 号楼住户装修中反映的问题。

（二）院内消防设施维修项目获批立项

创新大厦室外消防管路受地基不均匀沉降等因素的影响，使用过程中发生爆管现象，影响消防系统的正常运转，加之原消防泵房等消防设施无法满足新消防规范的有关要求，向省机关事务局提出维修申请，省机关事务局于9月2日同意维修改造创新大厦室外消防管路等。

老干部工作

2019 年，老干部处在甘肃省农业科学院党委、院行政的正确领导下，认真落实老干部"两项待遇"，不断提高服务老干部精细化水平，保障全院离退休干部队伍的和谐稳定，不断丰富老干部的精神文化生活，为发挥余热提供方便，搭建平台。

一、思想政治工作落实到位

组织全院离退休干部学习贯彻习近平新时代中国特色社会主义思想及党的十九大和十九届二中、三中、四中全会精神等。在庆祝"中华人民共和国成立 70 周年"之际，开展系列活动，组织退休职工积极参与全院"兴农杯"职工运动会开幕式文艺节目表演，获得了一致好评。离退休党支部书记和委员参加院党校标准化建设集中培训，开展"不忘初心、牢记使命"主题教育，组织党员参观庆祝改革开放 40 年大型展览，通过观看图片、视频和文字介绍等，大家从心底感受到甘肃省日新月异的巨大变化，以及亲身分享到改革开放成果的喜悦心情。以"退休不褪色，永葆党员本色"为主题的党日活动，组织离退休党员召开盛赞伟大祖国取得的辉煌成就座谈会，大家积极发言，进一步凝聚人心。及时组织离退休党员传达学习习近平总书记对甘肃重要讲话和重要指示精神培训，并进行深入宣传，传递正能量。

二、离退休党支部标准化建设有力推进

深入学习《关于进一步加强全省离退休干部工作的实施意见》和《关于在全省开展离退休干部党支部建设标准化工作的实施意见》精神，坚持把开展标准化和党建"五项制度"结合起来，突出"八个标准化"要求，从建立健全制度入手，盯住靠牢责任。创新"三会一课"载体，手把手教会老同志关注"离退休干部工作""甘肃老干部"微信公众号和"陇上夕阳红"App，以此为平台，营造良好的老年人学习氛围。坚持参加每月一次的离退休支部党员组织生活会制度，传达学习有关会议、文件精神，注重把离退休支部集体学习讨论和平常的个人自学相结合。对居住较远、行动不便的党员采取送学上门的方式。通过学习，切实把广大离退休党员干部的思想和行动统一到习近平新时代中国特色社会主义思想和党的十九大精神上来，把智慧和力量凝聚到实现全院确定的各项目标任务上来，进一步增强了责任感、紧迫感和使命感，使广大离退休党员干部紧跟时代步伐，做到政治坚定、思想常新、理想永存。各离退休党支部还注重做好政策宣传、正面引导工作，积极化解矛盾，促进了离退休职工队伍的和谐稳定。

三、精准化精心服务能力不断提升

始终对老干部保持敬重之心，倾注关爱之情。认真落实老干部政治生活两项待遇。重视关心离退休困难职工的生活，完善特困职工帮扶具体措施，为他们及时送上特困慰问金。为离休干部订阅报刊，增加护理费，全额报销医疗费，落实健康奖励等。对6名退休地级领导、6名离休干部、2名地级离休干部遗属、14名病重退休困难职工家庭、68名全院困难职工进行了看望慰问，全年共看望住院职工130余人次。不断丰富离退休职工的精神文化生活，增强凝聚力。每月组织一次有益活动，如环院越野赛、有奖猜谜、女职工座谈会、文艺汇演、趣味运动会、茶话会、交流会、读书班、培训学习参观等，适合离退休职工特点的文化娱乐活动丰富多彩，得到了离退休职工的赞许。同时也增强了政治荣誉感，精神获得感，生活幸福感。

四、助力脱贫攻坚优势突出

紧盯脱贫攻坚"一号工程"，组织老专家为打赢全省脱贫攻坚战贡献智慧和能力。退休专家情系农业、农村和农民实际，充分发挥他们的专业特长和技术优势，积极开展科普宣传，科技咨询服务，科技培训等，倾情为科技助力脱贫攻坚和甘肃农业现代化发展奉献智慧，贡献力量。70多岁老党员孟铁男长期座席"12316三农热线"节目，不厌其烦地给农民朋友解答生产中遇到的实际困难和技术问题，还多次深入农村进行科普宣传和技术培训，培训农民技术骨干600多人次，受到当地政府和农民群众的欢迎和高度赞许。甘肃省农

业科学院助力脱贫攻坚自愿服务团队通过长期调研撰写的《凹凸棒棒石在我省戈壁农业推广应用》的调研报告，得到了省领导的重视，并在"甘肃信息决策参考"297期刊登发表。他们长期深入景泰、榆中、会宁等农村和甘肃省农业科学院科研基地实地考察调研，为科技支撑现代农业发展提供第一手科学依据。院党委提供有力保障，充分发挥老专家三个优势，助力全省脱贫攻坚行动，尊重他们希望继续为党、为国家、为社会、为人民做一些力所能及工作的真诚愿望，为他们发挥余热拓宽渠道、牵线搭桥，为全院的发展建言献策。

五、重点难点问题逐步破解

长期坚持开展适合离退休职工特点的文化娱乐活动，并形成制度。老年活动室全时开放，认真做好服务管理，及时更换消耗器材，尽力满足全院离退休职工活动需求。有针对性地搞好亲情服务、特殊服务及个性化服务和后事料理服务工作。高度重视来信来访工作，全年接待来信来访60多人次，对反映的问题均进行了认真核查和政策宣传解释，晓之以理，动之以情，从不激化矛盾。近年来信来访的数量呈逐年减少的趋势。全力办好甘肃省老年大学农科院分校。在省委老干部局和省老年大学大力支持下，老年大学农科院分校成立4年来，按要求认真教学，得到了老年朋友们的高度认同，实现了全院离退休干部职工老有所教、老有所学、老有所乐、老有所为。

六、自身建设取得实效

按照深化改革措施，省农科院撤销了原离

退休职工管理处，改建为老干部处归口院党委办公室统管，部门职能和人员没有变动，理顺了关系，壮大了队伍。全年以习近平新时代中国特色社会主义思想为指导，深刻领会十九大精神，认真学习了习近平总书记关于老干部工作和老龄工作的重要讲话精神。教育大家要切实增强从事老干部工作的荣誉感、自豪感，自觉站在讲政治的高度，用习近平总书记关于老干部工作的重要论述武装头脑，将讲话精神和全国老干部局长会议精神贯彻落实到年度各项工作的统筹安排中，切实把学习成果体现到思想认知上、本领提升上、使命担当上、工作成效上。

后勤服务工作

2019 年，在甘肃省农业科学院党委、院行政的正确领导下，在院属有关单位和部门的帮助、支持、配合下，后勤服务中心较好地完成了全年工作任务。

一、加强消防安全及综合治理

实施人防技防相结合，加大值班和巡逻力度，有效保障院区安全。与院属兰州片各单位签订了《消防安全目标责任书》，实施网格化管理。委托专业机构承担全院消防维保工作，定期对全院高层建筑消防设施进行维护保养。举办全院消防知识讲座和防火演练，进一步增强了职工及家属的消防安全意识，普及消防安全知识。加强车辆停放管理，集中整治车辆乱停乱放和充电问题，建设非机动车棚 2 座、设立非机动车停放点 10 处，安装电瓶车充电桩 2 处。

二、整治改善院区环境，提升院区吸引力、美誉度、舒适度

根据安宁区委、区政府要求，实施了院区亮化工程，对创新大厦、综合楼、实验楼、培训中心、15-16 号楼、19-20 号楼及主要道路进行了亮化装饰，改善了院区环境。院内道路维修及环境整治项目完成了 2019 年施工任务，

已初见成效。完成创新大厦广场花坛调整和摆放、周边花箱和灯杆卡盆花卉的栽植、管理。

三、积极开展调研，稳慎推进后勤管理社会化

由分管院领导带队，后勤服务中心主要负责人参加，赴浙江、上海、河南、北京、吉林等 5 个省（直辖市）农科院和中国农科院考察学习管理经验。中心领导带领有关科室负责人赴省人大常委会办公厅、省商务厅、兰州交通大学、甘肃农业大学等单位进行后勤管理调研学习交流。稳步推进后勤管理社会化，委托专业单位承担消防维保工作，有效改善了消防管理工作状况。

四、加强 17-20 号楼装修期间管理服务

确定专人负责，严格管理进料车辆和电梯，19-20 号楼电梯实行客货区分，严禁客梯运载装修材料。加大检查力度，杜绝装修公司、装修材料销售人员在院内摆摊设点。主动服务职工装修，及时协调解决装修过程遇到的困难和问题，及时清运装修垃圾。联合院基建办完成房屋装修验收 186 户并退回了装修押金。完成了 17-20 号楼网络线路的

敷设工作，实现了光网到户，为住户提供了便利。

五、完成保障性住房剩余房屋集资分配和 15-20 号楼地下车库启用前期准备

制定出台了《甘肃省农业科学院保障性住房补充集资方案》，按规定程序和集资条件完成分配保障性住房 25 套。起草了《甘肃省农业科学院 15-20 号楼地下车位租用管理办法（试行）》。按照兰州市人民政府办公室《关于印发解决房屋产权登记发证历史遗留问题实施意见的通知》精神，为 2 名职工办理了房产证。完成 17-20 号楼门牌号办理。

六、加强管理，提升保障服务能力

实施岗位目标责任管理，水、电、暖、绿化卫生、安全保卫等常项保障能力不断提升。加强设施设备管理，抓好安全生产。为全院各项工作开展及"中共甘肃省农业科学院第一次代表大会""首届甘肃省农业科技成果推介会"等重要活动提供了有力的后勤保障服务。按照市、区文明城市创建办公室要求，发挥省级文明单位作用，积极参与文明城市创建工作。配备了食堂专管员，对每餐菜单、菜品和食品安全严格把关监督，职工餐质量、数量较之前有了明显改善。

七、落实全面从严治党主体责任，着力加强党建和精神文明建设

以习近平新时代中国特色社会主义思想为指导，按照院党委总体工作部署，认真履行党建和党风廉政建设主体责任。按照"守初心、担使命、找差距、抓落实"的总要求，扎实开展"不忘初心，牢记使命"主题教育。认真开展党支部标准化建设，落实"三会一课"制度。按要求完成了所属两个党支部的换届选举工作，发展预备党员 1 名。从严管理教育监督党员干部和职工，进一步转变工作作风。组织党员赴榆中张一悟纪念馆参观学习，缅怀革命先烈，重温入党誓词，进行爱国主义教育和革命传统教育。开展走访慰问活动，积极关心帮助职工。领导带头，首次独立组队参加第十二届"兴农杯"职工运动会。

八、主动作为，落实帮扶工作责任

根据《甘肃省农业科学院脱贫攻坚帮扶工作责任清单（修订）》和全院脱贫攻坚工作统一安排，积极配合项目主持单位实施深度贫困县重点帮扶项目。班子成员主动前往镇原县方山乡张大湾村和舟曲县开展帮扶工作，帮助制定并落"一户一策"帮扶计划。密切与帮扶贫困户的联系，及时掌握有关情况，宣传党的富民政策。

八、 党的建设与纪检监察

党建工作概况

2019 年，甘肃省农业科学院党委坚持以习近平新时代中国特色社会主义思想为指导，认真学习贯彻十九大和十九届二中、三中、四中全会及习近平总书记对甘肃工作重要讲话和指示精神，认真贯彻落实新时代党的建设总要求和党的组织路线，以党的政治建设为统领，充分发挥党委把方向、谋大局、定政策、促改革的政治核心作用，坚持稳中求进的工作总基调，坚持党要管党、全面从严治党，坚持围绕中心服务大局，团结带领全院各级党组织和广大干部职工，主动适应全面从严治党新形势，深刻把握农业科技发展新要求，以高度的政治自觉，努力把党建优势转化为发展优势，把党建成果转化为发展成果，为推动全院各项事业发展不断迈上新台阶提供了坚强的政治核心和组织保证。

一、突出党的政治建设，确保党的方针政策全面贯彻落实

一年来，院党委始终坚持以党的政治建设为统揽，把学习宣传贯彻习近平新时代中国特色社会主义思想作为首要政治任务，深化思想认识，提高政治站位，以上率下、明责知责，全面从严治党主体责任不断压紧压实。从严落实政治责任，认真执行重大事项请示报告制度，制定了《中共甘肃省农业科学院委员会向省委请示报告事项清单》，定期向省委专题报告院党委落实意识形态、网络安全、保密工作、风险防范等工作情况，每季度按期向省委考核办报告院领导班子及成员重点工作完成情况和重大工作动态。加强理论武装，制定了《党委理论学习中心组 2019 年度学习计划》，把学习习近平新时代中国特色社会主义思想固定列为党委会议和党委理论学习中心组学习的首要任务和主要内容及时跟进学习，教育引导各级党组织和广大党员干部增强"四个意识"，坚定"四个自信"，做到"两个维护"，自觉在政治立场、政治方向、政治原则、政治道路上同以习近平同志为核心的党中央保持高度一致，全年召开党委专题学习会议 24 次，组织党委理论学习中心组学习 21 次。坚持政治立身，突出以上率下，充分发挥党员领导干部领学促学作用，党委书记魏胜文以身作则，在深入开展调查研究的基础上，为全院党员作了题为"新时代省级农业科研单位的职责定位和使命担当"主题党课，院领导班子成员认真履行"一岗双责"职责，结合工作实际到所在党支部、党建工作联系点、分管部门和联系单位，以上党课、谈心得等形式促进学习的引领与互动。举办了县处级以上领导干部学习贯彻党的十九届四中全会及习近平总书记视察甘肃重要讲话精神培训研讨班，做到县处级以上干部学习培训全覆盖。全年征订《习近平新时代中国特色社会主义思想学习纲要》《党的十九届四中全会〈决定〉学习辅导百问》《习近平关于

"不忘初心、牢记使命"重要论述摘编》《习近平关于"三农"工作论述摘编》《中国共产党党内重要法规汇编》等学习资料2 700余册。

二、强化政治引领，科研支撑能力全面提升

院党委强化政治引领，认真落实国家和省委、省政府对农业科技工作的宏观要求，加强科研项目过程管理，科研产出效率和服务生产实际需求的能力进一步提高。一是科研立项再创新高。全年申报各类项目421项，合同经费1.4亿元，到位经费1.1亿元。5个试验站入选国家农业科学实验站。围绕产业需求，列支专项设立10个区域创新项目，加强与市（州）农业科研单位的协同创新，支撑区域农业高质量发展。二是科技成果硕果累累。实施各类科技项目450余项，布设试验示范2 400余次，投入经费6 800余万元。全年通过结题验收项目77项，获省部级科技奖励成果24项。14个新品种通过国家或省级主管部门审定（登记）。发表学术论文380余篇，出版专著7部。获国家发明专利5项，颁布技术标准25项。示范推广新品种、新技术和新模式1 300万亩，增产粮食18万吨，获经济效益12亿元。三是科研平台建设成效明显。5个试验站入选国家农业科学实验站，3个实验室入选省级联合实验室；新争取甘肃省国际技术合作基地2个；甘肃藜麦育种栽培技术及综合开发工程研究中心获省发改委认定，农业科技馆被命名为兰州市科普教育基地。与民勤县联合建立了综合试验站及现代丝路寒旱农业研究中心，与酒泉市联合成立了酒泉戈壁生态农业研究院；"西北种质资源保存与创新利用中心"建设项目

获省发改委批复立项，项目工程现已进入设计阶段。四是合作交流更加深入。国际合作项目立项8项，与俄罗斯共建的"中俄马铃薯种质创新与品种选育联合实验室"和"丝绸之路中俄技术转移中心"分别在中俄双方揭牌成立；承办了"丝绸之路经济带循环农业产业发展研讨会""中国农业生态与生态农业研讨会"等多场（次）重大学术会议（年会）；积极对接国家科技创新联盟重点工作，组织召开甘肃省农业科技创新联盟2019年工作会议和第二次常务理事会，甘肃省农业科技创新联盟通过国家联盟组织的评估验收并通过农业农村部认定。五是履职能力不断加强。积极落实省政府与中国农科院的战略合作框架协议精神，及时与中国农科院跟进衔接，积极参与重点工作。根据省领导批示，组成2个专家组分赴7市调研，形成全省现代设施农业调研报告并上报省政府。主编出版了第三部甘肃农业科技绿皮书《甘肃农业现代化发展研究报告（2019）》。全年上报智库要报7份，2份被《甘肃信息》参考引用，1份被省领导批复；进一步厘清了新成立的科技合作交流处及相关处室职能；优化发展环境，"智慧农科"建设顺利推进，协同办公平台建设项目取得阶段性进展。

三、强化党组织政治功能，全面提升引领能力和组织力

突出政治功能，着力加强党的基层组织建设，不断强化各级党组织的工作水平和引领能力。一是胜利召开了省农科院第一次党员代表大会。在省委的正确领导和省委组织部的精心指导下，2019年11月8—9日，中国共产党甘肃省农业科学院第一次代表大会

隆重召开，院党委书记魏胜文向大会做了题为《坚守初心，勇担使命，奋力谱写农业科技事业创新发展的时代华章》的工作报告，系统回顾和总结了党的十八大以来全院取得的发展成就和有益经验，分析了存在的差距和今后面临的机遇与挑战，明确提出了今后5年全院工作的总体要求和目标，安排部署了今后5年的重点工作。书面审议通过了院纪委向大会提交的工作报告。大会选举产生了新一届院党委、纪委领导班子。大会的召开鼓舞人心，对动员组织全院各级党组织、全体共产党员和广大干部职工坚守初心、勇担使命，奋力谱写甘肃农业科技事业创新发展的时代华章具有里程碑意义。二是扎实开展"不忘初心、牢记使命"主题教育。旗帜鲜明地体现政治要求，紧紧围绕"守初心、担使命，找差距、抓落实"的总要求，在学习教育、调查研究、检视问题、整改落实的基础上，引导广大党员和干部职工立足初心使命"四问十看"，大树特树"科研为民"的价值导向。坚持高位谋划，制定《甘肃省农业科学院"不忘初心、牢记使命"主题教育实施方案》，成立以院党委书记为组长的领导机构，派出4个巡回指导组，全力组织抓好全院主题教育。突出以上率下，院党委委员和领导班子成员带动县处级干部学、县处级干部带动普通党员学、党内带动党外学，在组织党员干部认真自学《纲要》《选编》等9个规定篇目、认真学习党史新中国史的基础上，采取举办读书班、学习研讨、形势政策、保密安全、廉政建设教育和先进典型、革命传统教育等方式，扎实开展学习教育。深入调查研究，突出"科研为民"理念，紧盯制约发展的瓶颈问题，科学设置调研主题，统筹制定调研计划，深入研究所、试验场（站）

和贫困村等基层一线开展调研，形成高质量调研报告，进行了调研成果交流，讲授了专题党课。认真检视问题，广泛征求全院各级各方面群众对院领导班子、班子成员的意见建议和对突出问题的反映，认真梳理上级巡视巡察、干部考察、工作考核提出的意见，结合学习研讨中查摆的问题、对照党章党规找出的问题、调研时发现的问题、班子成员之间谈心谈话指出的问题，院党委领导班子列出检视问题清单83条。召开专题民主生活会，解决思想根子上的问题。坚持"改"字当头，即知即改、边学边改，把问题整改同专题民主生活会问题整改、单位内部审计、主要领导任中经济责任审计整改、集中整治科研作风和科研经费管理专项行动有机结合，制定整改方案，统筹推进整改。特别把专项整治作为重要政治工作抓实抓好，按照项目化推进要求，精准施策、逐条整治，全面完成了中央确定的8个方面的整治任务，扎实开展"回头看"，查缺补漏，确保整改到位。三是全面推进党支部建设标准化。坚持抓基层打基础，大力加强支部建设，发挥支部主体作用，使支部成为团结群众的核心、教育党员的学校、攻坚克难的堡垒。制定了《甘肃省农业科学院党支部建设标准化工作实施方案》，举办"党支部建设标准化专题培训班"，有力有序推进党支部建设标准化。指导督导全院7个党支部完成换届选举，院属各单位党支部对照《甘肃省事业单位党支部建设标准化手册》，广泛开展自查，建立问题清单、整改清单，认真抓好整改和对标争创，全院基层党建质量进一步加强。以从严落实"三会一课"制度为抓手，充分发挥党支部管理教育作用，强化党员教育，增强党员意识，引导党员干部积极发挥先锋模范作用。

压实基层党组织建设领导责任。扎实开展党组织书记述职评议。依托院党校举办了入党积极分子和发展对象培训班，全院 65 名入党积极分子、发展对象和青年党员参加培训。全年有计划发展新党员 4 名。党员教育经费提升至 300 元/（年·人），列入年度财务预算。

四、提升政治站位，全力服务保障脱贫攻坚和乡村振兴

把脱贫攻坚作为最大政治、最大任务和最大责任，以"抓扶贫就是抓党建"的政治定力，举全院之力全力服务保障脱贫攻坚和乡村振兴。一是突出智力优势，开展专题培训。围绕全省脱贫攻坚工作任务，组织承办了省一级干部教育培训项目《全省脱贫攻坚能力提升培训班"农业科技专题"》培训工作，进一步发挥科技利器助推精准扶贫、精准脱贫工作。在 12 个深度贫困县落实科技示范帮扶项目，同时开展覆盖 23 个深度贫困县的技术培训，将科技帮扶措施落实到县、到村、到户、到人，带动提升县域产业发展水平，创建农户产业脱贫模式。全年建立示范基地 17 个、科技示范户 165 户，示范新品种 52 个、新技术 33 项。二是突出人才优势，选好派好驻村干部。按照"把最强的干部用到脱贫攻坚任务最重的地方"的要求，全力做好驻村帮扶工作队人员补充调整，遴选增派 4 名政治过硬、作风优良的科技干部赴帮扶村开展驻村帮扶工作，聚焦解决"两不愁、三保障"突出问题，完善落实"一户一策"精准脱贫计划。修订了《甘肃省农业科学院脱贫攻坚帮扶工作责任清单》，对院、所、职能部门、帮扶责任人、驻村帮扶工作队及村第一书记帮扶责任做了明确规定。全年向

21 个贫困村派出科技人员进行技术咨询指导，开展技术培训 168 场次，培训农户及技术人员1.2 万余人次，带动发展合作社 15 个。三是突出成果优势，全力做好帮扶工作。大力开展科技成果示范应用，培育壮大村级富民产业和村集体经济，结合帮扶村自然条件和产业发展规划，在 4 个重点帮扶村落实良种良法示范面积 5 843 亩，实现了 4 个村贫困户良种全覆盖、良法全配套。积极发挥科技帮扶对促进深度贫困地区产业发展和农民增收的作用，与东乡县政府、中国石化集团公司联合开展科技扶贫项目，形成以地方政府＋企业（央企）＋科研单位＋合作社＋农户的产业扶贫模式。四是突出组织优势，广泛开展帮扶对接送温暖。以加强基层党组织建设为着力点，4 个研究所党组织与 4 个对口联系村党组织积极开展党支部帮扶结对，成立驻村帮扶工作队临时党支部，组建脱贫攻坚党员先锋队，大力推广"支部建在产业链、党员聚在产业链、群众富在产业链"模式。院党政主要领导带头垂范，带领帮扶责任人，先后 6 次深入 4 个贫困村，遍访本单位干部职工联系的贫困户，掌握贫困群众的思想动态和对脱贫的想法愿望，检查督导脱贫攻坚工作并组织召开现场工作推进会，细化落实"一户一策"帮扶举措，到年底，全院结对帮扶的 3 个村整村脱贫，年内完成 246 户 828人稳定脱贫。五是乡村振兴战略稳步实施。按照农业农村部有关要求，制定乡村振兴科技支撑行动落实方案，按照"一村一产业"原则，在全省不同类型区遴选建立 45 个科技引领乡村振兴的示范村（镇），重点支撑 20 个产业的发展和 20 个新型生产经营主体的培育壮大。联合市（州）农业科研院所等 18 家单位，遴选 118 项支撑全省乡村振兴的重大科技成果汇编成册。结合项目实施，全面开展农业重大品

种攻关、戈壁高效农业关键技术提升、农业优质丰产增收、农业面源污染控制、农产品储运保鲜与加工增值、牛羊草畜循环农业示范、现代农业科技培训等七大行动。

五、提升政治素养，全面加强教育管理监督

坚持党管干部、党管人才原则，始终围绕"培养什么人、怎样培养人、为谁培养人"这一重大命题，在建设忠诚干净担当的高素质干部队伍上下功夫，推进领导班子和干部队伍素质过硬。一是加强干部教育。举办了县处级以上领导干部学习贯彻党的十九届四中全会及习近平总书记视察甘肃重要讲话精神培训研讨班，选派 6 名领导干部参加省委党校、行政学院、社会主义学院进修学习，组织 45 名县处级领导干部和 28 名科级干部参加了 2019 年省一级干部教育网络培训项目，通过多层次、全覆盖的政治学习，进一步提升了各级干部的政治素养和工作能力。二是加强干部管理。完成了 2017 年度县处级领导班子和领导人员科学发展业绩考核，兑现了考核奖惩。院党政负责同志结合考核情况，聚焦全面从严管党治党，聚焦抓实主业主责，对院属机关处室、研究所、试验场等 28 个单位 69 名领导人员开展了提醒谈话和工作约谈。三是加强干部监督。严格规范干部配偶子女及其配偶经商办企业行为，认真完成县处级以上领导干部个人有关事项报告，并按规定比例随机抽查核实；持续推进干部人事档案专项审核，完成了县处级干部人事档案数字化建设工作。四是加强干部队伍建设。完成全院县处级干部摸底调研，完成 1 名挂职干部期满考核工作，补充 4 名驻村帮扶工作队员，完成 11 名院机关

科级干部试用期满考核。五是加强人才队伍建设。制定了《甘肃省农业科学院急需紧缺人才培养办法》，加快高层次人才、急需紧缺人才和青年人才的培养引进；制定了《甘肃省农业科学院学科设置方案》，推进学科布局优化；主动承接政府部门人才工作"放管服"，顺利完成新一轮专业技术人员职称评聘工作；加强"一懂两爱"人才培训，举办了"全国农产品冷链物流与精深加工高级研修班"，全国各地 74 名专家学者来省农科院进行研修交流，举办了"甘肃省脱贫攻坚农村人才实训"，培训全省贫困县农技干部、农村农业从业人员共计 300 余名。

六、履行党管意识形态政治责任，围绕中心大局强化宣传思想工作

院党委认真履行意识形态工作责任制主体责任职责，认真贯彻习近平新时代中国特色社会主义思想和党的十九大对加强意识形态领导和宣传思想工作的新要求，自觉践行"举旗帜、聚民心、育新人、兴文化、展形象"的使命任务，加强对信息和网络安全工作的管理监督，大力推进宣传思想工作理念创新、内容创新、手段创新。一是结合全院工作实际通过院局域网、宣传栏等，精心组织了党的十九届四中全会和习近平对甘肃重要讲话等重大主题宣传教育和院第一次党代会宣传报道工作。二是深入贯彻落实《中国共产党宣传工作条例》和全国宣传思想工作会议精神，加强党对宣传工作和意识形态工作的全面领导。组建全院通讯报道员队伍，举办通讯报道员及网评员培训班，规范群组网络行为和信息发布，严格院局域网消息发布审核程序，旗帜鲜明地坚持党管宣传、党

管意识形态。三是在全院广大科技人员中深入开展"弘扬爱国奋斗精神、建功立业新时代"活动，引导广大知识分子在新时代自觉弘扬践行爱国奋斗精神，不忘初心、牢记使命，把爱国之情、奋斗之志转化为担当作为的实际行动，为打赢脱贫攻坚战、实施乡村振兴战略和加快建设幸福美好新甘肃不断开创富民兴陇新局面贡献更多的智慧和力量。四是围绕科研中心强化宣传力度，宣传技术成果，宣传专家学者，成功策划实施了首届甘肃省科技成果推介会等系列宣传活动，集中宣传展示全院的新品种、新技术、新产品100余项，有力地提升了省农科院对外形象和社会影响力。全年在院部补充布展精神文明创建及庆祝新中国成立70周年宣传画60余幅，更换宣传橱窗10期共112多幅，在局域网审核上传新闻信息600多条，在《甘肃日报》、甘肃卫视、每日甘肃、腾讯微博客户端等新闻媒体刊登新闻报道86余篇。

七、压实管党治党政治责任，加强党风廉政建设

认真落实从严管党治党主体责任，强化源头治理、规范制度保障，廉政建设成效良好，发展氛围风清气正。一是突出主体责任，强化压力传导。年初召开了省农科院2019年度全面从严管党治党和党风廉政建设工作会议，院党委和28个院属单位（部门）党政主要领导签订了《2019年度全面从严管党治党和党风廉政建设责任书》。落实廉政约谈制度，院党政主要领导对院属各单位（部门）领导干部廉政提醒约谈达到全覆盖，警示效果明显。二是加强监督管理，依纪依规处置问题线索。综合运用监督执纪"四种形态"，常态化对党员干

部诫勉谈话、批评教育和提醒约谈，全年有1个党组织向院党委作出书面检查，诫勉谈话3人次，批评教育6人次，提醒约谈7人次；对群众反映和驻厅纪检监察组转办的有关问题线索，认真开展核实和处置，全年核实问题线索2件，了结2件。三是强化日常监管，筑牢廉洁勤政防线。聚焦影响和制约全院脱贫攻坚、基层减负、科研创新等工作中的形式主义和官僚主义的突出问题，开展了"四察四治"专项行动，列出30条责任清单，对标对表抓好落实；深入开展"扶贫领域作风建设年活动"，加强驻村帮扶干部工作作风、项目资金使用及产业和科技扶贫完成质量、扶贫政策落实等工作的督导督查。认真做好专项经济责任审计工作，督促各法人单位抓好审计整改；突出中央八项规定精神的贯彻落实和"四风"问题整治，开展了集中整治科研作风和科研经费管理专项行动，对科研作风和科研项目经费管理等11个方面问题及时跟进，督促检查。加强廉政教育，坚持在元旦、五一、端午、国庆、中秋等重要节点发送廉政信息，提醒引导广大党员干部坚持道德底线，守住纪律底线，筑牢拒腐防变的思想防线。

八、凝聚发展合力，加强统战群团和老干部工作

认真贯彻落实习近平新时代中国特色社会主义思想对统战、群团工作的新要求，进一步加强党的领导，不断强化教育引导，做好政治引领、政治吸纳工作，充分发挥统战、群团组织在营造和谐、凝心聚力中的独特作用，为全院各项事业发展奠定强有力的群众基础。一是认真学习贯彻《中国共产党统一战线工作条例》，以统一战线工作的新思想、新观点、新

要求武装头脑，指导实践，凝聚人心。在民主党派和党外知识分子中广泛开展"不忘合作初心、继续携手前进"活动。支持民主党派和党外知识分子联谊会健全组织，发展成员，开展活动，提高整体素质，引导他们在推动科技创新、促进科学民主决策、参与脱贫攻坚等方面发挥积极作用，指导知联会完成换届选举。二是认真学习贯彻中央《关于加强和改进党的群团工作的意见》精神，成功举办了第十二届"兴农杯"职工运动会，充分展示了干部职工

的精神风貌，丰富了干部职工文娱生活，有力推进全院文化建设和精神文明建设协同发展。组织全院青年开展"保护母亲河"志愿活动及"五四"青年节活动，加强对青年的思想教育和政治引领。三是认真落实老干部两项待遇，关心老干部生活，支持老科协工作，鼓励退休人员发挥余热。四是全面落实"七五"普法和精神文明建设工作任务，巩固文明创建成果，积极配合兰州市创建全国文明城市工作，完成了省级文明单位复查。

中国共产党甘肃省农业科学院第一次代表大会隆重召开

11月8-9日，中国共产党甘肃省农业科学院第一次代表大会隆重召开。院党委书记魏胜文代表中国共产党甘肃省农业科学院委员会向大会做了题为《坚守初心，勇担使命，奋力谱写农业科技事业创新发展的时代华章》的工作报告。报告系统回顾和总结了党的十八大以来院党委的工作，安排部署了今后5年的工作。选举产生了新一届院党委、纪委领导班子。

省委组织部、省纪委监委组织部、省农业农村厅、省纪委派驻农业农村厅纪检监察组等单位和部门的特邀嘉宾莅临会议，省科学技术厅发来贺信。全院151名党代表、2名特邀代表和17名列席代表参加了会议。

会议指出，党的十八大以来，在省委、省政府的坚强领导下，省农科院党委坚持以习近平新时代中国特色社会主义思想为指导，团结带领全院各级党组织和广大干部职工，主动适应全面从严治党新形势，科学把握农业科技发展新要求，紧盯全省现代农业发展和扶贫攻坚

工作新任务，坚持加强党的建设与改革发展并重，促进科技创新与服务"三农"并重，加强干部人才队伍建设与营造创新发展环境并重，基础条件建设与改善民生并重，不断深化农业科技供给侧结构性改革，聚焦主业，落实责任，补齐短板，提升效率，推动全院各项事业持续健康发展。

会议指出，党的十八大以来，院党委始终坚持以党的政治建设为统揽，深入学习贯彻习近平新时代中国特色社会主义思想，深化思想认识，提高政治站位，坚持党建工作和中心工作同谋划、同部署、同考核，做到抓党建与抓业务相促进、管事与管人相统一，带领全院各级党组织和广大共产党员以高度的政治自觉，努力把党建优势转化为发展优势，把党建成果转化为发展成果，为推动全院各项事业发展不断迈上新台阶提供强有力的思想、政治和组织保证。坚持问题导向，全院科技创新能力持续提升，取得一大批作物新品种、新技术和科技新产品，为"牛羊菜果薯药"六大特色富民产

业发展发挥了科技支撑；科研条件明显改善，建成了一批支撑长远发展的省部级重点实验室、工程技术中心（分中心）、野外台站；发挥科技优势，自觉担负脱贫攻坚政治责任，大力实施乡村振兴战略，创新科技服务的形式和载体，科技服务成效显著。

会议指出，今后5年全院工作要高举中国特色社会主义伟大旗帜，以习近平新时代中国特色社会主义思想为指导，坚持科研为民、服务"三农"的根本宗旨，深入贯彻落实习近平总书记视察甘肃重要讲话及指示精神，增强"四个意识"，坚定"四个自信"，做到"两个维护"，面向农业科技前沿，面向农业发展和农业供给侧改革的重大需求，面向全省现代农业发展和脱贫攻坚、乡村振兴的主战场，充分发挥党委把方向、谋大局、定政策、促改革的政治核心作用，坚持稳中求进的工作总基调，团结带领全院各级党组织、广大共产党员和全院干部职工，坚定信心、顽强拼搏，开拓创新、真抓实干，奋力谱写农业科技事业创新发展的时代华章。

会议指出，今后5年要瞄准农业科技发展前沿，深化科技体制改革，激发创新活力，建设一批国家区域性创新高地；瞄准农业发展和农业供给侧改革的重大需求，调整学科布局，优化科技资源配置，加强科研平台建设，提升科技创新能力，研发和应用一批有影响力的重大科技成果；瞄准全省现代农业发展和脱贫攻坚、乡村振兴主战场，制定发展规划，提升科技服务和成果转化能力，增强科技成果的有效供给；瞄准现代科研院所建设目标，建设高素质专业化的科技创新、成果转化和管理服务队伍，提升院所治理体系和治理能力现代化水平。力争通过5年的努力，把甘肃省农业科学院建设成为区域特色突出、学科优势明显、综合实力显著提升、在全国具有重要影响的现代农业科学院。

会议强调，要牢固树立用高质量党建引领高质量发展的思想，坚持党建与科研中心工作深度融合，把党的政治优势转化为发展优势，把党的组织优势转化为攻坚克难的团队优势。要围绕全省"一带五区"现代农业发展格局，着眼现代丝路寒旱农业和"牛羊菜果薯药"六大优势富民产业的重大需求，把学科团队建设、科研能力提升、科技成果转移转化作为重点工作，全面提升科技供给能力和水平，努力在优势领域、重大关键技术研发等方面实现新突破。

会议强调，要坚持党管干部、党管人才原则，充分发挥党委对干部和人才工作的领导作用，把构建素质培养、知事识人、选拔任用、从严管理、正向激励"五大体系"作为新时代干部工作的总遵循，切实加大干部队伍年龄梯次和知识结构优化调整力度，力争用5年的时间，打造一支年龄梯次合理、知识结构得当、储备充足、素质优良的中层管理干部队伍。要把人才资源开发放在科技创新最优先的位置，牢固树立政治引领人才、人才引领发展的理念，多措并举，支持培养领军人才，打造高水平创新团队。要充分发挥基层党组织的战斗堡垒作用，用好批评和自我批评的有力武器，有效提升基层党政组织合作共事能力。要增强领导干部政治领导本领、改革创新本领、依法管理本领，不断提高全院依法管理水平。

会议强调，要加强党风廉政建设，持续深入贯彻落实中央八项规定精神，坚决贯彻执行党的纪律和规矩，推动全面从严治党向纵深发展。要大力弘扬科学家精神和"农科精神",加强学风和科研作风建设,加强院所文化建设和统战群团工作,凝聚创新发展合力。

会议号召,全院上下要紧密团结在以习近平同志为核心的党中央周围,在省委、省政府坚强领导下,高举习近平新时代中国社会主义思想伟大旗帜,不忘初心、牢记使命,团结奋进、开拓创新,奋力谱写加快建设幸福美好新甘肃、不断开创富民兴陇新局面的农业科技创新发展崭新篇章!

中国共产党甘肃省农业科学院第一次代表大会选举产生新一届院党委委员和纪委委员

中国共产党甘肃省农业科学院第一次代表大会圆满完成各项任务,于11月9日下午胜利闭幕。大会审议通过《中共甘肃省农业科学院委员会报告的决议》和《中共甘肃省农业科学院纪委工作报告的决议》。会议选举产生中共甘肃省农业科学院第一届委员会委员和中共甘肃省农业科学院第一届纪律检查委员会委员。

在中共甘肃省农业科学院第一届委员会第一次全体会议上,选举魏胜文同志为书记。经中共甘肃省农业科学院第一届纪律检查委员会第一次全体会议选举,并报中共甘肃省农业科学院第一届委员会第一次全体会议审议通过,陈静同志为书记、程志斌同志为副书记。

中共甘肃省农业科学院第一届委员会委员

书　记:魏胜文

委　员:魏胜文　李敏权

贺春贵　宗瑞谦

陈　静　汪建国

中共甘肃省农业科学院第一届纪律检查委员会委员

书　记:陈　静

副书记:程志斌

委　员:陈　静　程志斌　胡新元

刘元寿　马心科

院党委理论学习中心组 2019 年
第一次学习(扩大)会议

1月28日,甘肃省农业科学院召开党委

理论学习中心组 2019 年第一次学习(扩大)

会议。集中传达学习习近平总书记重要讲话和中央文件精神及省委重要会议精神。院党委书记魏胜文主持会议。

会议集中学习了习近平总书记、李克强总理在中央经济工作会议上的讲话和省部级主要领导干部坚持底线思维着力防范化解重大风险专题研讨班精神、中纪委十九届三次全会精神、省委十三届七次全会暨省委经济工作会议精神、省纪委十三届三次全会精神及省政府务虚会议精神；传达学习了中央1号文件和中央办公厅《关于党的十九大以来中央政治局贯彻执行中央八项规定情况的报告》；书面学习了《习近平总书记在庆祝改革开放40周年大会上的讲话》《习近平主席2019年新年贺词》。

会议强调，习近平总书记在中央经济工作会议的重要讲话，全面分析了当前国内国际经济形势，系统阐述了我国发展的重要战略机遇期，明确提出了2019年经济工作的总体要求、主要目标、政策取向和重点任务。李克强总理的重要讲话，回顾和总结了2018年的经济工作，安排和部署了2019年的经济工作。习近平总书记在省部级主要领导干部坚持底线思维着力防范化解重大风险专题研讨班上的重要讲话，站在新时代党和国家事业发展全局高度，科学分析了当前和今后一个时期我国面临的安全形势，就着力防范化解重大风险、保持经济持续健康发展和社会大局稳定提出了明确要求。习近平总书记的重要讲话，为我们指明了前进方向，提供了重要遵循，注入了不竭动力。我们要以党的政治建设为统领，求真务实，担当作为，坚决贯彻落实党中央决策部署。

会议指出，习近平总书记在十九届中央纪委三次全会的重要讲话，深刻总结改革开放40年来党进行自我革命的宝贵经验，对以全面从严治党巩固党的团结统一、为决胜全面建成小康社会提供坚强保障作出战略部署，对领导干部贯彻新形势下党内政治生活若干准则提出明确要求，充分彰显了我们党自我净化、自我完善、自我革新、自我提高的高度自觉，对推动新时代全面从严治党向纵深发展具有重大指导意义。省纪委十三届三次全会精神以习近平新时代中国特色社会主义思想为指导，深入贯彻党的十九大精神，深刻分析当前发展面临的形势，对全面从严治党作出新部署，是新形势新任务新要求下做好纪检监察工作的行动指南和前进航标。全院党员干部要切实提高政治站位，牢固树立"四个意识"，坚决做到"两个维护"，以党的政治建设为统领，忠诚履职担当，推动全面从严治党向纵深发展。

会议要求，全院上下一定要结合实际认真学习贯彻中央1号文件精神和省委十三届七次全会暨省委经济工作会议精神，把思想和行动统一到中央和省委的决策部署上来，按照"巩固、增强、提升、畅通"八字方针总要求，解放思想、更新观念，鼓足干劲、主动作为，使农业科研事业更好地服务全省经济社会发展，奋力开创各项工作新局面，为全省农业发展、建设幸福美好新甘肃提供强有力的科技支撑。

会议指出，贯彻落实中央八项规定精神、转作风改作风只能加强不能削弱。我们要保持战略定力，坚持问题导向，锲而不舍、持之以恒，强化责任、强化督查、强化查处，不断把作风建设引向深入；全院各级领导干部要以上率下，压实各级党组织特别是主要领导干部管党治党主体责任，以行动作无声的命令，以身教作执行的榜样；要聚焦问题，针对职工群众反映强烈的突出问题，扭住不放、持续发力、铁面执纪，集中解决形式主义、官僚主义、享乐主义和奢靡之风；要标本兼治，注重用制度治党管权，用改革的思路和办法破解作风顽症，着力从体制机制上堵塞漏洞。

会议通报了院党委 2018 年度民主生活会情况，还就近期全院重点工作进行安排部署，进一步统一思想、严肃纪律，要求各级领导干部和广大党员严格遵守中央八项规定精神，廉洁自律，履职尽责，强化安全管理，确保度过一个平安、快乐、祥和的春节。

院党委理论学习中心组 2019 年第二次学习（扩大）会议

2 月 20 日，甘肃省农业科学院党委理论学习中心组召开 2019 年第二次学习（扩大）会议，院党委书记魏胜文主持会议。会议专题学习《习近平扶贫论述摘编》，传达学习《中共甘肃省委关于印发中央第一巡视组对甘肃省开展脱贫攻坚专项巡视情况反馈会议有关文件和领导同志讲话的通知》精神，林铎、唐仁健同志在中央脱贫攻坚专项巡视反馈问题甘肃省整改工作动员大会上的讲话，中共甘肃省委办公厅《关于印发〈甘肃省中央脱贫攻坚专项巡视反馈意见整改工作计划〉〈甘肃省中央脱贫攻坚专项巡视反馈意见整改工作汇总清单〉的通知》精神。

会议指出，党的十八大以来，习近平总书记对扶贫工作的一系列重要论述，深刻揭示了我国扶贫开发事业的基本特征和科学规律，精辟阐释了当前及今后扶贫开发工作的发展方向和实现途径，《习近平扶贫论述摘编》生动记录了党的十八大以来我国脱贫攻坚的伟大实践，系统展现了习近平总书记关于扶贫的新理念、新思想、新战略，深刻总结了我国脱贫攻坚积累的宝贵经验。魏胜文要求，全院上下要提高政治站位，深入学习贯彻习近平总书记关于扶贫工作的重要论述，牢固树立"四个意识"，坚决做到"两个维护"，把从严从实的要

求贯穿脱贫攻坚全过程，真抓实干、务求实效，不断增强脱贫攻坚的政治责任，不断增强贯彻精准方略的行动自觉，不断增强凝聚脱贫攻坚的强大力量，用心用情用力推进脱贫攻坚；院属各单位（部门）要采取集体学习的方式，坚决按照学懂弄通做实的要求，认真学习领会习近平总书记扶贫重要论述，结合实际把各项工作部署落实好；全院广大干部职工要坚持不懈读原著、学原文、悟原理，把思想和行动统一到党中央的决策部署上来，坚定信心，攻坚克难，在脱贫攻坚的时代伟业中充分发挥农业科技支撑作用，为夺取脱贫攻坚战全面胜利贡献力量。

会议强调，这次中央专项巡视是对甘肃省脱贫攻坚工作的一次"把脉问诊"，也是对全省贯彻落实党中央决策部署的一次"政治体检"。我们要深入学习贯彻习近平总书记关于巡视工作的重要指示精神，全面贯彻落实中央第一巡视组对甘肃省开展脱贫攻坚专项巡视情况反馈会议精神，切实把思想和行动统一到党中央决策部署上来，坚决全面彻底完成各项整改任务。要充分认识专项巡视的政治意义和重大作用，把抓好问题整改作为增强"四个意识"、坚定"四个自信"、坚决做到"两个维护"的现实检验，着力增强整改落实的思想自

觉、政治自觉和行动自觉，高质量高标准完成好这项重大政治任务。要以舍我其谁的态度履行好肩负的政治责任，以高度的政治站位认识整改工作，不断加强对巡视整改工作的组织领导，引导全院广大干部职工积极主动投入到整改工作中来，形成齐心协力抓整改的浓厚氛围，确保各项整改任务全面落地见效。

魏胜文要求，全院各单位（部门）要坚决做到"两个维护"，勇于担当作为，增强巡视反馈问题整改的高度自觉，凝聚起强大合力，攻克脱贫攻坚堡垒，使脱贫攻坚成效经得起时间和历史的检验；要进一步靠实"院负总责、部门协调、所抓落实"的责任体系，深刻反思，举一反三，认清差距，深究问题，尽锐出战，努力提高脱贫攻坚质量，实打实完成脱贫攻坚任务；各级党组织要按照中央和省委统一部署要求，严格落实《甘肃省农业科学院中央脱贫攻坚专项巡视反馈问题整改工作方案》，深入推进抓党建促脱贫攻坚，深究问题原因，厘清问题责任，落实方法举措，想方设法彻底整改解决反馈问题。

院党委理论学习中心组2019年
第三次学习（扩大）会议

2月21日，甘肃省农业科学院党委理论学习中心组召开2019年第三次学习（扩大）会议，院党委书记魏胜文主持会议。会议传达学习习近平总书记在十九届中纪委第三次全体会议上的重要讲话和赵乐际在十九届中纪委第三次全体会议上的工作报告，传达学习省委书记林铎在十三届省纪委第三次全体会议上的讲话和刘昌林在十三届省纪委第三次全体会议上的工作报告，对十九届中纪委第三次全体会议精神和十三届省纪委第三次全体会议精神再学习、再领会。会议还传达学习了脱贫攻坚专项巡视整改工作电视电话会议精神。

会议指出，十九届中央纪委三次全会，是在全面贯彻党的十九大精神、坚定不移推进全面从严治党的新形势下召开的一次重要会议。习近平总书记的重要讲话，站在党和国家全局的高度，充分肯定了党的十九大以来全面从严治党和反腐败斗争取得的显著成效，深刻总结改革开放40年来我们党进行自我革命的宝贵经验，深刻分析了新时代党风廉政建设和反腐败斗争面临的形势，明确提出当前和今后一段时期工作的总体要求和主要任务。林铎书记在十三届省纪委第三次全体会议上的讲话，全面贯彻习近平总书记重要讲话和中央纪委三次全会精神，深刻分析形势任务，明确提出"六个持续"的要求，旗帜鲜明讲政治，不折不扣、坚定坚决、落实落细党中央各项决策部署。

会议强调，全院各级党组织要把学习贯彻落实习近平总书记重要讲话和十九届中央纪委三次全会精神作为我们当前和今后一段时间的重要政治任务，切实把思想和行动统一到习近平总书记的重要讲话和中央纪委三次全会精神上来。要深刻理解和把握党的十九大以来全面从严治党取得的重大成果，进一步坚定信心决心；深刻理解和把握我们党永葆先进性和纯洁性的制胜法宝，紧扣"五个必须"重要要求不断进行自我革命，实现自我净化、自我完善、自我革新、自我提高能力；深刻理解和把握推动新时代纪检监察工作高质量发展的总体要求和重点任务，确保全面落实到具体工作中；深刻理解和把握领导干部贯彻新形势下党内政治生活若干准则的重要要求，知行合一发挥"关键少数"示范表率作用。

会议要求，全院各级党组织要认真贯彻落实习近平总书记的重要讲话和十九届中纪委第三次全体会议、十三届省纪委第三次全体会议精神，牢记"五个必须"，坚决扛起全面从严治党政治责任、主体责任、第一责任和监督责任，继续推进全面从严治党，继续推进党风廉政建设和反腐败斗争；全体党员干部要认真遵守新形势下党内政治生活若干准则，从政治建

设高度破除形式主义、官僚主义，充分发挥示范表率作用，扎扎实实推进全面从严治党、党风廉政建设和反腐败斗争；院纪委（行政监察室）要认真学习领会习近平总书记重要讲话精神，将十九届中央纪委三次全会精神、十三届省纪委三次全会精神落实到全院 2019 年全面从严治党和党风廉政建设工作中，树牢"四个意识"，坚定"四个自信"，坚决做到"两个维护"，把党的政治建设摆在首位，坚持稳中求进工作总基调，认真研究新形势新任务新要求，聚焦重点问题，研究贯彻落实措施，认真履职尽责，坚持紧紧围绕协助院党委推进全面从严治党的职责定位担当作为，推动全院纪检监察工作高质量发展。

院党委（扩大）会议暨理论学习中心组
第四次学习会议

3 月 8 日，甘肃省农业科学院召开党委（扩大）会议暨理论学习中心组第四次学习会议，院党委书记魏胜文主持会议并就贯彻落实习近平总书记重要讲话精神和省委常委扩大会议精神及唐仁健省长的批示要求做了安排部署。会议专题学习《习近平扶贫论述摘编》，学习观看了中央电视台关于习近平总书记参加第十三届全国人大二次会议甘肃代表团审议时的重要讲话视频，传达省委常委扩大会议和省政府《抄告通知》精神。

会议强调，党的十八大以来，习近平总书记对扶贫工作作出的一系列重要论述，深刻揭示了我国扶贫开发事业的基本特征和科学规律，精辟阐释了当前及今后扶贫开发工作的发展方向和实现途径，是打赢脱贫攻坚战的根本指引、总体框架、核心要求、基本方略、力量

之源。全院上下要认真学习领会《习近平扶贫论述摘编》，充分认识脱贫攻坚的重大意义，深入学习贯彻习近平总书记关于扶贫工作的重要论述，牢固树立"四个意识"，坚决做到"两个维护"，进一步增强脱贫攻坚的政治责任、增强贯彻精准方略的行动自觉、增强凝聚脱贫攻坚的强大力量，用心用情用力推进脱贫攻坚。

会议指出，习近平总书记亲临甘肃代表团，专门对甘肃的脱贫攻坚工作发表重要讲话、作出明确指示，为我们指明了前进和努力的方向，极大增强了我们打赢打好脱贫攻坚战的坚定决心和必胜信念。习近平总书记的重要讲话，高屋建瓴、思想深邃，情真意切、语重心长，对进一步做好甘肃工作提出了明确要求和殷切期望，并从坚定信心不动

摇、咬定目标不放松、整治问题不手软、落实责任不松劲、转变作风不懈怠等五个方面对打赢打好脱贫攻坚战进行了面对面的教导和嘱托，给我们以深刻的教育、巨大的激励和有力的鞭策，为谋划和推动甘肃发展、一鼓作气打赢打好脱贫攻坚战提供了强大思想武器和科学行动指南。

会议要求，习近平总书记在参加第十三届全国人大二次会议甘肃代表团审议时的重要讲话精神，再一次响鼓重槌，向全党发出了"不获全胜、决不收兵"的动员令。全院各级党组织和广大党员干部要站在增强"四个意识"、坚定"四个自信"、坚决做到"两个维护"的高度，充分认识讲话的重大意义，带着感情学，饱含深情悟，把学好用好习近平总书记重要讲话作为政治立场是否坚定的直接检验，作为"两个维护"是否坚决的现实考验，切实把习近平总书记的重要指示要求转化为推动全省和省农科院发展的实际行动。全院上下要以农业科技创新的领头羊、主力军为己任，深入学习深刻领会习近平总书记的重要讲话精神，做到站位再提高、工作再聚焦、力量再集中、措施再落实，进一步深化农业科技供给侧结构性改革，动员组织全员精锐科技力量，种好科技帮扶"责任田"，服务精准扶贫"主战场"，落实科技兴农"硬措施"，努力当好甘肃脱贫攻

坚排头兵，为全面打赢脱贫攻坚战再创佳绩、再立新功；要按照习近平总书记重要讲话及唐仁健省长有关批示精神，对标对表，查漏补缺，拉出清单，拿出办法，务求扎实，冲刺清零，解决问题。一是要对标"两不愁、三保障"脱贫标准，在脱贫标准上，既不能脱离实际、拔高标准、吊高胃口，也不能虚假脱贫、降低标准、影响成色。聚焦精准建档立卡贫困户，落实落细"一户一策"。二是要良种良法配套，种好"铁杆庄稼"。驻村帮扶工作队要做好种植规划，建立台账，精准到户到人，把有限的资金用在刀刃上，确保示范效果。三是要做好脱贫攻坚与乡村振兴战略的衔接，驻村帮扶工作队要紧紧围绕实现"两不愁、三保障"，在重点做好产业扶贫、易地搬迁、转移就业等的基础上，开展农村环境综合治理，厕所革命，乡风文明等工作。四是要认真开展抓党建促脱贫工作，把学习《习近平扶贫论述摘编》作为打赢打好脱贫攻坚战的思想武器，纳入村党支部理论学习的必学内容，真正把基层党组织建设成带领群众脱贫致富的坚强战斗堡垒。

会议还传达学习了省委宣传部《关于组织全省党员学习使用"学习强国"学习平台的通知》精神，并就全力抓好"学习强国"平台建设使用做了安排部署。

院党委理论学习中心组 2019 年第五次学习（扩大）会议

3月22日，甘肃省农业科学院党委理论学习中心组召开2019年第五次学习（扩大）会议，院党委书记魏胜文主持会议并讲话。

会议书面学习了《习近平扶贫论述摘编》

（节选）、《习近平关于社会主义生态文明建设论述摘编》（节选），传达学习习近平在参加十三届全国人大二次会议甘肃代表团审议时的重要讲话、习近平总书记在全国"两会"部分团

组的重要讲话精神、十三届全国人大二次会议和全国政协十三届二次会议精神、习近平总书记在中央政治局第十三次集体学习时的重要讲话、习近平总书记在中央党校（国家行政学院）中青年干部培训班开班式上的重要讲话；传达学习《中共中央关于加强党的政治建设的意见》《中国共产党重大事项请示报告条例》《党政领导干部选拔任用工作条例》《中共中央办公厅关于解决形式主义突出问题为基层减负的通知》（中办发〔2019〕16号）文件精神，传达学习《中共甘肃省委、甘肃省人民政府关于坚持农业农村优先发展做好全省"三农"工作的实施意见》（甘发〔2019〕1号）和全国人大代表、甘肃省委副书记、省长唐仁健关于发展现代丝路寒旱农业的讲话。

会议指出，习近平总书记扶贫重要论述摘编是习近平新时代中国特色社会主义思想的重要组成部分，内涵丰富，意旨高远，是打赢脱贫攻坚战的重要理论指引和思想指南。认真学习贯彻习近平关于社会主义生态文明建设的重要论述，要深刻认识生态文明建设的重大意义，坚持和贯彻新发展理念，坚定不移走生产发展、生活富裕、生态良好的文明发展道路，推动形成绿色发展方式和生活方式，推进美丽中国建设，努力走向社会主义生态文明新时代。目前正值春耕备耕关键期，全院干部职工要结合农业生产、植树造林，认真自学、深刻领悟《习近平扶贫论述摘编》《习近平关于社会主义生态文明建设论述摘编》的相关论述，为打赢脱贫攻坚战，决胜全面建成小康社会夯实思想基础。

会议强调，全国"两会"对甘肃省意义重大，习近平总书记亲临甘肃代表团审议并发表重要讲话，对新一届省委班子的工作给予肯定，对甘肃发展寄予殷切期望，对打赢脱贫攻

坚战提出明确要求，为我们指明了前进和努力的方向。学习宣传和贯彻落实习近平总书记重要讲话和全国"两会"精神是当前全院最重要的政治任务。就这项工作院党委两次（扩大）会议专题学习，理论中心组两次专题传达学习，就是要求全院广大干部职工学深悟透、入脑入心、融会贯通、学以致用，把学习贯彻的成效体现在每一项工作中。一要抓好学习，把思想和认识统一到习近平总书记重要讲话精神上来。二要全力推进脱贫攻坚工作，坚决做到脱贫攻坚工作务实、过程扎实、结果真实，确保如期打赢脱贫攻坚战；要按照习近平总书记的要求及院党委的统一部署和已印发下达的任务目标按时完成；院成果转化处（帮扶办）要督促4个帮扶工作队抓紧落实春耕生产的各项任务，把帮扶措施落到实处；要全面推进23个深度贫困县的各项工作，本月底前必须按时定好方案，确保各项经费落实到位；要继续做好科技支撑，在科技兴农上下大功夫，用实际行动助力脱贫攻坚。常言道，"养兵千日，用兵一时"。要按照省委、省政府的统一部署，发扬"农科人"重要的使命感和责任感，在关键时刻要起到关键作用，决不能出现"打不赢仗、打不胜仗、打不了仗"的情况。三要按规划实施乡村振兴战略，特别是加强脱贫攻坚与乡村振兴的统筹衔接，努力实现阶段性目标；要按照院科研处制定的《省农科院支撑乡村振兴实施意见》，将确定的45个示范村、镇和国家产业技术体系、实验站和岗位科学家有机结合；院属各单位要认真讨论，规划建立乡村振兴规划研究院和农艺师学院，培养"一懂两爱"的三农人才，有关部门要精心筹划，统筹安排，尽早落地。四要坚持稳中求进的工作总基调，抓项目、创环境，巩固提升经济企稳回升的良好局面，推动经济高质量发展；全院各

级领导班子成员及领导干部必须保持清醒的头脑，紧盯项目不放松，抓好落实促发展。要建立重点项目推进机制，制定工作台账，确定责任人，明确时间节点，学科建设要和全院发展方向有机结合。同时要做到"有所为有所不为"，推动全院各项目水平再上新台阶；院党委要努力营造风清气正的政治生态，全院要创造自身发展环境，鼓励创新、鼓励创造、支持创业，积极营造"人人都是人才，人人皆可成才"的人才发展环境；要按照中央、省委及院党委的要求，大力整治形式主义、官僚主义，切实为基层减负。机关各部门要认真抓好"放管服"工作，各单位要按照中央全面深化改革推进要求和近期出台的一系列政策制度，给科研人员"松绑"，更大激发科研人员创新创业创造活力。五要把生态文明建设责任牢牢扛在肩上。甘肃生态脆弱，同时也是生态屏障。工作中不能仅限于育种栽培，要努力做好土壤改良、环境整治、废弃物有效利用、资源管理等自然生态方面的各项工作。六要坚持全面从严治党，狠抓作风转变和工作落实。把关系人民群众的每件事情办好，把党中央的决策部署不折不扣地落实好，奋力开创富民兴陇新局面，以优异的成绩迎接中华人民共和国成立 70 周年。在庆祝建国 70 周年时，全院广大干部职工要以优异的工作成就向共和国 70 周年献礼，同时要相应组织一系列的文化体育活动、评选先进、表彰科技功臣等工作，要及早谋划。

会议指出，请示报告制度是党的一项重要政治纪律、组织纪律、工作纪律，是执行民主集中制的有效工作机制，必须按照《条例》规定的主体、事项、程序和方式，认真做好重大事项请示报告工作。全院各级党组织和广大党员干部要认真学习和准确把握《条例》的内涵、原则和要求，提高政治站位，强化思想自觉和行动自觉，不折不扣地把请示报告制度贯彻到各项工作中、体现在实际行动上。要把贯彻执行《条例》作为管党治党的利器，以学习贯彻《条例》为契机，推动重大事项请示报告制度落实到全院每一个支部、每一位党员，强化党员干部的政治观念、组织观念、纪律观念，教育引导党员干部严守政治纪律和政治规矩，更加坚决地落实"两个维护"。

会议指出，《干部任用条例》充分贯彻了习近平总书记对干部工作提出的一系列新理念新思想新论断，全面吸收了党的十八大以来干部工作的新经验新成效新做法，精准科学地为新时代干部工作提供了政策依据。《条例》是今后一个时期干部选拔任用的基本遵循，学习贯彻落实《条例》是当前一项重要政治任务。《条例》是干部选拔任用工作最重要的党内法规，各级领导干部要原原本本逐条学、对比学、反复学，掌握其核心要义，领会其精神实质。院党委将根据机构改革的具体要求，在充分调研的基础上，按照新时期好干部标准，进一步强化党组织领导和把关作用，不断完善选人用人制度机制，推动选人用人工作取得显著成效，大力推进干部队伍年轻化、知识化、专业化，能够把一些优秀的年轻同志选派到相应岗位，坚持工作不断线、发展不断档，接续推进全院各项重点工作任务的落实。

会议要求，全院广大干部职工要把学习和贯彻落实好《中共中央、国务院关于坚持农业农村优先发展做好"三农"工作的若干意见》《中共甘肃省委、甘肃省人民政府关于坚持农业农村优先发展做好全省"三农"工作的实施意见》文件精神作为当前的一项重要任务。要深入研究、系统分析中央及省委文件中提出的新思路、新举措、新要求，坚决提高贯彻落实中央及省委决策部署的执行力，全面吃透政策精神；要以中央及省委的文件精神为指导，开阔思维方式，创新工作方法，把《省农科院关于印发落实省委十三届七次全会暨省委经济工作会议主要任务和省委1号文件重点任务分解表相关任务的通知》（甘农科院发〔2019〕44号）文件精神与中心工作紧密结合起来，将工作抓在手上，同步做好督查、考核；要以党建为引领，加快农业科技供给侧结构性改革；要迅速掀起学习贯彻落实好文件精神的新热潮，承担协调的牵头领导、牵头部门要认认真真地进行研究部署，各部门要抓好贯彻落实，为决胜全面建成小康社会、推进乡村全面振兴做出

新的更大贡献。

会议强调，甘肃提出发展现代丝路寒旱农业，充分集成设施化、机械化、智能化、数字化等现代技术手段，充分挖掘高寒干旱气候条件下农业发展的资源潜力，探索现代农业发展新模式。我们要坚持以习近平新时代中国特色社会主义思想为指导，遵循高质量发展要求，结合实施乡村振兴战略，贯彻中央1号文件精神，调整学科结构和研究方向，集中优势力量攻关创新，积极探索具有"现代"方向引领、"丝路"时空定位、"寒旱"内在特质的新时代农业发展路子。

院党委理论学习中心组专题学习习近平总书记
关于全面依法治国的重要论述

4月15日，甘肃省农业科学院党委召开（扩大）会议暨理论学习中心组第六次学习会议，专题学习习近平总书记关于全面依法治国的重要论述；传达学习省委书记林铎在省委全面依法治省委员会第一次会议上的讲话和省政府党组（扩大）会议精神；会议还传达了省委第十三届八次全会精神、全省脱贫攻坚重点领域固强补弱现场推进会精神。院党委书记魏胜文主持会议并讲话。

会议指出，习近平总书记在中央全面依法治国委员会第二次会议上的重要讲话和在中央机构编制委员会第一次会议上的重要讲话都是习近平总书记关于全面依法治国论述的重要组成部分。习近平总书记在中央全面依法治国委员会第二次会议上的重要讲话，深刻阐述了法治对做好改革发展稳定工作的重要意义，对完善法治建设规划、提高立法工作质量、推进法

治政府建设、形成法治化营商环境等提出明确要求，为推进全面依法治国提供了根本遵循。

会议强调，全院各级党组织要切实抓好理论武装，深入学习贯彻习近平总书记关于全面依法治国的重要论述，结合实际学懂弄通做实，准确把握加强法治建设的目标、任务、要求和方法，增强"四个意识"，坚定"四个自信"，做到"两个维护"，坚持党对法治建设工作的集中统一领导，把依法行政同依法治院统一起来，紧贴工作实际，推动依法治院工作全面深入开展。

会议指出，在全省各项事业向前推进的关键时期，习近平总书记到甘肃代表团参加审议并发表重要讲话，充分体现了对甘肃工作和甘肃发展的高度重视、对甘肃人民的亲切关怀。习近平总书记的重要讲话是激励和鼓舞全省人民干事创业的强大思想武器和精神动力，是打

赢打好脱贫攻坚战、全面建成小康社会的行动指南和根本遵循，同2013年视察甘肃重要讲话和"八个着力"重要指示一样，在加快建设幸福美好新甘肃、不断开创富民兴陇新局面进程中具有重大现实意义和深远历史意义。省委第十三届八次全会审议通过的《中共甘肃省委关于深入贯彻落实习近平总书记重要讲话精神加快建设幸福美好新甘肃不断开创富民兴陇新局面的决定》，坚持以习近平总书记重要讲话精神统揽全局，围绕开创"富民兴陇新局面"的新要求，立足全省经济社会发展和党的建设具体要求，在打赢脱贫攻坚战、深化改革开放、加强生态建设、确保社会稳定、推动全面从严管党治党方面细化明确了当前和今后一个时期的目标任务，是推动落实习近平总书记对甘肃工作指示要求总的作战图和任务书。我们一定要认真学习贯彻，要提高站位抓落实、解放思想抓落实、锤炼本领抓落实、勇于担当抓落实，坚决有力推动习近平总书记重要讲话精神落到实处。

会议要求，全院各级党组织要深入学习贯彻习近平总书记在参加甘肃代表团审议时重要讲话精神，客观看待省农科院脱贫攻坚取得的阶段性成效，清醒看到往后脱贫工作的艰巨性和复杂性，深刻认识脱贫攻坚没有任何弹性和退路的刚性要求，继续发扬敢死拼命的精神，要按照习近平总书记的重要讲话和唐仁健省长在全省脱贫攻坚重点领域固强补弱现场推进会强调的"持续聚焦、提质扶壮、查漏补缺、冲刺清零、真严真实"的五个方面的要求，对标学习、拾遗查漏，取长补短，推进全院脱贫攻坚工作取得新成效。一是要聚焦"两不愁三保障"脱贫标准，特别是对照"3＋1"保障任务（三保障加饮水安全）抓扶贫工作落实，驻村帮扶工作队要

按照全省脱贫攻坚重点领域固强补弱现场推进会提出的有关要求，借鉴其他单位的成功经验和典型做法，取长补短，巩固和提升自身工作基础，确保贫困村"3＋1"清零。二是按照"院总协调，所抓落实"的基本要求，驻村帮扶工作队要认真贯彻落实省农科院帮扶工作现场办公会议纪要精神，种好"责任田"、种好"铁杆庄稼"，确保顺利实现"两不愁三保障"。三是按照"良种全覆盖，良法全配套"的要求，在春耕大忙时节，各研究所要抓紧选派技术人员开展扶贫培训，指导和帮助贫困户认真种好"责任田"和"铁杆庄稼"，同时抓好承担科技扶贫的23个深度贫困县扶贫试点工作的任务落实，加快工作进度，确保年度扶贫任务圆满完成。

会议还通报了全院县处级领导班子和领导人员2018年度科学发展业绩考核结果。魏胜文指出，考核结果客观真实地反映了2018年度各单位领导班子的运行状态和班子成员的工作状态，领导班子和成员要认真分析考核结果，善于总结，抓住短板，砥砺奋进。要通过考核，考出实绩、考出活力、考出干劲，以卓越才华和实际行动，为圆满完成2019年各项工作任务，持续健康稳定地推进全院各项事业跨越式发展做出新的更大的贡献。魏胜文就加强领导干部修养提出四个方面的要求。一要提高政治站位。领导干部要把讲政治作为立身之本，坚持深入学习贯彻习近平新时代中国特色社会主义思想和党的十九大精神，坚持深入学习贯彻习近平总书记视察甘肃重要讲话和"八个着力"重要指示、参加甘肃代表团审议时的重要讲话精神，要提高政治站位和政治觉悟，增强政治敏锐性和政治鉴别力，牢牢把握坚持和加强党的全面领导根本原则，深刻理解党委领导体制，

不空喊口号，不脱离具体工作，既要看态度，更要看行动，最终看效果。二要增强责任意识。各级领导干部一定要牢记"艰难困苦，玉汝于成"的道理，树牢强烈的事业心和责任心，克服懒性惰性，克服私心私利，努力增强攻坚克难的勇气和担当，加强锻炼历练，通过解决难题、处理矛盾经风雨、见世面、壮筋骨、长才干。三要提升能力水平。要努力学深悟透习近平新时代中国特色社会主义思想，加强调查研究，不断提高综合素质和干事本领。要有"功成不必在我"的胸怀和"功成必定有我"的境界，树立正确的政绩观，学会算大账、算长远账，沉下心、扎下根，谋划好事关本单位长远发展的规划，踏

踏实实干，干出像样的实事来。四要加强作风建设。领导干部要充分认识到"领导干部"身份的特殊性、重要性，切实领会"关键少数"这个称呼的深刻内涵，切实强化作风建设，力戒形式主义、官僚主义，要有"以我为标杆"的担当和自信，以身作则、立标践行，凝心聚力、奋发有为。按照习近平总书记"党内要保持健康的党内同志关系，倡导清清爽爽的同志关系，规规矩矩的上下级关系"的要求，有声有色地工作、有情有义地交往、有滋有味地生活，以"头雁效应"带领全院干部职工形成推进工作的强大合力，营造出干事创业的良好氛围和风清气正的发展环境。

院党委（扩大）会议专题学习习近平总书记扶贫攻坚重要指示传达学习省委通报及相关精神

5月27日，甘肃省农业科学院召开党委2019年第十一次（扩大）会议暨理论学习中心组第七次学习会议。

会议专题学习了《习近平扶贫论述摘编》《习近平关于"三农"工作论述摘编》"坚决打赢农村贫困人口脱贫攻坚战"、习近平在解决"两不愁三保障"突出问题座谈会上的讲话、习近平在学校思想政治理论课教师座谈会上的讲话和《中国共产党党组工作条例》。会议传达学习了《中共甘肃省委关于深入贯彻落实习近平总书记重要讲话精神加快建设幸福美好新甘肃不断开创富民兴陇新局面的决定》《中共甘肃省委关于脱贫攻坚专项巡视整改进展情况的通报》、全省脱贫攻坚领导小组2019年度第五次会议精神及甘肃省深度贫困地区脱贫攻坚现场推进会精神等。

会议强调，要切实提高政治站位，增强

"四个意识"、坚定"四个自信"、做到"两个维护"，不折不扣落实党中央决策部署，把深入学习贯彻习近平总书记关于扶贫工作的一系列重要论述作为重大政治任务来抓，同学习贯彻习近平总书记参加十三届全国人大二次会议甘肃代表团审议时的重要讲话结合起来，同贯彻落实《中共甘肃省委关于深入贯彻落实习近平总书记重要讲话精神加快建设幸福美好新甘肃不断开创富民兴陇新局面的决定》结合起来，同中央脱贫攻坚专项巡视反馈意见整改结合起来，充分发挥省农科院科技优势，上下联动，层层压实脱贫攻坚责任，完善和落实抓党建促脱贫的体制机制，深化扶贫领域腐败和作风问题专项治理，不断提升脱贫攻坚的质量和水平，以昂扬的斗志、饱满的热情、旺盛的干劲，坚决如期全面打赢脱贫攻坚战。

院党委"不忘初心、牢记使命"主题教育读书班
开班式暨党委理论学习中心组学习会

根据党中央要求和省委第一批主题教育工作部署及省委第四巡回指导组工作安排，省农科院党委于 6 月 13 日举行"不忘初心、牢记使命"主题教育读书班开班式暨党委理论学习中心组第八次学习会议。院党委安排一周时间举办"不忘初心、牢记使命"主题教育读书班，开展集中读书和学习研讨。

院党委书记魏胜文主持开班式暨中心组学习会，领学习近平总书记在"不忘初心、牢记使命"主题教育工作会议上的重要讲话，中共中央政治局常委、中央"不忘初心、牢记使命"主题教育领导小组组长王沪宁在"不忘初心、牢记使命"主题教育工作会议上的总结讲话。

会议指出，开展"不忘初心、牢记使命"主题教育，是以习近平同志为核心的党中央统揽伟大斗争、伟大工程、伟大事业、伟大梦想作出的重大部署。读书班将紧紧围绕《习近平新时代中国特色社会主义思想学习纲要》《习近平关于"不忘初心、牢记使命"重要论述摘编》等教材，认真学习习近平总书记在"不忘初心、牢记使命"主题教育工作会议上的重要讲话精神等方面内容，涵盖中央和省委要求学习的规定篇目，包含院党委理论学习中心组学习、形势政策、安全保密及廉政教育等形式多样的学习方式，同时采取个人读书自学、研讨交流、先进典型、革命传统教育等相结合的方式进行，切实推动学习贯彻习近平新时代中国特色社会主义思想往深里走、往实里走、往心里走。

学习会上，魏胜文传达了省委办公厅《关于"不忘初心、牢记使命"主题教育期间领导干部外出事项的通知》和院党委的决定。他强调，在全党开展"不忘初心、牢记使命"主题教育，是由习近平总书记亲自谋划、亲自安排、亲自推动的党内重大政治任务，是对大家政治意识、政治站位、政治能力的基本考验，讲政治首先从讲纪律开始。院党委委员要强化责任担当，认真落实"一岗双责"，在抓好自身全身心投入主题教育的同时，抓好对分管部门和联系单位的督促指导，坚定不移推动主题教育各项工作的落实；院党委成员及县处级以上领导干部要坚持"守初心、担使命，找差距、抓落实"的总要求贯穿始终，坚持把学习教育、调查研究、检视问题、整改落实贯穿始终的要求，在学习心得体会、调研报告、检视问题清单、民主生活会自查材料、整改方案落实等环节严格把关。要紧密联系实际，自己撰写交流心得体会和调研报告，做好本单位（部门）的督促指导工作；主题教育期间严格请假制度，各单位（部门）要加强考勤，规定动作要求全体党员参加，院巡回指导组同步做好检查抽查工作。

魏胜文对读书班提出要求。他强调，一要聚精会神学。按照中央和省委的统一要求，把"守初心、担使命，找差距、抓落实"的总要求贯穿始终，坚持把学习教育、调查研究、检视问题、整改落实贯穿主题教育始终。要原原本本读原著、学原文、悟原理，联系实际撰写心得体会，真正实现理论学习有收获、思想政治受洗礼、干事创业敢担当、为民服务解难题、清正廉洁作表率的目标，最终完成学习贯彻习近平新时代中国特色社会主义思想，锤炼忠诚干净担当的政治品格，团结带领全院干部职工为实现伟大梦想奋斗

的根本任务。二要静下心来思。党的十八大以来，习近平总书记发表一系列重要讲话，总体概括出治国理政的新理念新思想新战略，在党的十九大上总结概括为"习近平新时代中国特色社会主义思想"，并作为我党的指导思想。同时总书记文风朴实，体现出独特而富有个性化的语言风格，彰显了强大的语言力量。广大党员干部和人民群众对这些讲话和文章想听、爱读，听得懂、记得住，感触深、收获大。特别是习近平新时代中国特色社会主义思想核心内容中的 8 个明确、14 个坚持，在《纲要》里都有精确阐述，对我们认真贯彻中央的路线方针政策，真正做到"两个维护"，指导我们做好农业科研工作有很大帮助。大家一定要结合工作实际，静下心来思，思考解决问题的方式方法，把学习的成效体现在贯彻落实中央方针政策的思路和办法上来。三要坚持做到学以致用。学习切忌"空对空"。要通过学用、学干结合，实现学有所思、所悟、所得、所获。要把自己摆进去，把职责摆进去，把工作摆进去，把理论用到指导实践上，把方法运用到解决难题上，把成效体现在推动工作上。主题教育期间和在今后的工作生活中，用好八小时以外的业余闲暇时间，坚持自学，多读习近平新时代中国特色社会主义思想，把"学习强国"这个平台充分运用好，真正把学习的成效体现到增强党性、提高能力、改进作风、推动工作上来，确保主题教育取得预期成效。

学习会上，院党委班子成员分别领学、传达了习近平总书记视察甘肃重要讲话和"八个着力"重要指示精神，习近平总书记全国"两会"期间参加甘肃代表团审议时的重要讲话精神，习近平总书记视察山东省农科院、黑龙江农垦建三江时的重要讲话精神，省委"不忘初心、牢记使命"主题教育动员部署会议精神，林铎书记在省委"不忘初心、牢记使命"主题教育读书班上的讲话精神。

院党委理论学习中心组 2019 年 第九次学习（扩大）会议

6 月 13 日下午，甘肃省农业科学院在"不忘初心、牢记使命"主题教育读书班期间套开党委理论学习中心组第九次学习会议，学习习近平总书记关于党章党规的重要论述；观看了学习党章电视辅导教材。

院党委理论学习中心组 2019 年 第十次学习（扩大）会议

6 月 14 日上午，甘肃省农业科学院在"不忘初心、牢记使命"主题教育读书班期间套开党委理论学习中心组第十次学习会议。会议传达了甘肃省中央脱贫攻坚专项巡视反馈意见整改工作领导小组办公室关于对会宁县、通渭县、秦州区在脱贫攻坚工作中作风不实弄虚作假问题问责处理情况的通报。会上，副院长李敏权、贺春贵及院党委委员、党办主任汪建国分别领学了《党政领导干部选拔任用工作条例》《干部选拔任用工作监督检查和责任追究办法》《党政领导干部考核工作条例》。院党委书记魏胜文传达学习了省管领导班子和领导干部考核讲评会议精神和林铎书记讲话精神；通报了院领导班子和领导干部 2018 年度科学发展业绩考核结果。

院党委理论学习中心组 2019 年
第十一次学习（扩大）会议

6 月 14 日下午，甘肃省农业科学院在"不忘初心、牢记使命"主题教育读书班期间召开形势政策、保密安全及廉政建设教育学习会并套开党委理论学习中心组第十一次学习会议，传达学习了《关于做好〈正确认识中美经贸斗争集中精力办好自己的事〉学习材料学习使用工作的通知》和《中共中央办公厅〈关于当前意识形态领域形势的通报〉的通知》和中共中央宣传部《党委中心组学习参考（第 3 期）》，并观看了保密安全警示教育片《泄密窃密案例警示录》和《永远在路上》警示教育片。

院党委理论学习中心组 2019 年
第十二次学习（扩大）会议

6 月 16 日上午，甘肃省农业科学院在"不忘初心、牢记使命"主题教育读书班期间，组织全院县处级以上领导干部赴古浪县八步沙林场开展先进典型教育活动，并套开党委理论学习中心组第十二次学习会议，学习时代楷模古浪县八步沙林场"六老汉"扎根荒漠、治沙植绿的先进事迹。

院党委理论学习中心组 2019 年
第十三次学习（扩大）会议

6 月 16 日下午，甘肃省农业科学院在"不忘初心、牢记使命"主题教育读书班期间，举办革命传统教育活动并套开党委理论学习中心组第十三次学习会议，组织全院县处级领导以上干部参观了西路军古浪纪念馆，缅怀革命先烈，追忆红色故事，接受革命传统教育。

院党委理论学习中心组 2019 年第十四次
学习（扩大）会暨"不忘初心、牢记使命"主题教育
第四次学习教育交流研讨会

7月19日上午，省农科院党委召开理论学习中心组 2019 年第十四次学习（扩大）会暨"不忘初心、牢记使命"主题教育第四次学习教育交流研讨会。会议专题学习习近平总书记在中央和国家机关党的建设工作会议上的重要讲话精神、《中国共产党宣传工作条例》、习近平总书记在深化党和国家机构改革总结会议上的重要讲话精神，中央"不忘初心、牢记使命"领导小组《关于抓好第一批主题教育学习教育、调查研究、检视问题、整改落实工作的通知》。院党委书记魏胜文主持会议。

会议指出，习近平总书记在中央和国家机关党的建设工作会议上的重要讲话，精辟论述了加强和改进机关党的建设的重大意义，深刻阐明了新形势下机关党的建设的使命任务、重点工作、关键举措，对加强和改进中央和国家机关党的建设作出全面部署。魏胜文要求，全院上下要结合"不忘初心、牢记使命"主题教育，把习近平总书记的重要讲话精神作为一堂"必修课"，聚焦解决机关党的建设面临的紧迫问题，加强学习教育，深化检视剖析，开展专项整治，抓好整改落实；全院各党支部要对照习近平总书记重要讲话要求，按照五个方面的问题寻找差距，在检视问题阶段查找问题，列出检视问题清单，逐一对标对表；全院广大党员要将习近平总书记在中央和国家机关的建设工作会议上的重要讲话列为主题教育必学内容，认认真真组织学习。每一名机关党员干部要把政治建设摆在首位，学深悟透习近平新时代中国特色社会主义思想，坚决向以习近平同志为核心的党中央对标看齐，切实把"两个维护"体现在坚决贯彻党中央决策部署的具体行动上，体现在履职尽责、做好本职工作的实效上，体现在干部职工的日常言行上，认真检视问题、寻找差距，落实整改。

会议认为，宣传思想工作是党的一项重要工作，是中国共产党领导人民不断夺取革命、建设、改革胜利的优良传统和政治优势。党中央研究制定《中国共产党宣传工作条例》，是落实全面依法治国、全面从严治党的重大举措，充分体现了以习近平总书记为核心的党中央对宣传工作的高度重视，为做好新时代宣传工作提供了遵循。魏胜文要求，我们要按省委常委会对全省贯彻落实《中国共产党宣传工作条例》要求，把学习贯彻条例作为重要的政治任务，加强宣传培训和解读，结合实际提出贯彻措施，确保各项要求落到实处；要提高政治站位，强化政治思维，把党的全面领导贯穿到宣传工作各方面和全过程；要更好地担当起举旗帜、聚民心、育新人、兴文化、展形象的使命任务；要加强组织架构建设，落细落实工作责任，着力构建各方面共同参与的大宣传工作。同时就全院省级文明单位复查和巩固省级文明单位称号工作进行安排部署。

会议指出，习近平总书记在深化党和国家机构改革总结会议上的重要讲话，高度概括了改革取得的宝贵经验，为继续完善党和国家机构职能体系、推进国家治理体系和治理能力现代化指明了前进方向、提供了根本

遵循。魏胜文强调指出，党的十九届三中全会作出机构改革部署后，在党中央坚强领导下扎实推进，各项工作任务平稳完成。事业单位的改革正在逐步扎实推进，我们要按照党中央、省委的总体安排部署来开展工作，切实把思想和行动统一到习近平总书记重要讲话精神和党中央决策部署上来，稳步推进分类改革。在新政策出台前，全院各单位（部门）要做到政治上清醒，态度上端正，工作上积极主动，同步结合正在开展的"不忘初心、牢记使命"主题教育，深入做好调查研究，摸清底数，及时跟进中央、省委统一部署，一旦方案出台要抓紧实施，有效缩短改革新旧体制的"阵痛期"与"磨合期"，以坚持和加强党的全面领导为统领，以推进机构职能优化协同高效为着力点，凝心聚力继续抓好以机构改革为统领的院内各项工作，推动各项改革任务落实落细落地。

会议要求，要切实把学习教育、调查研究、检视问题、整改落实贯穿主题教育全过程，确保取得扎扎实实的成效。要深刻理解习近平新时代中国特色社会主义思想的核心要义、精神实质、丰富内涵、实践要求，知行合一、学以致用，进一步把学习教育引向深入；要密切结合实际，坚持问题导向，进一步把调查研究引向深入；要发扬自我革命精神，实事求是检视差距，为整改提供精准靶向，进一步把检视问题引向深入；要坚持边学边查边改，坚持领导机关带头，进一步把整改落实引向深入。

会上，院机关、后勤中心 9 名县处级领导干部围绕 8 个方面专题进行了大会交流，11 名县处级领导干部进行了书面交流。

魏胜文肯定了大家的交流发言并指出，研讨交流不仅仅是一次相互学习、共同提高的机会，更是一次思想碰撞、互相启发的机会。院机关各部门负责人站在一定高度，从不同维度与角度，就自身和部门，进行深刻的思考和发言。交流的同志们总体上涵盖了 8 个方面的专题，但专题不够集中，其中担当作为占一半以上，较少涉及党的政治建设、全面从严治党、党性修养、政治纪律和政治规矩。县处级以上领导干部就是要刀刃向内，真正有自我革命的精神，不能出现"只埋头拉车，不抬头看路"、党建业务"两张皮"的现象。各级机关要特别防止"灯下黑"，各级党组织要按要求和规定动作及时开展各项工作，所场要避免"上热中温下冷"的层层递减。

魏胜文强调，主题教育开展以来，全院各项工作进展顺利，效果良好。特别是院领导班子及成员在学习教育方面坚持以上率下、不折不扣地完成好党中央要求的"规定动作"，为院属各单位和广大党员干部带好头、作表率，推动各单位（部门）迅速行动，以支部为单位抓好学习教育，进一步提升全院党员干部的思想认识，在学习过程中检视问题、寻找差距。他就近期主题教育工作提出要求，一是近期主题教育工作要继续抓好学习教育，要认认真真读原著、学原文、悟原理。要把为啥学、学点啥、怎么学的方法贯穿始终。二是认真完成调研报告。调研报告要结合调研学习效果，有情况、有分析、有对策，关键是下一步要解决问题，最终要能够落到整改落实上。三是要用好调研成果。每位县处级以上党员领导干部要讲好党课。党课主题要围绕调研成果将整改落实作为根本落脚点，院各巡回指导组要及时督促落实。四是要开展征求意见反馈工作。征求意见要按照征求意见表、领导接待日、个别谈话、设置意见箱等多种形式进行。要有刀刃向内的革命精神，检视的问题要触及灵魂，不能隔靴搔痒。

在认真听取大家的研讨发言后，院长马忠明指出，开展集中学习和交流研讨，目的是发挥示范引领作用，切实把学习教育贯穿始终，确保学习成效。大家的研讨发言总体来讲，一是认真准备，但深度各不一样；二是结合实际，但程度各不一样；三是刀刃向内，但锐度各不一样；四是着眼工作，但措施各不一样。马忠明要求，一是提高站位，做推动全院工作高质量发展的表率。习近平总书记在中央和国家机关党的建设工作会议上重要讲话中强调了六个"只有"，对机关工作提出了更高要求。"不忘初心、牢记使命"就是要守住初心，敢于担当，一切以人民的利益为中心。全院上下要把解决农业农村的实际问题，把解决全省科技创新驱动高质量发展的问题，把解决职工关心的切身利益问题，把解决我们职责内反映的问题，联系起来认真思考。院机关要提高学习、执行、服务的能力，做到再学习、再理解，确实把机关的工作能力提上去，为全院做好表率和示范。二是要深入调研，提出本部门工作的思路和举措。各部门要认真做好调查研究，发现问题、解决问题。院机关有的部门存在对政策研究分析不到位，对省级相关部门的一些措施研究不深，在工作过程中缺乏创新、韧劲和心劲。各部门、单位要通过调查研究，能够切实提出工作思路及过硬措施。三是转变作风，不折不扣地将各项工作落到实处。全省的农业发展需要持续的科技创新，创新需要坚强的人才支撑，农业发展需要全方位的技术服务，这些工作要持续推进；全院职工需要干净舒适的环境，就要进一步规范工作的流程，加大工作的流量，提升工作的流速，确保工作的质量；要坚决杜绝一些"好好先生""哈哈干部"，发扬钉钉子的精神，把工作抓实、抓紧，确保整个工作质量提升。

院党委理论学习中心组 2019 年第十五次学习（扩大）会暨"不忘初心、牢记使命"主题教育第五次学习教育交流研讨会

7月19日下午，省农科院党委召开理论学习中心组 2019 年第十五次学习（扩大）会暨"不忘初心、牢记使命"主题教育第五次学习教育交流研讨会。院党委书记魏胜文主持会议。

会议专题学习习近平总书记在中央政治局第十五次集体学习时的重要讲话，习近平总书记关于黄文秀、张富清先进事迹作出的重要指示，中共中央《关于授予张富清同志"全国优秀共产党员"称号的决定》《关于贯彻习近平总书记重要批示精神深入落实中央八项规定精神的工作意见》，传达学习贯彻习近平总书记在内蒙古考察并指导开展"不忘初心、牢记使命"主题教育时的重要指示精神，中央"不忘初心、牢记使命"主题教育领导小组印发《关于抓好第一批主题教育学习教育、调查研究、检视问题、整改落实工作的通知》。

会议认为，习近平总书记在中央政治局第十五次集体学习时的重要讲话，从历史和现实相贯通、理论和实践相结合的高度，深刻阐述了不忘初心、牢记使命的重大意义和实践要求，是深入推进主题教育，深入推进新时代党

的自我革命，深入推进党的建设新的伟大工程的行动指南，为全院开展各项工作提供根本遵循。

会议强调，在全国上下深入开展"不忘初心、牢记使命"主题教育之际，深入开展向张富清、黄文秀同志先进典型学习，具有重大的理论意义和时代价值。两位同志的先进事迹充分体现了对党忠诚、尽责履职、勇于奉献的崇高精神，是新时代共产党人不忘初心、牢记使命、不懈奋斗的光辉典范，是全院广大党员干部和群众的学习榜样。魏胜文要求，学习先进事迹，既是一次历史的回望、初心的重温，更是一次思想的洗礼、党性的检视，全院广大党员要结合主题教育，努力学习他们坚守初心、对党忠诚的政治品格。全院广大干部职工要以张富清、黄文秀同志为榜样，不忘初心、牢记使命，勇于担当、甘于奉献，以优异成绩向中华人民共和国70周年华诞献礼。一要把学习张富清、黄文秀同志先进事迹作为主题教育的主要内容。在学习过程中要和学习古浪八步沙"六老汉"三代人"时代楷模"先进群体、先进事迹结合起来，要和身边先进典型结合起来，迅速在全院掀起学习先进的热潮。二要对标看齐先进标杆。学习先进典型的事迹，就是要作为榜样对标，对照他们的先进事迹来自觉查摆自身存在的差距与问题。三要努力争创先进业绩。要借助主题教育推动全院科技创新、扶贫攻坚、成果转化、管理服务及安全稳定等方面的各项工作上台阶、上水平。

会议要求，作风建设永远在路上，只有进行时，没有完成时。全院各级党组织、广大党员干部要深入学习领会习近平总书记重要指示批示精神，把学习与加强作风建设、专项整治紧密结合起来，特别是和反对形式主义、官僚

主义结合起来；要推动作风的转变，坚决克服"疲劳综合征"。要以贯彻落实工作意见为契机，坚持严字当头、全面从严、一严到底，按照锲而不舍、持续发力、再创新绩的要求，坚定不移推动全面从严治党；全院上下要把落实中央八项规定精神作为重要政治任务，认真落实主体责任，发挥主体作用，推动从严治党向纵深发展、向基层延伸。

会议指出，习近平总书记在内蒙古考察并指导开展"不忘初心、牢记使命"主题教育时，作出"抓思想认识到位、抓检视问题到位、抓整改落实到位、抓组织领导到位"的重要指示，并深刻分析国际国内形势变化，就做好经济社会发展、生态文明建设各项工作提出明确要求，对我们深入开展主题教育、做好各项工作具有重大指导意义。我们要把学习习近平总书记考察内蒙古自治区的重要讲话精神与学习习近平总书记在主题教育工作会议上的重要讲话、在中央政治局第十五次集体学习时的重要讲话等有机结合起来，在系统全面、融会贯通上下功夫，进一步提高政治站位，增强"四个意识"、坚定"四个自信"、做到"两个维护"，推动"不忘初心、牢记使命"主题教育扎实深入开展。

魏胜文对全院主题教育下一步工作进行了安排部署。他指出，要在工作中认真贯彻《通知》精神，扎实抓好学习教育，采取多种学习形式，深刻领悟习近平新时代中国特色社会主义思想；要认真开展调查研究，坚持问题导向，从实际情况出发，杜绝调研中的走马观花、浅尝辄止；检视反思突出问题，对工作中发现的问题要深入剖析，找出根源，明确改进方向；要切实抓好整改落实，针对问题明确整改目标，完善整改方案，持续整改。把学习教育、调查研究、检视问题、整改落实四项重点

措施贯通起来，有机融合、统筹推进。学习教育和调查研究是开展主题教育的重要手段和形式，要在学习教育的基础上分批开展调查研究，调查研究重在成果运用和解决问题。一是各单位（部门）和县处级以上领导干部要"沉下去""一竿子插到底"，切实掌握第一手材料，到自己的分管领域去调研。要在调查研究后形成有情况、有分析、有对策、有建议的一个务实报告，并在班子层面进行交流研讨。二要将调研报告和学习心得体会有机结合起来。要及时梳理调研情况，把调研的成果运用好，将其转化为解决问题的具体行动。月底前，每一位党员领导干部要结合调研成果讲党课。各单位（部门）主要负责同志要在本单位范围内讲党课，班子其他成员要在分管部门或联系单位讲党课。三是在月底前要拿出检视问题清单。要工学兼顾推进主题教育顺利开展，做到两不误两促进。要继续读原著学原文悟原理，覆盖9个方面的内容。同时要及时跟进学习，及时学习习近平总书记近期一系列重要指示精神。每个基层党支部都要深入对照检视问题，努力查找不足，列出本部门、本支部的问题清单。要深刻剖析反思，发扬刀刃向内的自我革命精神，

认真检视反思，针对工作短板、具体问题，从思想、政治、作风等方面进行深入剖析。院巡回指导组要对问题找得不实、剖析反思不深刻的，及时指出、督促纠正。

会议还传达学习了省委组织部《关于全面推广运用"甘肃党建"信息化平台的通知》，并对全院相关工作进行了安排部署。

会议强调，"甘肃党建"信息化平台是进一步推进党支部标准化建设、落实"三会一课"制度、强化党员政治学习、夯实党内监督的有效载体，全院各级党组织要高度重视这项工作，确保每个党员下载使用"甘肃党建"App，并与推进党支部建设标准化工作有机结合起来，使支部党建工作提升到新高度。各级党组织要确定管理员，指导党员进行"甘肃党建"App的下载、登录与运用，确保学习使用取得实效。

会上，院属各单位8名党员领导干部和1名非中共领导干部在认真准备的基础上，联系成长经历、联系思想实际、联系本职工作，把自己摆进去，把职责摆进去，把工作摆进去，围绕八个主题作了精彩的交流发言，29名县处级领导干部进行了书面交流。

院党委理论学习专题学习会

——开展防范化解风险挑战警示教育

7月31日，院党委召开理论学习中心组2019年第十六次学习（扩大）会议，进行"增强忧患意识，防范化解风险挑战"警示教育。会议再次深入学习习近平总书记在学习贯彻党的十九大精神研讨班上的重要讲话、习近平总书记在省部级主要领导干部"坚持底线思

维着力防范化解重大风险专题研讨班"上的重要讲话、《习近平新时代中国特色社会主义思想学习纲要》第7、8、14部分内容，集体观看《增强忧患意识、防范化解风险挑战》专题片，进一步加深理解认识，结合实际抓好各项工作的贯彻落实。院党委书记魏胜文主持

会议。

会议指出,中国特色社会主义进入新时代,带来新的发展机遇,也面临新的风险挑战。习近平总书记的重要讲话,从战略和全局的高度,科学分析了当前和今后一个时期我国面临的安全形势,深刻阐述了着力防范化解重大风险的一系列重大理论和实践问题,登高望远、把握大势,思想深邃、内涵丰富,具有极强的思想性、政治性、理论性、针对性,为我们在新时代有效应对重大风险挑战提供了根本遵循和行动指南。

会议强调,全院上下要结合"不忘初心、牢记使命"主题教育,再次深入认真学习、深刻领会、切实贯彻习近平总书记在学习贯彻党的十九大精神研讨班上的重要讲话精神,提高政治站位、树立历史眼光,强化理论思维、增强大局观念,丰富知识素养、坚持问题导向。要从历史和现实相贯通、国际和国内相关联、

理论和实际相结合的宽广视角,对一些重大理论和实践问题进行思考和把握,做到坚持和发展中国特色社会主义要一以贯之,推进党的建设新的伟大工程要一以贯之,增强忧患意识、防范风险挑战要一以贯之,以时不我待、只争朝夕的精神投入工作,把思想统一到党的十九大精神上来,把力量凝聚到实现党的十九大确定的目标任务上来,不断开创新时代中国特色社会主义事业新局面。

会议要求,全院各级党组织和广大党员干部要清醒认识面临的风险挑战,进行科学分析和研判,增强忧患意识、风险意识,牢牢把握工作主动权,打好防范化解重大风险攻坚战,守住不发生系统性风险的底线。要紧密联系实际,加强能力建设,有效防范化解各类风险。要强化责任意识与担当精神,旗帜鲜明讲政治,严格落实意识形态工作责任制,确保全院意识形态安全和政治安全。

学习领悟党史新中国史　牢记党的初心和使命

——院党委理论学习中心组 2019 年第十七次学习(扩大)会暨"不忘初心、牢记使命"主题教育第七次学习教育交流研讨会

8月21日上午,省农科院党委召开理论学习中心组 2019 年第十七次(扩大)会议,专题学习习近平总书记关于学习党史、中华人民共和国史有关重要论述,并进行"不忘初心、牢记使命"主题教育第七次学习教育交流研讨。

会议传达学习了省委主题教育领导小组关于转发中央主题教育领导小组《关于在"不忘初心、牢记使命"主题教育中认真学习党史、新中国史的通知》,相关领导同志领学了习近平

总书记在纪念红军长征胜利八十周年大会上的讲话节选"弘扬伟大长征精神,走好今天的长征路"、在庆祝中国共产党成立九十五周年大会上的讲话、在庆祝改革开放四十周年大会上的讲话、在新进中央委员会委员、候补委员学习贯彻党的十八大精神研讨班上的讲话节选"关于坚持和发展中国特色社会主义的几个问题"、在纪念毛泽东同志诞辰一百二十周年座谈会上的讲话、在纪念邓小平同志诞辰一百一十周年座谈会上的讲话、在瞻仰上海中共一大会址和浙江嘉

兴南湖红船时的讲话要点"走得再远都不能忘记来时的路"等内容。

会议要求，全院各级党组织、党员干部特别是领导干部要把学习党史、中华人民共和国史作为主题教育的重要内容，把学习领悟党史、中华人民共和国史作为牢记党的初心和使命的重要途径，做到知史爱党、知史爱国，做到常怀忧党之心，为党之责，强党之志。要在学习党史、中华人民共和国史中增强守初心、担使命的思想和行动自觉。要组织引导党员干部把学习党史、中华人民共和国史同学习习近平新时代中国特色社会主义思想、学习

《习近平关于"不忘初心、牢记使命"重要论述摘编》，学习习近平总书记重要讲话文章中有关党史、中华人民共和国史的重要论述结合起来，不断深化对"不忘初心、牢记使命"的认识和理解。全院广大党员干部要把学习教育、调查研究、检视问题、整改落实贯穿始终。要继续反复认真学习，把握精神实质，坚持把自己摆进去、把职责摆进去、把工作摆进去，落实"守初心、担使命、找差距、抓落实"的总要求，切实达到理论学习有收获、思想政治受洗礼、干事创业敢担当、为民服务解难题、清正廉洁作表率的目标。

院党委理论学习中心组 2019 年第十八次学习（扩大）会暨"不忘初心、牢记使命"主题教育第八次学习教育交流研讨会

8月21日下午，院党委召开理论学习中心组2019年第十八次（扩大）会暨"不忘初心、牢记使命"主题教育第八次学习教育交流研讨会。

会议专题学习了习近平总书记在中共中央政治局第十六次集体学习会议上的讲话、中共中央政治局7月30日会议精神，《关于新形势下党内政治生活的若干准则》《县以上党和国家机关党员领导干部民主生活会若干规定》。传达学习了《中共中央纪委机关、中央组织部、中央"不忘初心、牢记使命"主题教育领导小组关于第一批主题教育单位开好"不忘初心、牢记使命"专题民主生活会的通知》精神，中央"不忘初心、牢记使命"主题教育领导小组《关于做好第一批"不忘初心、牢记使命"主题教育评估工作的通知》。

会议要求，全院各级党组织和党员领导干部要以高度的政治责任感和使命感贯彻习近平新时代中国特色社会主义思想，学习领会习近平总书记在"不忘初心、牢记使命"主题教育工作会议、中央政治局第十五次集体学习、中央国家机关党的建设工作会议和在内蒙古考察并指导开展"不忘初心、牢记使命"主题教育时的重要讲话，学习贯彻习近平总书记对甘肃工作、农业科技工作的重要指导和决策部署，把思想和行动统一到习近平总书记重要指示批示精神和主题教育的部署要求上来。认真学习党章、《若干准则》、党史、中华人民共和国史和中央关于民主生活会的有关要求，为开好专题民主生活会打牢思想基础。

会议指出，全院各级党组织要按照中央《关于开好"不忘初心、牢记使命"专题民主生活会的通知》精神，把开好专题民主生活会，作为领导班子和党员领导干部守初心、担

使命，找差距、抓落实的一次政治体检，作为检验主题教育成效的一项重要内容。要充分运用主题教育成果，紧扣学习贯彻习近平新时代中国特色社会主义思想这一主线，聚焦不忘初心、牢记使命这一主题，突出力戒形式主义、官僚主义这一重要内容，围绕理论学习有收获、思想政治受洗礼、干事创业敢担当、为民服务解难题、清正廉洁作表率的目标，按照习近平总书记关于"四个对照""四个找一找"的要求，盘点收获，检视问题，深刻剖析。民主生活会要坚持真理、修正错误，严肃开展批评和自我批评，以钉钉子精神抓好整改，确保专题民主生活会开出高质量，展现新气象。

会议强调，开展主题教育评估工作，是贯彻"守初心、担使命，找差距、抓落实"总要求的具体举措，是坚持开门搞教育、自觉接受人民群众监督的生动实践，是总结主题教育经验、检验主题教育成效的重要手段。要紧扣抓思想认识到位、抓检视问题到位、抓整改落实到位、抓组织领导到位的要求，把过程评估同结果评估结合起来，坚持由群众来评价、实践来检验，特别是把解决实际问题的成效作为衡量标准，确保评估结果客观真实。

会上，院属各研究所、试验场12名党员领导干部在认真调研、准备的基础上，联系成长经历、思想实际、本职工作，围绕学习教育的八个专题，重点突出对照党章党规检视问题做了交流发言。

魏胜文在点评中指出，院党委认真贯彻落实中央和省委"不忘初心、牢记使命"主题教育的工作安排及省委第四巡回指导组的工作要求，同时充分考虑到省农科院工作的特殊性，在不折不扣抓落实的同时，坚持把主题教育与业务工作有机结合，切实做到两手抓两促进。研讨交流的12位同志思想上高度重视，认真

严肃对照检视，真刀真枪整改问题，推动主题教育不断走深走实。

魏胜文针对学习研讨交流，进一步深化全院主题教育提出了具体要求。一要通过研讨，清楚地看到大家对学习认真的程度、理论水平提高的程度、思想认识到位的程度、检视问题到位的程度还不一致，下一步工作中还要认真进行自我剖析，主动查摆整改提高。二要充分认识到在对照党章党规找差距中，还存在"刀刀没有向内"的问题。要能分辨出"单位"和"个人""我们"和"我""大家"和具体到"谁"的要求是不一样的。三要深刻进行自我革命，把自己摆进去、把职责摆进去、把工作摆进去，以刀刀向内的自我革命精神，从思想灵魂深处去查找差距、剖析原因。四要清晰地认清检视问题是主题教育的关键环节。切忌出现"浮光掠影"、浮皮潦草、大而无当、不疼不痒、不深刻、不具体、不聚焦、不触及灵魂、不敢揭短亮丑的现象。要通过不断学习来提高认识、检视问题、狠抓落实。五要坚持从院党委、院领导班子成员做起，以上率下、先学先改，以求真务实的作风，高标准严要求抓好主题教育各项任务落实，确保取得扎实成效，推动全院各项事业高质量发展。全院县处级领导干部要按照中央及省委的要求和院党委的统一部署，自觉对表对标，针对工作短板、具体问题，结合实际工作，把问题找实、把根源挖深，明确努力方向和改进措施，拿出破解难题的实招硬招并即行即改，做到检视问题不走"过场"，整改落实取得实效，切实把问题解决好。六是各级党组织、各部门（单位）要不断地在检视问题、深挖问题上下功夫。按照任务清单，认真做好"返工""补课"工作，坚决做到"学习内容一篇不漏、研讨专题一个不落、学习人员一个不少"。认真检视是否坚

决做到"思想认识到位、检视问题到位、整改落实到位、组织领导到位，真正做到以解决问题的成果来检验主题教育的成效。

会议传达了中共甘肃省委常委会"不忘初心、牢记使命"主题教育专项整治工作方案，

林铎在省委第十三届九次全体会议上的报告和讲话，全省巡视巡察工作会议暨十三届省委第五轮巡视动员部署会议，全省纪检监察系统深入开展"不忘初心、牢记使命"主题教育研讨班精神。

院党委理论学习中心组专题学习习近平总书记在甘肃考察时的重要讲话精神

9月10日，院党委书记魏胜文主持召开2019年党委理论学习中心组第十九次学习（扩大）会议，专题学习习近平总书记在甘肃考察时的重要讲话精神。魏胜文传达了习近平总书记在甘肃省考察工作结束时的重要讲话和《中共甘肃省委关于深入学习宣传贯彻习近平总书记考察甘肃重要讲话精神的通知》精神；院长马忠明传达了《林铎同志在全省领导干部大会上的讲话》精神。

魏胜文指出，学习好、宣传好、贯彻好、落实好习近平总书记的重要讲话精神，是全院当前和今后一个时期的头等大事和首要政治任务。全院上下要按照省委的统一部署，做好具体安排，精心组织实施，迅速掀起学习宣传贯彻习近平总书记重要讲话和指示精神的热潮。魏胜文要求，全院上下要充分认识习近平总书记重要讲话的重大意义，站在讲政治的高度，自觉主动学、及时跟进学、联系实际学，切实把思想和行动统一到习近平总书记考察甘肃重要讲话的精神上来；要深刻领会习近平总书记重要讲话的丰富内涵，把习近平总书记的重要讲话和2013年考察甘肃重要讲话及"八个着力"重要指示精神，以及参加甘肃代表团审议时的重要讲话精神

一起学习领会，切实学深悟透、融会贯通，做到内化于心、外化于行，真正用以武装头脑、指导实践、推动工作。

魏胜文还就国庆和中秋节期间安全生产稳定维护工作提出具体要求。一要重视防范化解风险，做好维护稳定各项工作。特别在庆祝中华人民共和国成立70周年之际，要紧盯风险点，补短板、强弱项、防风险，坚决克服省农科院日常管理中认为"既无大利、亦无大害"的麻痹思想，重点盯紧比如拖欠农民工工资、参与宗教活动，各种新媒体网络平台管理，青年职工思想政治教育等风险点较为集中的问题，各单位、各部门务必"管好自己的人、看好自己的门、办好自己的事"。二要确保做好包括科研安全、生产安全、消防安全、防洪安全、交通安全在内的安全生产各项工作。同时，要牢固树立国家意识，坚持原则、掌握政策，重视并处理好信访工作。三要持续做好反"四风"工作，特别时值"中秋""国庆"两节之际，要坚持反对"四风"抓细抓常抓长。婚丧喜庆事宜严格执行报告制度，对利用开会绕道旅游、公车私用、收受礼金礼品、利用名贵特产谋取私利等违反中央八项规定的"四风"问题要严查速办、以儆效尤。

院党委理论学习中心组专题学习
党的十九届四中全会精神

11月12日，院党委召开理论学习中心组2019年第二十次学习（扩大）会议，专题学习党的十九届四中全会精神。集中学习了党的十九届四中全会公报、习近平总书记关于十九届四中全会决议的说明、党的十九届四中全会决定，习近平在中央政治局第十七次集体学习时的讲话。传达了中央办公厅关于学习宣传贯彻十九届四中全会精神的通知。院党委书记魏胜文主持会议，院领导班子成员，院机关各部门、院属各单位党政主要负责人参加会议。

会议指出，党的十九届四中全会是在中华人民共和国成立70周年之际、在"两个一百年"奋斗目标历史交汇点上，召开的一次具有开创性、里程碑意义的重要会议。习近平总书记在全会上所作的工作报告，全面总结党和国家各项事业取得的新的重大成就，鼓舞人心、催人奋进。习近平总书记在全会上发表的重要讲话，站位高远、思想深邃，闪耀着马克思主义的真理光芒，为坚持和完善中国特色社会主义制度、推进国家治理体系和治理能力现代化指明了前进方向。

会议强调，坚持和完善中国特色社会主义制度、推进国家治理体系和治理能力现代化，是一项重大战略任务。全院上下要深刻认识全会的重大现实意义和深远历史意义，切实把思想和行动统一到全会精神上来，增强学习贯彻的政治自觉、思想自觉和行动自觉。要准确把握全会精神的核心要义，把学习领会习近平总书记重要讲话精神与悟透全会《决定》精神贯通起来，同省农科院中心工作结合起来，准确把握其中蕴含的理论观点、思想方法、重大部

署和工作要求，全面贯彻落实到工作中去。要把学习贯彻全会精神作为首要政治任务、摆在重中之重的位置，深入学习领会、抓好宣讲解读、落实工作责任，确保取得实效。要推动学习贯彻走深走实，联系自身工作实际和党员干部思想实际，增强制度自信，健全制度机制，强化制度执行，推动党中央决策部署贯彻到底到位，最大限度发挥制度效能。

会议要求，全院各级党组织和广大党员要认真学习工作报告，深刻体悟党中央和习近平总书记高度的执政自信、强烈的忧患意识、强大的战略定力和厚重的历史担当，增强"四个意识"、坚定"四个自信"、做到"两个维护"，始终在思想上政治上行动上同以习近平同志为核心的党中央保持高度一致；要把全会部署的任务落到实处，要从当前各项工作抓起。要增强紧迫感和责任感，对照年初任务目标，仔细盘点、认真对账，找准问题、攻坚克难，全力做好各项重点工作，确保完成全年工作任务。

会议指出，习近平总书记在中央政治局第十七次集体学习时的重要讲话，站在中华人民共和国成立70周年的历史节点，对中国特色社会主义国家制度和法律制度进行回顾、总结、概括，对坚持实施和完善好发展好这一制度进行了部署，为全党继续沿着党和人民开辟的正确道路前进，不断推进国家治理体系和治理能力现代化，提供了思想动力、理论指引、行动遵循。全院各级党组织要提高政治站位、层层传达学习、领会精神实质，引导广大党员干部牢固树立制度意识，自觉维护制度权威，强化思想自觉和行动自觉，切实把思想和行动

统一到党中央部署要求上来。

会上，传达学习了《中国共产党党内法规条例》《中国共产党党内法规和规范性文件备案审查规定》《中国共产党党内法规执行责任制规定的通知》。

会议强调，党中央修订制定《条例》《备案审查规定》《执规责任制规定》，是加强新时代党内法规制度建设的重要举措。要把思想和行动统一到党中央决策部署上来，以改革创新的精神推动党内法规制度建设，认真执行党内法规和规范性文件备案审查规定，严格落实党内法规执行责任制，全面从严治党、依规治党，高标准抓好党内法规贯彻落实。

会议要求，全院各部门、各单位要以习近平新时代中国特色社会主义思想为指导，坚持以党章为根本遵循，推进全面从严治党、

依规治党，切实抓好职责范围内党内法规制度建设工作。要以《条例》为基本遵循做好党内法规制定工作，扭住提高质量这个关键，搞好制度"供给侧结构性改革"，形成制度整体效应。要认真执行《备案审查规定》，坚持有件必备、有备必审、有错必纠，维护党内法规和党的政策的统一性权威性。要严格落实《法规执行责任制规定》，各级党组织和党员领导干部必须牢固树立严格执规理念，担负起执行党内法规的政治责任。

会议传达了关于对第一批主题教育单位整改落实情况进行"回头看"的通知并安排全院"回头看"相关工作。同时开展了廉政警示教育，传达了省委办公厅《关于牛向东严重违纪违法问题及其教训警示的通报》。

院党委理论学习中心组 2019 年第二十一次学习（扩大）会议

12月5日，甘肃省农业科学院党委召开理论学习中心组2019年第二十一次学习（扩大）会议。院党委书记魏胜文主持会议。

会议专题学习习近平总书记在中央政治局第十八次、十九次集体学习时的讲话精神。会议要求，全院各部门（单位）和各级领导干部要认真领会习近平总书记重要讲话精神，加强对区块链知识的学习，深入了解区块链技术发展现状和趋势，认清其对经济社会发展的影响，着力提高运用和管理区块链技术的能力；要健全风险防范化解机制，深入开展安全隐患排查整治，加强应急预案管理，强化安全生产监管执法，完善公民安全教育体系，积极推进应急管理体系和能力现代化。

会议传达学习了《中共中央关于坚持和完善中国特色社会主义制度　推进国家治理体系和治理能力现代化若干重大问题的决定》《中华人民共和国成立70周年庆祝活动总结报告》、习近平总书记在党的十九届四中全会上关于中央政治局工作的报告和讲话精神、在全国政协工作会议暨庆祝中国人民政治协商会议成立70周年大会上的讲话及习近平总书记视察北京香山革命纪念地、出席北京大兴国际机场投运仪式、对"最美奋斗者"评选表彰和学习宣传活动以及在上海考察时的重要指示批示。会议指出，党的十九届四中全会是在庆祝中华人民共和国成立70周年之际、实现"两个一百年"奋斗目标历史交汇点召开的一次具

有开创性、里程碑意义的会议。习近平总书记在全会上的重要讲话高屋建瓴、思想深邃、内涵丰富，回答了"坚持和巩固什么、完善和发展什么"一系列重大政治问题，坚定了制度自信，指明了前进方向，标志着我们党对国家制度和国家治理体系的认识升华到一个新高度、新视野、新水平。全会通过的《决定》从党和国家事业发展的全局和长远出发，准确把握我国国家制度和国家治理体系的演进方向和规律，既阐明了必须牢牢坚持的重大制度和原则，又部署了推进制度建设的重大任务和举措，是一篇马克思主义的纲领性文献，是一篇马克思主义的政治宣言书。

会议传达学习了《中共甘肃省委关于深入学习贯彻习近平总书记视察甘肃重要讲话精神，努力谱写加快建设幸福美好新甘肃，不断开创富民兴陇新局面时代篇章的决定》《中共甘肃省委关于深入开展向敦煌研究院先进群体学习活动的决定》《中共甘肃省委关于追授张小娟同志"甘肃省优秀共产党员"称号的决定》《关于在全省"不忘初心、牢记使命"主题教育中认真学习贯彻习近平总书记重要讲话精神的通知》。会议要求，全院各级党组织要深入学习贯彻习近平新时代中国特色社会主义思想和党的十九大精神，深入贯彻落实习近平总书记视察甘肃重要讲话和指示精神，要以敦煌研究院先进群体为榜样，大力弘扬"坚守大漠、甘于奉献、勇于担当、开拓进取"的"莫高精神"，积极投身富民兴陇各项事业的火热实践。要在脱贫攻坚、推动高质量发展、加强生态环境保护、保障和改善民生、维护社会和谐稳定、推动全面从严治党向纵深发展等各项

工作中，坚守初心、勇担使命，奋发进取、甘于奉献，攻坚克难、开拓创新；全院广大党员干部要向张小娟同志学习，像张小娟同志那样勇于担当、崇尚实干，以不怕吃苦、追求卓越的作风履职尽责，在脱贫攻坚主战场上奋力拼搏、干事创业，努力作出无愧于新时代的新业绩。

会上，集中学习了《党政领导干部选拔任用工作条例》。会议指出，此次新修订《条例》的最大亮点，就是把政治纪律和政治规矩作为选任干部的底线，保证干部队伍的政治团结性，坚定干部的政治信仰；《条例》是重要的党内法规，是干部选拔任用、考核工作的总遵循、总依据；《条例》深入贯彻习近平新时代中国特色社会主义思想，全面落实新时代党的建设总要求和新时代党的组织路线，进一步提升了干部选拔任用工作制度化、规范化、科学化水平。

会议还开展了廉政教育，传达了省委办公厅、省政府办公厅《关于对省人社厅任性用权制约高层次人才引进工作问责处理情况的通报》精神。会议要求，全院各部门（单位）要充分认识严守党的政治纪律和政治规矩、加强作风建设的极端重要性，深刻汲取教训，举一反三，引以为戒，下功夫解决思想、政治、作风等方面存在的突出问题；要强化问题意识和问题导向，把讲政治、守纪律、守规矩摆在突出位置，进一步立足"围绕中心、建设队伍、服务群众"的职责定位，正风肃纪，履职尽责，在持续深化"放管服"改革上走在前、作表率，落实主体责任，加强廉政建设，为全院各项事业创新发展提供坚强有力的保障。

纪检监察工作

2019年，甘肃省农业科学院纪委在院党委的坚强领导下，在驻省农业农村厅纪检监察组的指导下，认真贯彻落实党中央和省委关于全面从严治党和党风廉政建设的决策部署，按照中纪委和省纪委的工作部署，聚焦主责主业，切实履行监督执纪问责职能，紧盯重点工作任务，各项工作有序推进。

一、加强政治建设，坚定理想信念

院纪委把维护核心作为首要政治任务，增强"四个意识"，坚定"四个自信"，做到"两个维护"。认真学习领会习近平新时代中国特色社会主义思想、党的十九大、十九届四中全会、十九届中央纪委三次全会、十三届省纪委三次全会精神。充分发挥纪委的监督作用，加强对院各级党组织和党员干部严守政治纪律和政治规矩等情况的监督检查，聚焦"七个有之"，加强对党的路线方针政策和决议、省委和院党委重大决策部署执行情况的监督检查。

二、突出压力传导，压紧压实管党治党政治责任

一是压实主体责任，召开党风廉政建设专题会议。召开了2019年度全面从严治党和党风廉政建设工作会议，并与院属单位签订了2019年全面从严治党和党风廉政建设工作责任书。

制定印发2019年度院纪委纪检监察要点，明确本年度纪检监察工作重点。二是层层传导压力，对院属29个单位（部门）的70名县处级领导干部开展集体廉政提醒约谈。针对各单位存在的短板和弱项，提出了具体要求。同时督促院属单位开展分级约谈工作，实现约谈全覆盖。三是督促提醒领导干部认真履行"一岗双责"和党风廉政建设责任制，发放监督执纪第一种形态处置情况表。四是督促落实了院属单位一把手不直接分管财务、人事、工程建设等"三不一末"的规定，督促完善"三重一大"事项集体决策程序。五是加强对管理人、财、物部门的再监督，重点监督了院人员招聘、科研经费管理使用、基建工程招投标等重点工作。

三、聚焦主责主业，认真履行监督执纪问责职责

一是强化廉洁教育。组织党员干部深入学习习近平总书记视察甘肃时的重要指示和在十九届中纪委三次全会上的重要讲话精神，及时传达中央、中纪委和省委、省纪委关于全面从严治党新精神、新要求，组织收看警示教育专题片，通报违纪违法典型案例。开展"信访举报周活动"宣传活动，向干部群众宣传法律法规及纪检监察信访举报相关知识。二是依纪依规处置问题线索。对群众反映和驻厅纪检监察组转办的有关问题线索，认真开展了初步核

实。2019 年，院纪委核实问题线索 3 件，了结 3 件，待处理 1 件。综合运用监督执纪"四种形态"，1 个党组织向院党委作出书面检查，诫勉谈话 3 人次，批评教育 6 人次，提醒约谈 7 人次。三是围绕整治形式主义、官僚主义和"扶贫领域作风建设年活动"，院纪委与院帮扶办 18 人次深入扶贫一线，实地了解帮扶干部工作作风及工作成效，重点检查工作作风、项目资金使用及产业和科技扶贫完成质量、扶贫政策落实等情况。四是新建和更新 7 名省管干部廉政档案，建立了 70 名县处级干部廉政档案，全面掌握领导干部廉洁情况。五是协助组织召开中共甘肃省农业科学院第一次代表大会，选举产生新一届纪委委员、纪委书记。起草了纪委工作报告，回顾十八大以来纪检监察工作，提出今后 5 年工作建议。制定会风会纪"十不准"，对大会期间选举纪律和作风进行全程监督。六是配合院科研处完成"三区"人才计划项目经费专项检查工作。

四、坚持常抓长管，持续深入推进作风建设

在"元旦""春节""五一""端午"等重要节点，开展廉洁教育，发布信息提醒，严明纪律要求，节后专项检查，严肃查处违反中央八项规定精神的问题。聚焦影响和制约全院脱贫攻坚、基层减负、科研创新等工作中的形式主义和官僚主义突出问题，开展"四察四治"专项行动，结合日常监督，从院领导、各部门各单位主要负责人和各部门各单位工作人员三个层级，列出 30 条责任清单，院领导班子成员对 29 个分管部门、联系单位的"四察四治"工作认真指导把关，签字背书。院纪委对院属单位专项行动开展情况跟进监督，切实转变作

风，确保实效。

五、防范财务风险，做好专项经济责任审计工作

严格落实领导干部离任及任期审计，委托第三方会计事务所，完成对院属 18 个法人单位的专项经济责任审计和 3 名领导干部的离任审计，及时召开审计对接会，督促衔接会计事务所与被审计法人单位进行一对一对接。成立院审计整改工作领导小组，制定整改工作方案，研究部署安排审计整改工作，院审计整改领导小组办公室成员两轮深入被审计单位，全面跟踪督促整改，并将全院专项经济责任审计整改情况向院党委书记、院长进行专题汇报，提出意见建议。对发现的问题，分析原因，指出财务风险，确保整改落实落细，整改问题不重犯、不反复。通过专项经济责任审计整改，督促做好建章立制工作，堵塞漏洞，完善内控机制，规范财务管理，建立健全廉政风险防控和财务规范化运行长效机制。

六、强化监督检查，扎实推进集中整治

根据省纪委监委机关、省审计厅《关于集中整治重点领域突出问题的意见》要求，开展集中整治科研作风和科研经费管理专项行动，召开专门会议，动员和安排部署院属单位自查自纠，对查找出的问题，及时跟进，督促检查，指出科研作风和科研项目经费管理中存在的廉政风险点。及时向省纪委监委第四监督检查室汇报沟通省农科院专项行动进展情况。为专项审计和巡视巡察进驻做好准备。专项行动的开展，促使广大科研人员转变科研作风，合

理规范使用科研项目经费,确保科研经费管理使用不出系统性风险。

七、注重队伍建设,提高纪检监察履职能力

省农科院第一次党员代表大会选举产生新一届纪委委员、纪委书记,配齐院纪委领导班子。院纪委以党支部标准化建设为引领,狠抓政治理论和业务知识学习,不断提高党性修养、业务素质和执纪能力。认真执行《监督执纪工作规则》《甘肃省纪检监察机关执纪监督监察工作办法》,强化自我监督,不断完善内控机制。加强纪检监察队伍的思想、能力和作风建设,自觉维护和执行党的各项纪律,选送4人(次)参加纪检干部业务培训,1人参加省委第四轮巡视组工作,以干代训,提升专业素养、执纪能力和履职尽责本领。积极主动指导院属单位查找廉政风险点,塑造忠诚、干净、担当的纪检监察干部形象。

院党委召开全面从严治党和党风廉政建设专题会议

2月21日,院党委召开扩大会议,专题研究全面从严治党和党风廉政建设工作。院党委书记魏胜文主持会议。会议传达学习习近平总书记在十九届中纪委第三次全体会议上的重要讲话和赵乐际在十九届中纪委第三次全体会议上的工作报告,传达学习省委书记林铎在十三届省纪委第三次全体会议上的讲话和刘昌林在十三届省纪委第三次全体会议上的工作报告,对十九届中纪委第三次全体会议和十三届省纪委第三次全体会议精神再学习、再领会、再落实。

会议指出,习近平总书记在十九届中纪委第三次全体会议上的讲话,站在党和国家全局的高度,充分肯定了党的十九大以来全面从严治党和反腐败斗争取得的显著成效,深刻总结改革开放40年来我们党进行自我革命的宝贵经验,深刻分析了新时代党风廉政建设和反腐败斗争面临的形势,明确提出当前和今后一段时期工作的总体要求和主要任务。习近平总书记的讲话旗帜鲜明、思想深邃、部署有力,充分展示了新时代共产党人不忘初心、牢记使命、自我革命、砥砺前行的政治品格和斗争精神,为我们取得全面从严治党更大战略性成果、巩固发展反腐败斗争压倒性胜利指明了方向、提供了遵循。全院党员干部要深刻领会习近平总书记的讲话精神实质,准确把握中纪委三次全会作出的决策部署,提高政治站位和政治觉悟,带头增强"四个意识",坚定"四个自信",做到"两个维护",将学习贯彻落实作为当前和今后一段时间的重要政治任务;要把旗帜鲜明讲政治摆在首位,学思践悟,在学懂弄通做实上下功夫,牢记"五个必须",继续推进全面从严治党,继续推进党风廉政建设和反腐败斗争,切实肩负起责任,以真抓实干诠释对党忠诚,确保中央及省委的各项决策部署不折不扣落到实处。

会议总结了全院2018年全面从严管党治党和党风廉政建设工作,研究审定了全院2019年全面从严管党治党和党风廉政建设工作要点,研究审定了《中共甘肃省农业科学院委员会全面从严治党和党风廉政建设工作责任书》,会议确定在3月中旬召开全院2019年全面从严治党和党风廉政建设工作会议。

甘肃省农业科学院召开2019年度
全面从严管党治党和党风廉政建设工作会议

3月20日，甘肃省农业科学院召开2019年度全面从严管党治党和党风廉政建设工作会议。会议传达学习了习近平总书记在十九届中纪委三次全会上重要讲话和十九届中纪委三次全会精神、林铎书记在十三届省纪委三次全体会议上的讲话和十三届省纪委三次全会精神，院党委书记魏胜文主持会议并代表院党委作全面从严管党治党和党风廉政建设工作报告，省纪委监委派驻省农业农村厅纪检监察组组长侯拓野出席会议并讲话。

魏胜文在工作报告中讲到，2018年全院各级党组织坚守职责定位，强化政治监督和纪律保障，坚决贯彻落实党中央、中央纪委和省委、省纪委全面从严管党治党决策部署。一是突出党的政治建设，加强政治理论学习。二是突出组织建设，努力提升基层党组织组织力。三是突出作风建设，加强领导班子和干部队伍管理。四是突出纪律建设，确保从严管党治党主体责任落实见效。五是突出党风廉政建设，强化监督执纪问责。魏胜文同志指出，省纪委监委派驻省农业农村厅纪检监察组对省农科院全面从严管党治党和党风廉政建设高度重视，充分发挥派的权威、驻的优势，忠实履行监督执纪问责职能，监督指导省农科院党委、纪委全面推进从严管党治党和党风廉政建设工作，作风务实、工作扎实、监督到位、指导及时，特别是对院党委领导班子充分信任，监督与支持兼顾；对全院党员干部特别是县处级以上领导干部关怀帮助，严管与厚爱并重，充分发挥了派驻纪检监察机构监督执纪职能、"哨兵""探头"作用，充分展示了"啄木鸟"医术，

发挥了"卫士"功效。魏胜文的工作报告从5个方面安排部署2019年重点工作任务。一要以政治建设为统领，持续强化全面从严管党治党责任意识。二要深学笃用习近平新时代中国特色社会主义思想，持续抓好党的建设全面工作。三要以提升党的基层组织组织力为重点，扎实推进党支部建设标准化工作。四要以作风建设为重点，持之以恒、从严从紧加强党的纪律建设。五要突出问题导向，聚焦工作重点，深化运用监督执纪"四种形态"。

侯拓野的讲话，充分肯定了甘肃省农业科学院全面从严管党治党和党风廉政建设工作成效，并紧密结合学习贯彻习近平总书记在十九届中纪委三次全会上讲话精神和十九届中纪委三次全会、十三届省纪委三次全会工作安排部署，从7个方面对纪检监察体制改革重大政策变化进行了宣讲。根据派驻纪检监察组20项监督职责清单，围绕2019年纪检监察工作要点，从8个方面40项工作任务对2019年纪检监察工作进行安排部署，对全院扎实做好2019年纪检监察工作提出了明确要求。

会议要求，院属各单位（部门）要结合制定2019年院重点工作任务落实措施，把会议精神迅速传达到各级党组织和全体党员干部，要始终以高度的政治责任感和政治自觉性，严而又严的标准和实而又实的作风，确保全面从严管党治党和党风廉政建设工作任务全面落实，确保全面从严管党治党和党风廉政建设各项要求落到实处，确保全院2019年度各项工作任务顺利完成，以优异的成绩迎接中华人民共和国成立70周年。

甘肃省农业科学院主要领导对县处级干部集体约谈

为贯彻落实全面从严管党治党要求，传导压力靠实责任，切实把纪律和规矩挺在前面，切实增强党员干部廉政风险防控意识，5月27日，甘肃省农业科学院党委书记魏胜文、院长马忠明、院党委委员、纪委书记陈静对院机关处室、后勤服务中心、研究所、试验场和绿星公司共29个单位的68名副县级领导干部开展了集体约谈。这次约谈既是廉政提醒约谈，也是日常工作约谈。

院党委书记魏胜文从落实全面从严管党治党加强党的建设主体责任、通报2018年度单位领导班子和领导干部科学发展业绩考核结果并反馈职工群众评议意见、重点工作及廉政风险点提醒等三个方面，针对各单位存在的短板和弱项，提出了要求，寄予了希望。魏胜文要求，各单位全面从严管党治党和党的建设各项工作要有计划、有安排、有措施、抓落实，还要有工作记录，能经得起检查考核。领导干部要自觉担负起全面从严管党治党、党的建设和党风廉政建设的责任（包括党组织主体责任、纪委监督责任、主要领导第一责任、班子成员管理责任），自觉履行"一岗双责"，接受各方面的督查，自觉干干净净做事，以更加坚决的态度、更加有力的举措，组织好即将开展的"不忘初心、牢记使命"主题教育活动，重点抓好"四察四治"专项行动落实，扎实做好党支部建设标准化工作。对巡视、巡察、督查、专项审计报告反馈的问题，要主动认领、分条缕析，建立台账，逐项销号，不留尾巴，举一反三，健全制度。要时时防范存在的廉政风险点。院纪委和党委办公室要加强督查，督促落实。

院长马忠明围绕所（场）长履行"四大责任"和年度重点业务工作，分三个层次，分别对院机关处室及后勤服务中心、研究所、试验场及绿星公司领导班子从28个方面和领导班子成员从16个方面开展了提醒约谈。马忠明针对考核测评中职工反映比较突出的意见建议，对院机关处室及后勤服务中心提出了要切实履行好职责，提高学习能力，提高执行力，提高时效性，做好全院的表率，提升服务能力等五个方面的要求；对研究所提出要谋划申报大项目，凝练形成大成果，调整学科方向，优化发展环境，加强科研作风建设，加强试验站科学定位和发展等六个方面的要求；对试验场提出了要科学定位促发展，加强所场合作，加强试验场整体规划、功能分区、内部机构设置，切实推进试验场条件建设后续工作、改革中的遗留工作、全场职工的稳定工作等四个方面的要求；对绿星公司提出要进一步开发新品种，调整产品结构，拓展市场空间，回笼销售资金，规避市场风险。

院纪委书记陈静围绕廉政风险点和专项经济责任审计存在的四个方面问题，开展了提醒约谈。陈静强调，对提醒的廉政风险点在以后工作中要高度警醒，对专项经济责任审计发现的问题，要建立台账，制定整改方案，逐项提出整改措施，彻底整改。

魏胜文在总结这次约谈时指出，院属单位对约谈内容要认真学习、深刻领会，消化吸收、引以为戒。按照院约谈制度，抓好对本单位党员职工的约谈，确保约谈全覆盖，发挥约谈提醒在加强党的建设、推动主业发展中的作用。

甘肃省农业科学院召开集中整治科研作风和
科研经费管理专项行动动员部署会

7月23日，甘肃省农业科学院召开开展集中整治科研作风和科研经费管理专项行动动员部署会，对全院开展集中整治科研作风和科研经费管理专项行动及专项经济责任审计整改工作进行安排部署。院党委书记魏胜文主持会议并讲话。

魏胜文在主持会议时指出，院党委同意院纪委提出的开展集中整治专项行动和专项经济责任审计整改工作方案。省纪委监委将省农科院纳入到全省科技领域突出问题专项巡视的重点单位，是一件好事，也是一次"把脉会诊""诊病治病"、推动工作的大好机会，我们要高度重视，充分运用和把握各项政策规定，以此为契机，推动全院各项工作上台阶上水平。

会上，院党委委员、纪委书记陈静传达学习了《甘肃省集中整治科技领域突出问题工作方案》，并对省农科院开展集中整治科研作风和科研经费管理专项行动及专项经济责任整改工作进行了安排部署。

魏胜文强调，集中整治专项行动的范围是全院各单位和各部门。通过开展集中整治专项行动，坚决纠正学术造假和科技经费审批、管理、使用等方面存在的腐败问题，重点查处贪污挪用、滥用职权，以及履行"两个责任"不力等问题，确保全面从严管党治党向纵深发展。同时，要把集中整治专项行动与专项经济责任审计衔接起来，一体推进整改落实。要把集中整治专项行动和专项经济责任审计整改工作与"不忘初心、牢记使命"主题教育有机结合，确保各项任务落到实处。各单位（部门）主要负责同志要高度重视集中整治专项行动和专项经济责任审计整改工作，以认真负责的态度积极做好迎接省委专项巡视工作的开展。

会上还传达学习了省委办公厅《关于对全省脱贫攻坚领域不担当不作为问题问责处理情况的通报》。魏胜文要求各单位（部门）主要负责同志要切实引以为鉴、举一反三，要对自己分管的工作，特别是脱贫攻坚帮扶工作要知实情、报实情、抓落实，确保脱贫攻坚帮扶工作落到实处。

九、 对外宣传

主要媒体报道

甘肃草产业增添新饲草类型

（来源：《甘肃经济日报》 2019年1月4日）

2018年12月26日，由甘肃省科学技术厅组织并主持，邀请有关专家对甘肃省重大科技专项"饲用甜高粱种质创新及栽培饲用技术研究与示范"项目进行验收。甘肃草产业增添陇草1号、地标3号新饲草类型。

据悉，该项目由甘肃省农业科学院、兰州大学、中国农业科学院兰州畜牧与兽药研究所、甘肃省敦煌种业集团股份有限公司4家单位承担，武威市农科院和平凉市农科院参与共同完成。专家组认为，该项目给甘肃草产业增添了一种新饲草类型，为全省大面积普及饲用高粱的种植和饲用奠定了良好基础。"饲用甜高粱种质创新及栽培饲用技术研究与示范"项目收集国内外种质资源2 140份，鉴定入库305份，自主培育登记新品种2个，选育新品系6个，创制新种质材料95份，从中筛选出甘肃区域适宜种植品种16个，研发出了陇草1号、地标3号、大马力918及6A/8801制种技术体系，建立制种基地7处523亩，试验示范点种植27.6万亩，生产种子108吨；研发了适宜光敏型甜高粱青贮添加剂5种，制定出裹包青贮、青干草调制技术规程5项、日粮配方17个。

（记者 俞树红 编辑 关 颖）

王一航：37年，与农民一起扶犁，让中国马铃薯育种领先世界

（来源：每日甘肃网 2019年1月11日）

1月7日，冬日的阳光，从湛蓝的天空中透过兰州深安黄河大桥，打进甘肃省农科院的大楼里。

在大楼的一间办公室里，我们见到了我国马铃薯育种专家王一航。

这次遇见，之所以不在马铃薯的田地里，

源于 70 岁的王一航在刚刚过去的 2018 年正式退休了。这位在我国马铃薯育种界大名鼎鼎的科学家，终于从田间回到了城里。

简单的办公室里，近乎满头华发的王一航，坐在电脑前，依然在研究着牵挂一生的马铃薯。放眼整个办公室，让外来者心头一震、眼前一亮的，是办公桌和茶几上堆积成垛的信札。

这些信件中，大部分是甘肃、西北地区乃至全国马铃薯种植基地的农民、相关企业寄给王一航的交流信、请教信、邀请函。

从 1982 年扑下身子研究马铃薯育种，37 年来，王一航的科研阵地、服务足迹和他主持培育的优质马铃薯种子遍布陇右高原、西北大地和适宜种植马铃薯的华南地区，农民亲切地称呼他"王洋芋""王科学"。

这源于他 37 年将自己从事农业科学的重心朝斯夕斯、念兹在兹地钻向了马铃薯育种，源于他从育种实验到扶犁种植中与农民结下的深厚情谊，源于他把一项项马铃薯种植技术手把手地交给了农民，源于将我国高淀粉、高质量、多样化马铃薯育种技术推向了世界前沿，使得农民增产增收，企业增效增利，使得马铃薯产业不但既大又强，而且越做越长……

讲起踏上农业科学的初心，他心潮起伏；说到马铃薯育种的风雨兼程，他历历在目；谈及中国马铃薯技术的世界地位，他壮心不已。

"你要好好学习，学成后为家乡服务，为农民服务……"

"这一生，可以说，我遇上了好时代。"与王一航的聊天一开始，他向记者说出了这样的第一句话。

"我的家乡是甘肃省定西市渭源县。从小学到中学吃了不少苦，吃不饱饭是经常发生的事儿，但我上学很努力，尤其是在高中时，在班级上都是前一两名，梦里想考一个大学。但是，1968 年我高中毕业后，梦想落空了。那时大学暂停招生，我就回家务农了。直到 1977 年底恢复高考。"忆往昔，王一航对过去陇中农民的经历念念不忘。

1977 年，国家恢复高考的决定，让王一航激动不已。在年底恢复高考后的第一个高考考场上，王一航取得了理想成绩。1978 年 3 月被当时在武威的甘肃农业大学农学系录取。

"我永远不会忘记我离开家乡上大学时的场景——离开时，父老乡亲在村口送我，他们拉着我的手，就像母亲拉着即将远行的儿子，既舍不得孩子走，又期待着孩子能到外面学有所成，那种既是离别又是出发的心情，那一个个热切的目光一直刻在我心里。乡亲们对我说：'你要好好学习，学成后为家乡服务，为面朝黄土背朝天的农民服务……'给我无尽的激励和鞭策。"王一航说。

40 年光阴荏苒，40 年沧海桑田，已经 70 岁的王一航，回忆起往昔的这一瞬，依然记忆犹新。此时此刻，经历过陇中农民受到苦的他，心潮起伏的表情和脸上更洋溢着那不忘初心、砥砺奋进后的欣慰与自豪，让在场的记者也颇受感染。

乡亲们为什么要对他报以骄傲的目光和热切的期盼呢？

"乡亲们不容易，种植马铃薯更不容易，但我们却离不开马铃薯，即便是在吃不饱饭的岁月里，也恰恰是马铃薯救了大家的命！"王一航说，"马铃薯产量低、易得病、品种差是农民生产中迫切需要解决的问题，在后来的学习和实践中让我明白，马铃薯是无性繁殖作物，存在天然的种性退化问题，连年种植，不换种就出现退化现象，不抗病，病毒就大量感染，产量也大大下降，连续种植两三年产量就低得种不下去了。能解决这些问题，就是乡亲们的一个期盼，期盼我这个农民出身的农学大学生能够有朝一日帮助大家解决这一难题。"

当时，为什么要报考甘肃农业大学呢？

王一航回忆："首先，我当过农民，如果我要圆大学的梦，我一定要报考农业院校，学得农业技术，帮助父老乡亲，帮助更多的农民脱贫致富；其次，就是当年甘肃农业大学的招生名额多。在当年的招生简章上，甘肃农业大学的招生名额最多，400 多人。而自己当年已经 29 岁了，怕招生名额少的学校和专业录不上，而农业又是自己心仪的专业和方向，所以就报考了甘肃农业大学农学系。"

进入大学，王一航憋了 9 年、盼了 9 年的大学愿望得以酣畅地释放，他利用一切能利用的时间发奋读书，如饥似渴地扎进了农业科学。

"那时候，除了课本上的知识外，我还通过图书室、阅览室等能学习到知识的一切平台进行学习，并结合我当了 9 年农民的农业经验，将自己摆进理论与实践的结合里，苦钻自己充满兴趣、非常热爱的农业科学。"王一航说，"我第一次被评为大学'三好学生'后，学校奖励了我 30 元钱！当时，我跑到武威买了一件的确良白衬衫……"

毕业了，许多人选择去行政单位，他却要求回到"地里"

1982 年元月毕业后，同学们选择单位时，许多人选择去了地区、县、市的行政单位，但是王一航却想被分配到农业单位。不但想分到农业单位，而且还期望着分到与土地最近的地方去！最后，王一航被分配到了甘肃省农科院。

具体到哪一个岗位时，王一航一直没有忘记家乡父老乡亲对自己的期盼，他申请要去甘肃省农科院在定西地区渭源县会川镇的一个马铃薯育种试验站。

为了怕分配不到这个位于田间地头的马铃薯育种试验站，王一航还甚至找到了自己的老师，请老师向院里转达他的请求。

老师后来的回复说："院里领导说：'国家培养的农业人才，就是要到农民最需要的地方去！到祖国最需要的地方去！王一航同学能主动申请到田间最前线的马铃薯育种试验站工作，我们非常欢迎！非常支持！'"

获悉这一信息后，王一航内心充满了欣喜与兴奋。1982 年春天，在办完相关报到手续后，王一航直奔甘肃省农科院渭源会川马铃薯育种试验站。

"我从小受过苦，挨过饿，是吃着马铃薯长大的，对马铃薯有着天然的亲近感。这一研究，一发不可收拾，在会川试验站呆了 26 年，研究马铃薯 37 年！从没有变过！"王一航说。

让王一航更加兴奋的是，他从踏入马铃薯专业研究直到今天，马铃薯产业的发展，得到了国家的大力支持，受到了农民的欢迎。

"从这一点上，就是我刚才说的，我遇上了好时代。上大学遇上了好时代，研究马铃薯遇上了好时代。"王一航说。

为了不影响工作，王一航很快把家搬到了会川试验站，将精力全部花在了实验上。多年之后，王一航不无感慨地说："我对我的老伴儿和两个孩子都很亏欠，老伴儿身体不好，我也不能照顾她，两个孩子就在试验站附近的会川二中上学，考大学的关键阶段我一次都没有陪过。"

从亲自扶犁培育新品种到推广新技术，中国马铃薯育种走在世界前列

马铃薯是甘肃省三大农作物之一，主要分布在中部干旱地区和高寒阴湿、二阴地区，而这些地区恰恰是全省乃至全国最贫困的地区。

随着商品农业的发展和马铃薯加工业的崛起，马铃薯产业成为甘肃农村经济发展的支柱产业。从参加马铃薯研究工作起，王一航就将自己的研究与广大贫困地区群众脱贫致富奔小康的伟大事业紧紧联系在一起。

每当进行薯种栽培实验时，为了保证科学的行株距，王一航亲自扶着犁子耕种。从白天到傍晚，累得爬不起来，但是第二天还必须爬起来继续耕种，以保证实验的准确性。

经过测产、测质，取得理想效果的新品种，王一航第一时间免费给农民种植，随后与农民一起研究这个品种，向农民询问对新品种有啥看法。

"只要农民愿意种，不用宣传，就一家一家种开了。"王一航说，"我的新品种出来，受农民欢迎，很快推广开来，发挥的效益就大了。多年来，我有一个衡量工作的标准，那就是只要农民满意就行了。"

王一航说，由他主持培育的陇薯系列的马铃薯种子非常受农民的欢迎，近年来，西北地区年推广面积达到六七百万亩，占到西北地区马铃薯种植面积的1/4、甘肃的1/2。像陇薯7号，不但适合北方种植，而且适合广东、广西、福建冬种，不仅经过广东省审定，还经过国家审定。

他介绍，实践证明，陇薯系列种子平均增产 $10\%\sim15\%$ 以上，有些品种增产 $30\%\sim40\%$，亩产达到 2 000 千克以上，农民种植的老品种产量在 1 500 千克左右。

为破解马铃薯种性存在的天然退化问题，从 1994 年到 1995 年，王一航展开了马铃薯薯种脱毒快繁技术研究，并取得成功。由他主持建立的马铃薯种薯高效低成本脱毒快繁技术体系和脱毒种薯推广网络，遍布到全省、西北，马铃薯产品营养含量高，增产 $30\%\sim50\%$，开

创了马铃薯脱毒繁种产业新局面。陇薯系列品种的特色是高抗晚疫病和高淀粉，走在全国前列。品种淀粉含量超过一般品种 20%，陇薯 8 号淀粉含量达到 27%，接近世界先进水平。

王一航说，在全国马铃薯淀粉加工企业，马铃薯淀粉含量提高 1 个百分点，加工效益提高 5%。该品种技术于 2002 年获甘肃省科技进步奖二等奖，并入选"甘肃省'十五'重大科技成果"。

当研究开发一项新技术时，除了考虑技术的先进性、实用性外，他还要考虑这项技术农民是否用得起。在研究开发马铃薯种薯组培脱毒快繁技术时，为了让农民买得起繁育出的脱毒种薯，在保证质量的前提下，他千方百计降低繁育成本。为了达到这一目的，他在国内率先研发出试管苗全日光培养高效低成本快繁技术，使种薯繁育成本降低 40% 以上，让脱毒种薯走进了千家万户。

由王一航主持选育的陇薯 5 号，抗旱性强、高产稳产、适应性广，是蔬菜和淀粉加工兼用型品种，2006 年推广面积达 119 万亩，获甘肃省科技进步奖二等奖。主持育成的陇薯 6 号，于 2005 年通过国家农作物品种审定委员会审定，达到国内同类研究领先水平，成为甘肃省第一个通过国家审定的马铃薯新品种。主持选育的两个薯条及全粉加工专用新品种 L0031-17 和 LK99，填补了国内空白，实现了专用加工品种的国产化和本土化。主持完成的"甘肃省贫困地区马铃薯优质种薯脱毒快繁体系建设"项目，开创了甘肃省马铃薯脱毒繁种产业新局面，2003 年获甘肃省科技进步奖三等奖。

自 1982 年从事马铃薯作物研究以来，王一航扎根甘肃省高寒阴湿贫困山区的渭源县会川镇农村第一线，开展马铃薯育种工作，先后选育出陇薯系列马铃薯新品种 12 个，在甘肃以及

宁夏、新疆、青海、陕西、四川等周边省份累计推广面积4 000余万亩，为促进甘肃省乃至西北地区马铃薯产业发展做出了突出贡献。

他所带领的科研队伍被甘肃省科技厅定为"省属科研院所创新团队"，中国农科院也将甘肃省农科院马铃薯研究所纳入合作共建行列，并启动实施了优势学科共建方案；由他负责的会川马铃薯育种试验站，成为全省马铃薯新品种与新技术的辐射扩散中心，2005年被农业部命名为"农业部马铃薯资源重点野外科学观测试验站"；该站所在的定西市渭源县已成为闻名全国的"中国马铃薯良种之乡"。

由于陇薯系列马铃薯新品种及其高效低成本脱毒繁种技术提供了强有力的科技支撑，促进"苦脊甲天下"的定西市成为全国最大的马铃薯脱毒种薯繁育基地、商品薯生产基地和马铃薯加工基地。

"难忘老伴儿替我守了七天七夜的实验地膜"

"有一次，我进行马铃薯地膜栽培实验，百姓们对地膜很新鲜，地膜铺设后，有些农民将地膜偷偷拿走研究，我得重新铺好。恰在此时，省农科院来了通知，要我到兰州开会。所以我就给老伴儿交代，给我操心看着地膜。结果这个会的时间长，老伴儿就穿着棉衣蹲在地里替我守了一周，一直到马铃薯出苗。"王一航说。

"我成天在地里搞研究，观察基站，不按时吃饭和忘记吃饭是常有的事儿。后来，老伴儿每到快吃饭时就把饭给我提到地里。"王一航接着回忆说，"我这一辈子对家人来说，亏欠的真的太多。不仅有我的妻子、孩子，还有我的父母。父母长期患病，母亲因脉管炎进行了截肢，我也很少去她老人家跟前看望、照顾。直到母亲去世，我也没有在病床前尽孝……"说起这些，王一航眼角湿润了……

"王洋芋""王科学"来了，成百上千的农民涌来了！

37年间，王一航一边潜心研究马铃薯育种，一边及时将马铃薯新品种的种植、管理技术传授给农民，这是他从事马铃薯研究的重要组成部分。他每到一地讲技术，农民都爱听。时间长了，农民得到了实惠，与他成为了好朋友，不叫他的名字，而是叫他"王洋芋""王科学"。

2007年3月17日，王一航到定西市安定区内官营镇为当地农民举办"专用马铃薯新品种标准化栽培技术示范推广"培训班。原计划在镇政府的一间小会议室里举行，结果那天会场上的农民来了400多人，小会议室里坐不下。

镇长说："王老师，你看咋办？"

王一航说："你想想办法，找个大的办公室吧，要不然我得放幻灯片，哪怕露天都行！"

最后，那一天的培训课挪到了乡政府最大的会议室里举行。就是这样，群众们依然坐不下，有许多农民站着听。

"这么多农民爱听我的课，我也讲得特别起劲儿，整个课堂上，听讲的农民静静地听，没有人说话，没有人离开！"王一航说，"我讲课，就是直接给农民说，这种技术该怎么操作就行了！你如果讲那么深那么长的道理、理论，农民们也不爱听，也听不懂。这些年，我先后给农民讲了300多场课，3万多人受听。不论是育种还是讲课，只要农民满意就行了，这就是我的追求，这就是对我最好的褒奖！"1995年农历正月春节期间，定西市安定区传来信息说，有几个农民想专门到兰州请王一航给他们讲讲课，为年后的春耕做准备。

王一航向捎信儿的人说："乡亲们有需求，给我打个电话说一下就行了，不要来兰州了，不要额外花路费了，我马上去就是了！你们提前找个讲课的场所就行了，其他啥都不用管，不管我住宿、不管我吃饭。"

第二天，王一航便从兰州赶往安定区。一进村，把王一航惊呆了！

"那哪里是几个农民在请我讲课啊！是十里八村的农民啊！我一进村口，农民们在村口排成队，夹道欢迎我。培训后，他们要请我到县城吃饭，我当场拒绝。"王一航说。

为押运出省薯种，王一航在火车上渡过了七天

王一航身为研究所所长、省政府参事、研究生导师，是6项国家及省部级科研开发项目的主持人，兼任6个市、县和多家企业的马铃薯产业技术顾问，常年为马铃薯产业的发展奔忙不息。有人说他是"工作狂"。

他虽然主持着多个科研项目，但花钱总是精打细算，从不大手大脚。他已年过花甲，出差时经常与同志们一起挤班车，住旅店也要挑便宜的，他的"抠门"一度让人难以接受，但时间长了大家也理解了。

有一年11月，江苏省农科院来到甘肃省农科院渭源会川马铃薯薯种试验站调种，经过试验由王一航主持培育的陇薯1号适合江苏种植，当时就发了一节火车车厢的鲜薯，大约60多吨。

为防止种薯在途中受冻和装卸受损，鲜活农产品运输必须要有专人押车，但当时找个押车的人非常不易。

"我和一个同事就买了一个棉毯子上了车。经过七天七夜，将种子押运到江苏南京。由于我们长期在地里工作，再加上七天火车上的货运生活，当时身上脏的厉害，我们到一家招待所住店时，对方要求我们先找个地方洗个澡才能住。"王一航笑着讲述着点滴小故事。

壮心不已，要实现马铃薯高营养、高附加值和多样化

37年来，由王一航主持培育的马铃薯品种从陇薯1号到11号，已有12个品种。除了高淀粉品种外，王一航还研发出了高营养价值的薯种——菜用马铃薯育种。

王一航说："这也是我的目标，马铃薯要多样化。长期以来，人们吃马铃薯过程中，炒、煮、加工不分品种，但随着消费升级，深加工也越来越细，就需要品种的多样性，比如菜用新品种，经过实验，不但炒出来脆爽可口、色香味俱佳，还富含维生素C、蛋白质，我们研发的一个中等大小的菜用马铃薯，维生素C含量相当于10个苹果。"

王一航告诉记者，他的第三个目标是食品加工新品种的繁育。要研发出还原糖含量低、颜色浅的新品种。比如炸薯条，马铃薯的还原糖含量不超过千分之四，如果还原糖含量高，油炸出来的薯条颜色就发红，而不论是从营养还是消费者喜好上，颜色越淡越好，所以在低还原糖马铃薯种培育上，正在奋力研发。

王一航还向记者分享说，他还找到了用糖尿病试纸测验马铃薯还原糖含量的方法：把一个新鲜的土豆切开，将试纸夹在中间，即可测试出来还原糖含量。

2015年，农业部召开马铃薯主粮化研究会，王一航和当时甘肃省农牧厅的一位厅领导参加了大会。在会上，他们代表甘肃做了报告。

"在甘肃农业里，马铃薯在行业里是很有话语权的。"王一航自豪地说，"这得益于国家和省上对马铃薯产业发展的重视和支持，得益于甘肃省农科院在农业新品种选育上的优势，因为在农业育种上，甘肃省农科院一年接着一年干，具有很强的连续性，育种事业一直是发展的，前进的。"

37年来，王一航为农业增效和农民增收做出的突出贡献，得到了农民群众的称赞，也得到了各级政府部门的表彰奖励。

2000年他被科技部授予"科技扶贫先进个人",同年获"振华科技扶贫奖";2004年10月获国务院政府特殊津贴;2006年4月被甘肃省科技厅、人事厅评为"甘肃省'十五'期间十大杰出科技人才",被甘肃省科学技术协会评为"全省农村科普工作先进个人";2006年12月被评选为"感动甘肃·2006十大陇人骄子";2008年入选农业部"国家现代农业产业技术体系"马铃薯岗位科学家;2009年入选甘肃省第一层次领军人才,当选甘肃省科技功臣;荣获"全国'五一'劳动奖章""全国农业科技推广标兵""中国科协西部开发突出贡献奖""全国道德模范提名奖"等荣誉称号。

近几年,省内外的农民、企业找他做报告,他都欣然接受,足迹遍布甘肃、陕西、山东等黄河上下、大江南北。

"现在我退休了,后面的人已经培养好了,接上棒了!"面向未来,王一航说,"以后凡是用得着我的时候,我还要到前线去!"

(记者 王占东)

省农科院搭建多种平台激发创新活力

(来源:《甘肃日报》 2019年1月13日)

近年来,省农科院从扶持培养、科技创新、评价激励等各方面激发人才活力,为完成全省重大农业科技任务、引领现代农业发展、助力脱贫攻坚发挥了科技支撑作用。

省农科院始终将人才培养摆在首位,制定人才发展专项规划,实施"152"和"五个一批"人才工程。设立青年创新基金和博士基金,每年扶持100万元,并支持青年科技人员参加学术交流与短期培训,资助青年科技人员在职攻读硕士、博士。实施创新工程和院科技创新团队扶持计划,围绕全省现代农业发展组建了23个学科团队,给予每个团队每3年100万元经费支持。通过搭建扶持培养平台,促进了人才稳步成长,目前该院省科技功臣、省领军人才等杰出科技人才已达百余人。

同时,省农科院积极搭建科技创新平台,让科技人才有"用武之地"。在全省不同生态类型区建设22个综合试验站,以及18个省部级重点实验室、工程技术中心等,并会同44家单位,牵头成立甘肃省农业科技创新联盟,承担全省现代农业科技支撑体系建设项目,组建了河西走廊现代高效节水农牧业等6个协同创新中心。依托各类创新平台,近年来科研人员共完成1400多项科研项目,省级科技成果登记350多项,取得各种专利220项,获得省部级以上成果奖80多项,发表SCI等高水准论文300多篇。

为激发科研人员创新热情,省农科院搭建了评价激励平台。先后制定科技奖励、科技成果转化奖励和科技创新业绩考核奖励等办法,对在科技创新、成果转化、管理服务中做出贡献的团队和人员进行奖励,有效调动了科技人才的积极性和创造性。同时积极争取专业技术高级岗位名额,完善职称评审办法,推进内部等级岗位认定晋升。目前，副高级以上人才接近专业技术人员的 50%，高级岗位占比居全省科研院所前列。

此外，省农科院还搭建了服务大局平台，实施"三百"增产增收科技扶贫行动、"三区"人才支持计划等，广泛开展农业培训，示范推广新技术和新品种，体现了人才为民的情怀。搭建政策研究平台，通过编研出版"甘肃农业科技绿皮书"系列丛书等方式，发挥了人才智库作用。

（新甘肃·甘肃日报记者　秦　娜）

省农科院携手民勤打造农业产业基地

（来源：《甘肃经济日报》　　2019 年 1 月 17 日）

1 月 13 日，省农科院组织专家对民勤县有机瓜菜产业发展及农村产业规划情况进行"会诊"把脉，并签订技术服务协议，为民勤县产业实现高质量发展提供有力的技术支撑。

省农科院组成 13 名专家，先后深入民勤县蔡旗、重兴、大坝等镇的农产品产业园实地踏访，调研有机瓜菜产业发展及农村产业规划情况。经过两天的调研、了解，专家们认为，民勤县地理位置独特优越，境内光、热、水、土资源组合优越，大陆性沙漠气候特征明显，天然隔离条件好，环境清洁优良，是重点培育发展韭黄、芦笋、蜜瓜、沙葱、人参果等特色优势产业的"风水宝地"。

省农科院与民勤县政府签订技术服务协议，双方将在实验基地建设、科技合作、成果转化、人才培养与交流及新品种引进繁育、绿色有机技术应用、农产品贮藏保鲜深加工、冷链物流等方面开展深度合作，在民勤县设立综合试验站和民勤瓜菜研究所，从高标准、新技术、新品种、新模式上携手共同打造现代农业产业基地，着重打造"民清源"农产品优势品牌，提升民勤农业技术水平。"院县共建"推进现代农业发展为全省县域农业技术薄弱找到了结合点，为农民增产增收提供技术支撑。

（记者　俞树红）

以科技创新引领乡村振兴

（来源：《甘肃日报》　　2019 年 1 月 22 日）

农业科技创新对农业可持续发展发挥着重要支撑作用，但甘肃省农业科技创新体系还存在基础薄弱、条块分割、力量分散、层次重叠、职责不清、机制不全和创新不强等问题。

必须进一步加强科技创新体系建设，以科技创新引领和支撑农业农村现代化，保障粮食安全，提高农业综合效益和竞争力，实现农业增效、农民增收、农村增绿，满足广大人民群众日益增长的美好生活需要。

加强协同创新体系建设，推进科技创新的组织化

加强协同创新中心建设，一体化解决技术难题。建立河西走廊现代高效节水农业协同创新中心，以高效节水为主线，加强戈壁农业设施栽培技术、现代制种提质增效技术等的研究，集成现代高效节水农业可持续发展模式，打造绿色农产品的生产和出口基地；建立陇南山地特色林果业协同创新中心，加强特色林果新品种的引进选育，研发特色林果绿色种植技术和精深加工技术，提高农业生产效率和效益；建立中东部旱作区现代循环农业协同创新中心，完善以饲用玉米—牧草种植—草食畜养殖、马铃薯种植—精深加工、特色小杂粮种植—秸秆饲料化利用等资源高效循环、产业高价延伸的技术模式；建立甘南生态畜牧业协同创新中心，挖掘种质资源和培育特色品牌，研究建立基于资源承载力的特色种植—养殖—加工—品牌培育为一体的产业发展技术和模式；建立兰白经济圈都市农业协同创新中心，运用现代智能技术和装备，发展资源高效循环、生产智能可控、产品绿色安全的都市设施农业、观光农业。

建立资源共享平台，服务协同创新。依托现有农业试验站，进一步完善条件，加强数据观测和信息共享利用。建设全省农业种质资源保存与利用中心，保存农作物、畜禽、食用菌等资源，加强创新利用，提高资源共享水平，保障现代种业发展；建设甘肃省农业科学试验站网，依托现有国家和省级试验站，布局全省农业科学观测试验站网，加强长期定位观测、实时动态监测和预测预报，建立全省农业大数据平台；建设全省名特优农产品品质标识数据库，对全省名特优农产品品质进行标识，建立数据库，支撑甘肃省名特优农产品品牌战略实施。

加强推广服务体系建设，实现创新推广无缝对接

建立科技咨询服务平台。建立全省农业农村发展研究智库，开展"三农"战略性、方向性、前瞻性重大问题研究，为省委、省政府及各级地方政府决策提供科学依据。建立甘肃省新型农业经营主体科技咨询与服务系统，利用计算机技术、网络技术、移动互联网技术和声像技术，为农民、农业企业和农业新型经营主体提供信息服务。

完善省级现代农业产业技术体系。创新农业科技推广服务方式，坚持科学家提供价值、政府整合价值、企业放大价值的理念，以全省优势主导产业为主，构建并完善省级现代农业产业技术体系，有效对接国家现代农业产业技术体系，加大先进适用技术推广力度，促进农业科技成果转化，实现全产业链服务。

优化创新资源配置。充分发挥科技创新联盟、国家和省部级示范区、农业园区、工程技术中心和重点实验室等科研平台的示范引领作用，树立典型样板，推动农业绿色发展。

加强政策制度体系建设，优化创新体制机制

完善人才考核体系。深化人才发展体制机制改革，创新引才聚才和评估考核办法，完善考核激励机制，建立健全绩效考核奖励制度，促进科技创新效率和创新活力整体提升。

健全科学分类的创新评价体系。根据不同创新活动的特点，建立差别化农业科技评价制度。对从事农业基础和前沿技术研究的科研人员，将研究质量、原创价值和实际贡献作为重点评价指标。对从事农业关键共性技术研究的科研人员，将技术转移和科研成果对农业农村经济社会的影响纳入重点评价指标。

创新农业科技政策与制度。遵循农业科技发展规律，深入推进科研成果权益改革，加快落实科技成果转化收益、科技人员兼职取酬、参股入股等制度规定，提高农业科研人员的创新积极性。

（系全国政协委员、省农业科学院副院长　马忠明）

省农科院与民勤县携手打造产业高地

（来源：《甘肃日报》　2019年1月23日）

日前，省农科院专家组对民勤县有机瓜菜产业发展及农村产业规划情况会诊把脉，并与民勤县签订技术服务协议，今后将为该县产业实现高质量发展提供有力的技术支撑。

专家组实地调研后认为，民勤县是发展有机瓜菜产业的"风水宝地"。该县重点培育发展的韭黄、芦笋、蜜瓜、沙葱、人参果等特色优势产业既有良好的产业优势，又有广阔的消费市场。

根据协议，省农科院与民勤县政府将在实验基地建设、科技合作、成果转化、人才培养与交流及新品种引进繁育、绿色有机技术应用、农产品贮藏保鲜深加工、冷链物流等方面开展深度合作。同时，省农科院还将在民勤县设立综合试验站和民勤瓜菜研究所，为民勤县提供全方位技术服务和人才保障，从新技术、新品种、新模式等方面携手打造瓜菜产业高地，重点培育"民清源"农产品优势品牌，持续提升民勤农业技术水平和自我发展能力。

（新甘肃·甘肃日报记者　秦　娜）

甘肃省农科院创新科技帮扶模式助力精准脱贫

（来源：新甘肃客户端　2019年1月24日）

春节将至，东乡族自治县龙泉镇拱北湾村养殖户闵一卜拉黑木家第四批育肥羊陆续出栏。自从去年调整养羊模式后，仅养羊一项就能增加收入1万多元，尝到科学养殖甜头的闵一卜拉黑木决定今年还要扩大养殖。

闵一卜拉黑木家的变化得益于甘肃省农科院的科技帮扶。"过去，拱北湾村的传统家庭养羊模式，不但成本高，而且出栏速度慢，经过调研，我们在村里示范了'2480育肥养羊模式'，取得不错的效果。"省农科院农业经济与信息研究所所长乔德华介绍，像这样一户每批次养殖20只羔羊，每年养殖4批次，每次出栏20只育肥羊，每年就能出栏80只，一年净收入可达1.8万元以上，可以实现4口之家脱贫的目标。

不仅如此，省农科院科研团队针对拱北湾等村的不同情况，为养殖户量身定制脱贫方案，陆续示范"1260、1390"等6种农户家庭养羊精准脱贫模式，帮助贫困户脱贫增收。同时示范推广"种植甜高粱＋养羊"的种养结合技术模式，不但解决了养羊户饲草不足的问题，还大大降低了养殖成本。

同样，去年底，东乡县政府也收到了一份来自省农科院的"大礼"——《东乡县农业产业精准扶贫路径》。这份报告深入分析了东乡县的贫困原因，给东乡县出了很多产业脱贫的"金点子"。

得到"科技帮扶大礼包"的不仅是东乡县。2018年，省农科院主动作为，组成多个专家团队，在镇原县、积石山县等12个深度贫困县启动实施了17个科技扶贫项目，整合投入经费650万元。通过"3实事＋1报告＋培训"，将科技帮扶措施落到县、村、户、人，带动提升县域产业发展水平。

"三件实事包括建设1个科技示范基地、帮建1个农业新型经营主体、帮扶指导5户建档立卡贫困户科学生产，还要形成1个区域产业发展报告。"省农科院副院长贺春贵介绍。在项目实施过程中，省农科院因地制宜，创建了"示范带动""产品开发""补齐短板""项目参与"4种农户产业脱贫模式，使科技帮扶贯穿产业发展全过程，前期科学指导确保农产品质量，中期帮建各类生产线，增加农产品附加值，后期帮助对接各类资源，畅通农产品销路。"通过科研人员讲给农民听、做给农民看、带着农民干，最终实现引着农民富。"贺春贵说。截至目前，省农科院在12个深度贫困县共建立科技示范基地34个，示范小麦、玉米、马铃薯、藜麦、中药材等新品种及配套种植技术面积7.7万余亩，向24个贫困村派出科技人员进行技术咨询指导，帮扶144户精准建档立卡贫困户科学生产，带动发展22个专业合作社，科技帮扶成效初步显现。据悉，今年，省农科院还将在其他深度贫困县全面铺开科技扶贫项目。

（新甘肃·甘肃日报记者　秦　娜）

甘肃省政协委员：育职业农民解农业生产"后继无人"之困

（来源：中国新闻网　　2019年1月28日）

甘肃"两会"期间，甘肃省政协委员、甘肃省农业科学院副院长马忠明建言，随着社会快速发展，"一亩三分地"的传统种植方式早已落伍，甘肃应注重培训一批懂技术、会经营的新型职业农民，他们不仅能推广新技术，还能转变村民落后思想。

马忠明表示，传统农业生产，经营水平低，产业收益低，导致年轻人"离开"土地外出务工，农村"空心化"、土地"撂荒化"等现象反映出农业"后继无人"。而新型职业农民可有效解决"谁来种地""怎样种地"两大难题。

连日来，甘肃省政协委员聚焦农业发展，围绕如何建设和发展现代农业建言献策。

"职业农民在建设现代农业过程中扮演着越来越重要的角色。"甘肃省政协委员、甘肃农业大学农学院院长王化俊介绍说，如今，从种植到收割再到加工，机械化操作、标准化生产已成为潮流，农民综合素质成为制约现代农业发展因素之一。

在王化俊看来，不是年轻的农民就可以称为新型职业农民，而是需掌握先进技术基础并拥有实践经验的农民，他们可将农业和第二、三产业进行有机融合，通过互联网电商的思维，扩展农产品的销售渠道。

"新型职业农民可分为生产经营型、职业技能型和社会服务型。"王化俊接受记者采访时表示，过去，农民只为养家糊口和解决温饱问题而种地。现在，新型职业农民却让农村运转良好并变得富有。

马忠明认为，目前，在农村务农主要是文化程度较低的中老年人，他们的时间和精力无法胜任职业农民，培育对象侧重以回乡务农的创业农民、大中专毕业生、农民合作社带头人、有农业生产经验和专业技能的农民等为主，通过以点带面，发挥职业农民的作用。马忠明说，培育现代职业农民，需要从环境、制度、政策等层面引导和扶持。

"参加培训的人员，不能'一训了之'。"甘肃省政协委员、甘肃怡泉新禾农业科技发展有限责任公司董事长李大军认为，开展新型职业农民培育应围绕县域核心产业，采取"农民点菜、专家掌勺"的方式，对其进行实用专业技术、农业科技发展、农业发展理念、农业文化、农场管理等方面培训，同时依托企业，实现就业。

（记者 艾庆龙）

甘肃省政协委员：用对"领头羊"破乡村空壳合作社

（来源：中国新闻网 2019 年 1 月 28 日）

目前，甘肃乡村合作社处于萌发阶段，各地不同程度存在"空壳"现象，合作社并未实现"抱团发展"，仅是名字"联合"。甘肃省政协委员、甘肃农业大学农学院院长王化俊认为，解决上述问题，关键在于合作社的"领头羊"。

"合作社虽有利于规模生产，提高生产效率，可为农户提供产销服务，降低生产成本，但不能操之过急。"王化俊直言，部分村落急于发展产业，在贫困户还处于观望状态，便以村干部、种养大户等牵头组建合作社，而贫困户在管理、决策、分配等方面无话语权，没有参与感。

甘肃省省长唐仁健作《政府工作报告》时

透露，2018 年，甘肃新建农民专业合作社 2 862个，实现每个贫困村 2 个以上合作社全覆盖，消除了 3 594个贫困村集体"空壳村"。同时，甘肃采取轻资产引进、混合型自建办法，引进一批大型龙头企业，贫困地区新增龙头企业 291 家，累计达到 1 781家。

连日来，正值甘肃"两会"。甘肃省政协委员围绕《政府工作报告》展开讨论，并聚焦乡村合作社，就目前存在问题，建言献策。

第十三届全国政协委员、甘肃农业科学院副院长马忠明表示，合作社是零散村民抱团发展规模化现代农业，是连接市场的有效载体，也是各地脱贫攻坚的重要抓手。在乡村发展体系中，合作社比重持续增加，如何规范发展，迫在眉睫。

甘肃村落大多分布于山大沟深处，信息闭塞，交通不便，合作社发展局限于小区域，"低头苦干成效少，直接伤害了村民积极性"。马忠明对此分析称，"如何发展合作社，重点在于选对人，用对人。"

马忠明举例说，甘肃临夏回族自治州东乡县布楞沟村巾帼扶贫车间理事长马娟是"90后"硕士研究生，她"瞄准"东乡美食油炸馃馃的市场前景。目前，每月可生产油馃馃 14 万斤 *，销售额达到 100 多万元，妇女在家门口便能实现打工。同时，村庄与外界频繁接触，也不同程度上改变了村民老旧的思维模式。

马忠明建言，政府应加大人才引进力度，将有学识、有思想、有志向的人才引进村庄，通过他们联合当地民众组建合作社，可达到事半功倍的效果。

甘肃省政协委员、甘肃和政八八啤特果集团有限公司董事长李建强介绍说，该公司与 4 个合作社合作，共吸纳 60 多名贫困户，从事修剪果树、种树、打药等工作。

李建强表示，企业招工时，遇到"等靠要"贫困户，束手无策。而合作社优秀理事长便会发挥"领头羊"作用，帮助其转变思想，勤劳致富。

（记者 艾庆龙）

甘肃农业科技面临发展诸困
先进技术亟待"走出"实验室

（来源：中国新闻网 2019 年 1 月 29 日）

针对甘肃农业科技发展面临"专利多，转化少，需求多，解决少"的矛盾，如何发挥科技在农业中的作用？甘肃"两会"期间，第十三届全国政协委员、甘肃省农业科学院副院长马忠明建言，要健全科技成果转化直通机制，使先进技术"走出"实验室，直通乡村。

连日来，甘肃省政协委员围绕《政府工作报告》展开讨论，聚焦农业科技发展，就农业科技成果转化率低、企业和个人参与科研项目不积极等问题，建言献策。

甘肃地处黄土高原、青藏高原和内蒙古高

---

* 斤为非法定计量单位，1 斤等于 0.5 千克——编者注。

原三大高原的交汇地带，境内地形复杂，山脉纵横交错，海拔相差悬殊，高山、盆地、平川、沙漠和戈壁等兼而有之。

甘肃省政协委员、甘肃农业大学农学院院长王化俊直言，甘肃生态类型丰富，农业区域性明显，科研人员花费时间和精力研究成果适用范围有限。

"甘肃农业科技水平整体水平偏低。"王化俊坦言，目前，甘肃采用以杂交为主的常规育种方式，远落后于以基因工程为主的生物技术。

据甘肃省农业科学院公开资料显示，2018年，该院根据甘肃23个深度贫困县农业生产实际，先期设立了12个深度贫困县（区）科技示范专项，筛选先进适用成果技术，开展示范推广和脱贫模式创建。截至目前，建立科技示范基地17个，示范面积5 000多亩。

"2018年甘肃粮食总产量达1 141.8万吨，

特色农畜产品大幅增加。"马忠明说，上述成果恰恰依靠科技发展而来。

"成绩的背后，依旧存在问题。"马忠明告诉记者，目前，科研院所有很多技术还停留在实验室或转化成效不理想，其原因是技术没有与市场有机结合。

马忠明建言，科研院所主攻技术研发，待研发成功后，由政府购买其技术，委托企业进行转化，科研人员用资金再去研究新品种，可形成农业科技良性循环发展。

王化俊向中新网记者表示，国家虽允许科研人员在民办企业参股、入股，实现其技术"零距离"转换，但在实际操作过程中，政策之间存在冲突问题，难以调动科研人员积极性。甘肃应当完善科研人员评价体系，分岗位进行评价，避免"一刀切"考核。

（记者 艾庆龙）

传统蜡果绽新姿

——省农科院科研人员复原蜡果制作技艺掠影

（来源：《甘肃日报》 2019 年 2 月 10 日）

在省农科院的科技成果展厅，一个展柜里摆放着"陇薯三号"等不同品种的果蔬产品。如果不是有人提醒，来参观的人都以为这些是真的，其实这些以假乱真的农产品只是石蜡做的模型标本，因此它们也被叫作蜡果。仔细看，这些蜡果不仅形态、颜色、光泽高度还原，就连马铃薯表面的芽眼、苹果表皮的果斑以及桃子表面的桃毛都栩栩如生。

这些蜡果模型都是省农科院科研人员周晶等人制作的。多年来，周晶与甘肃省工艺美术师邹东华、许非合作，利用现代科技手段，进行传统蜡果模型制作工艺流程和材料配方研究，最终复原了蜡果制作这项即将消失的传统技艺。

现状：传统技艺面临失传

"蜡果最早起源于京津一带，在过去很长

一段时间里，蜡果是一种高档的家用装饰品，但随着人们生活水平的提高，市面上的新鲜水果越来越多，蜡果也逐渐退出了日常生活装饰领域。"周晶介绍道，但在科研教学、展览展示等领域，由于蜡制品有良好的可塑性，经过翻制着色后能够逼真地反映出标本的原始形态，仍有不可取代的作用。

周晶回忆，20世纪80年代末，甘肃省展示设计界的老前辈宋子华在筹备省农科院科技成果展览时，聘请当时春风电视机厂的八级模型师李树奎制作蜡果模型标本。李树奎制作的蜡果标本惟妙惟肖，至今仍保存在省农科院。

从小生活在省农科院大院里的周晶耳濡目染，对蜡果制作更是兴趣浓厚。1991年大学毕业后，周晶又被分配到省农科院工作，也就是从那时起，他凭着看到的、听来的各种"方子"，开始尝试制作蜡果。

抢救：寻找"秘密"配方

"这些失败品都是最好的'老师'。"周晶边说边拿出一个箱子，箱子里的马铃薯蜡果一个个干瘪无形，就像泄了气的皮球，还有一些苹果蜡果、梨蜡果表面看似不错，底部却有一半塌陷融化。"这些都是配料出了问题，蜡的熔点很低，在高温环境下容易发生软化变形。"周晶解释道。

怎样才能避免类似的错误呢？从2008年开始，周晶着手研究解决蜡果制作的原料问题。蜂蜡、松香……他向记者逐一展示制作蜡果的原料。"这就是蜡果不变形的奥秘。"原来周晶手上拿的就是川白蜡，川白蜡质地硬、熔点高，是制作蜡果的绝佳材料，但是由于川白蜡主要产自四川，近些年白蜡树的种植面积不断减少，市场上已经很难买到。要想制作好的蜡果，就必须找到新的替代品，经过对几十种材料不断尝试比对，终于发现

了"秘密武器"——硬脂酸和聚乙烯。最终，经过反复研究，周晶确定了各种原料的最佳配比方案。

看似小小的蜡果模型，制作过程远比想象的复杂。周晶说，每一个蜡果都要经过制作蜡果模具、翻制蜡果和整修润饰上色三个步骤共十几道工序，每一道工序也都颇为讲究，比如翻制模具时开几块模子、块面如何分割，这些都是要依靠长期的经验积累。每次遇到形状复杂的模型，周晶都要反复思考，用尽可能少的模块做到顺利开模。

为了把蜡果标本做得逼真，周晶还想了很多妙招。后来，当他把蜡果模型图片发到网上时，还有很多外地的蜡果爱好者特意向他请教这些细节的制作方法。

传承：传统蜡果绽新姿

有了多年的积累，周晶一直琢磨着怎么把蜡果制作技艺更好地传承下去。2016年，周晶成功申报了甘肃省科技支撑计划项目——"蜡果模型制作技艺传承与保护"。在项目支持下，他和项目组成员搜集标本、查阅资料、寻访老艺人……最终厘清了传承脉络、复活了传统技艺，还留存了大量影像资料。

在周晶看来，传承首先要多展示，要让更多的人了解这门技艺。2016年，周晶和团队应邀为甘肃农业大学认知馆制作了百余件蜡果模型，这些模型一经展出，就受到了师生们的好评。后来，借助"传统蜡果技艺进校园"等活动的开展，他们走进甘肃农业大学等高校，向大学生展示蜡果制作过程，现场教授制作技艺，使沉寂多年的传统蜡果制作技艺重新回归人们的视线。

如今，依托设立在省农科院的"传统蜡果制作技艺传习所"，周晶开始实施"师带徒"计划，有年轻人上门求教，他总是毫无保留地

悉心指导。周晶希望通过几年的努力，培养一支传承队伍，研发制作蜡果衍生品。"只有更贴近生活，更被人们所需要，这些传统技艺才能更有生命力。"周晶说。

（新甘肃·甘肃日报记者　秦　娜）

省农科院创新科技帮扶模式助力精准脱贫

（来源：《甘肃日报》　2019 年 2 月 11 日）

眼下，东乡县龙泉镇拱北湾村养殖户闵一卜拉黑木家第四批育肥羊陆续出栏。自从去年调整养羊模式后，仅养羊一项就能增加收入 1 万多元，尝到科学养殖甜头的闵一卜拉黑木决定今年要扩大养殖。

闵一卜拉黑木家的变化，得益于省农科院在东乡县实施的"富民产业培育与示范"项目。"过去，拱北湾村的家庭养羊模式不但成本高，而且出栏速度慢，经过调研，我们在村里示范了'2480 育肥养羊模式'，取得不错的效果。"省农科院农业经济与信息研究所所长乔德华介绍，像这样一户每批次养殖 20 只羔羊，每年养殖 4 批次，每次出栏 20 只育肥羊，每年就能出栏 80 只，一年净收入可达 1.8 万元以上，可实现 4 口之家脱贫的目标。

不仅如此，省农科院科研团队针对拱北湾等村的不同情况，为养殖户量身定制脱贫方案，陆续示范"1260、1390"等 6 种农户家庭养羊精准脱贫模式，帮助贫困户脱贫增收。同时示范推广"种植甜高粱＋养羊"种养结合技术模式，不但解决了饲草不足的问题，还大大降低了养殖成本。

同样，去年底，东乡县政府也收到了一份来自省农科院的"大礼"——《东乡县农业产业精准扶贫路径》。这份报告深入分析了东乡县的贫困原因，给东乡县出了很多产业脱贫的"金点子"。

得到"科技帮扶大礼包"的不仅是东乡县。2018 年，省农科院主动作为，组成多个专家团队，在镇原县、积石山县等 12 个深度贫困县启动实施了 17 个科技扶贫项目，整合投入经费 650 万元。通过"3 实事＋1 报告＋培训"，将科技帮扶措施落到县、村、户、人，带动提升县域产业发展水平。

"三件实事包括建设 1 个科技示范基地、帮建 1 个农业新型经营主体、帮扶指导 5 户建档立卡贫困户科学生产，还要形成 1 个区域产业发展报告。"省农科院副院长贺春贵介绍。在项目实施过程中，省农科院因地制宜，创建了示范带动、产品开发、补齐短板、项目参与 4 种农户产业脱贫模式，使科技帮扶贯穿产业发展全过程，前期科学指导确保农产品质量，中期帮建各种生产线，增加农产品附加值，后期对接各类资源，畅通农产品销路。"通过科研人员讲给农民听、做给农民看、带着农民干，最终实现引着农民富。"贺春贵说。

（新甘肃·甘肃日报记者　秦　娜）

兰州晨报"我和我的祖国"栏目刊发了省农科院王一航研究员的报道

（来源：《兰州晨报》 2019 年 2 月 19 日）

近日，兰州晨报"我和我的祖国"庆祝新中国成立 70 周年——百名记者走基层栏目以《王一航：37 年的"洋芋人生"》为题刊登了甘肃省农业科学院王一航研究员的事迹。一头银发，一件穿了十来年袖口已经泛起油光的棉衣，一口地道的渭源口音，平时不善言辞，但谈起马铃薯却滔滔不绝，这辈子只专注马铃薯而且把马铃薯研究做到了极致，他就是甘肃省农科院马铃薯研究所名誉所长王一航。他在 1 月 23 日接受记者采访时说："我与共和国同成长，赶上了改革开放的好时代，这一辈子很幸运做出了一点成绩，老百姓现在的生活很幸福，这是中国人的福气。希望我们的国家越来越强大，百姓的生活越来越富裕，早日实现中华民族伟大复兴的中国梦！"

王一航：37 年的"洋芋人生"

1. 我也是个农民

"我的家乡渭源县五竹镇是个苦地方，1977 年恢复高考时，我已经 29 岁了，女儿也两岁多了。我是高考前半个月才报上名的，于是向生产队请了 10 天假，在家看书、背公式、记定义。时间紧张，不可能全面系统复习，只能凭上高中时打下的扎实基础应考，当年考了语文、数学、政治、理化四门。我记得很清楚，四门课的高考平均分是 69 分，那时候不算总分，只算平均分。单凭这个成绩，报重点大学都没啥问题，但为了稳妥，

能早日跳出农门、走出贫瘠的大山，于是就选报了当年在甘肃省招生人数最多的甘肃农业大学，而且选择了甘肃农业大学招生人数最多的农学专业。"

王一航说，"之所以放弃重点大学而选报甘肃农业大学，一方面是因为自己当时年龄大，担心填报重点大学不被录取，报个招生人数最多的学校也能增加录取概率；另一方面是因为我家祖祖辈辈都是农民，考大学前自己也当了 9 年农民，早已习惯了农民的生活节奏，再说我也愿意学一些农业技术，将来为农业服务。1977 年入校时，全班 40 人年龄最大的都 33 岁了，最小的才高中刚毕业，29 岁的我还不是年龄最大的。"

1982 年 1 月大学毕业后分配时，王一航主动提出干专业，于是被分配到了甘肃省农业科学院。报到时，他主动向院里申请，自愿到省农科院粮食作物研究所设在渭源县会川镇的马铃薯育种站工作，由此开始了他长达 37 年的"洋芋人生"。

"那时候，我老婆孩子都在五竹镇农村生活，为了能多多少少照顾家里，就主动请缨到距离五竹镇约 25 千米的会川镇马铃薯育种站工作。"王一航说。

2. 育种站一干就是 26 年

王一航 37 年的"洋芋人生"，其中 26 年是在会川镇马铃薯育种站的农田里度过的。

1982 年他来到会川镇马铃薯育种站工作

后，就把五竹镇的老婆孩子也接到了会川镇，这里成了他的新家。

26年中，他先后参加和主持完成国家、省部级马铃薯科技项目20多项，相继选育出陇薯系列马铃薯新品种12个，在甘肃全省以及宁夏、新疆、青海、陕西、四川等周边省份累计推广4 000余万亩，帮助农民增收50亿元，为促进甘肃省乃至西北地区马铃薯产业发展做出了突出贡献。特别是在抗晚疫病育种和高淀粉育种研究方面，分别达到国内领先水平和国际先进水平。主持建立的马铃薯种薯高效低成本脱毒快繁技术体系和脱毒种薯推广网络，开创了甘肃省马铃薯脱毒繁种产业新局面。

王一航坦承自己也是个农民，总是把农民的喜好纳入育种目标，将农民的评价作为品种评价的重要标准，他的努力也赢得了农民兄弟的信赖，先后搞了300多场次培训班，培训农民3万多人次，发放技术材料10万份，大家亲切地称他为"王洋芋"。

丰硕的科研成果也为王一航赢得了诸多荣誉：甘肃省科技功臣、全国五一劳动奖章获得者、全国农业科技推广标兵、中国科协西部开发突出贡献奖、全国道德模范提名奖获得者、甘肃省"新中国成立60周年感动甘肃人物"、农业部"新中国成立60周年'三农'模范人物"等荣誉称号……

2008年，他才把自己位于会川镇育种站的"办公室"搬到了黄河岸边的省农科院。

但荣誉并没有让王一航停下脚步，给农民做培训、向外推销洋芋都是他喜欢干的事，即使是退休在家，他初心未改："只要需要，我还会继续我的马铃薯研究，为甘肃马铃薯产业贡献自己的力量。"

3. 这辈子欠老伴太多了

王一航说，他今年71岁，老伴比他小6岁，今年也65岁了，是渭源县另外一个乡的，在媒人的介绍引见下，他们俩只见了两次面就结婚了。那是1974年的事，当时双方家里都很穷，她也没要什么嫁妆，就嫁给他了。婚后一年，大女儿出生了，他整天忙工作，没时间精力顾及家庭，家里的脏活累活都是她的，给他做饭洗衣服，还要带孩子，每天忙得跟个陀螺似的，的确很辛苦。直到1999年二女儿在兰州上大学那年，老伴才把家搬到兰州。

"老伴是我家里的大功臣，照顾我的生活，拉扯两个孩子长大，而且双双考上大学，这都是她的功劳，我这辈子欠她的太多太多了。年轻的时候家里困难，经济上不宽裕，再加上我忙工作没时间陪她，跟着我没享上啥福。现在经济条件好了，我也退休有时间了，可她身体不好，一年要住两三次医院，想带她出国见见世面，可她晕车无法成行。甘肃省科技功臣奖给我的60万元，20万元给了团队，20万元给了研究所，20万元自己支配，我拿出了其中的一小部分给老伴买了几件衣服，这是结婚后第一次给老伴买衣服，也给了她两三万元，让她爱怎么花就怎么花，享受一下有钱花的感觉。可她过惯了苦日子，一直舍不得花。这辈子很少给她说'我爱你'三个字，但心里面一直默念着她的好！"王一航如是说。

2018年9月王一航正式退休后，过起了"有事"才到单位的空闲日子，每天8点起床后行走15 000步，回家洗漱用过早餐后到附近的菜市场买菜，并和老伴一起带两岁多的孙子，这是他退休后每天的"功课"。下午天气好的时候外出晒晒太阳，过着悠闲舒适的日子，但他的心里仍割舍不下洋芋。

（记者 武永明）

建议把民勤建成全国生态特区

——全国政协委员马忠明民勤生态产业调研记

（来源：每日甘肃网　　2019 年 2 月 27 日）

1 月 22 日清晨，兰州深安黄河大桥北岸的路灯还是一片通明。全国政协委员、甘肃省农业科学院副院长马忠明便来到了黄河北岸的单位门口，他提着文件袋等候前往民勤的汽车。

"这是我今年上全国两会前的最后一次调研，今年我的提案是建议把民勤建成全国生态特区。"坐在车上的马忠明向新甘肃·每日甘肃网记者介绍着自己此行的目的。

"作为全国政协委员，既是一种荣誉，也是一种责任。我们履职尽责离不开深入调研，只有深入到群众中去，才能掌握更新更真实的东西，才能把提案提得准、提得有依据，得到国家相关部门的采纳。"马忠明说。

打造民勤生态特区，将是对世界生态文明的非凡贡献

今年 55 岁的马忠明是甘肃省节水农业和生态农业专家，自 1989 年硕士毕业分配到甘肃省农科院后，一直在张掖节水农业试验站工作，每年 3 月至 11 月，深入河西走廊研究节水农业和生态农业，至今已经 30 年。

作为一名连任两届的全国政协委员，生态文明建设一直是他的提案重心。

去年全国两会上，他的三份提案都是聚焦生态——实施黑河湿地国家级自然保护区湿地生态效益补偿机制、将甘肃省重要水源地 15 度至 25 度非基本农田坡耕地面积纳入退耕还林还草、加大支持力度实施玛曲县沙化退化草原巩固治理工程的建议，均得到国家相关部委的积极回应和采纳。

"为此，我感到非常高兴！今年我将继续为生态文明建言献策。"马忠明说，"之所以建议把民勤打造成国家生态特区，是因为民勤在我国生态文明中的地位太重要了！没有民勤绿洲，巴丹吉林沙漠、腾格里沙漠就会连成一片，有可能使民勤变成第二个罗布泊。有民勤这块生态屏障支撑着！如果我们能在民勤找出一条让生态绿起来、农民富起来、生态产业强起来的生态文明之路，并探索出一种可复制、可推广的生态文明发展模式，那将是一个了不起的壮举！"

马忠明认为，民勤的生态挑战虽然世界罕见，但是民勤绿洲的小气候条件非常好。空气、水、土壤没有污染，日照充裕，农产品品质优特，有绿色沙产业的天然禀赋。尤其是民勤人防沙治沙的勤劳、勇敢和智慧，已经深深打上生态文明的印记。为了保护生态，民勤县党委政府和群众以壮士断腕的勇气，实现了高耗水制种玉米和对土地构成潜在污染的洋葱的零种植，并探索出八大生态产业。如果通过一系列特殊的政策、项目支持和人才引进，将民勤生态保护好，生态产业发展好，形成良性、可持续发展的生态产业循环示范区，打造我国的生态特区，这将是对世界生态文明的非凡贡献。

深入田间地头调研，为生态产业建立科技支

撑体系

雨水时节的民勤大地，气温逐步回升，原野上拂面的暖风正在替代着寒冬的凛冽。在民勤苏武现代农业产业园连片伸展的温室大棚内，更是绿意盎然，春光绽放。跨过大棚入口的门槛，撩起保暖的门帘，马忠明走进一个叫粉珍珠的小西红柿种植大棚，1米多高的西红柿苗木等距而立，绵延伸展，生长正旺。每棵茎秆上挂着红黄绿相间的椭圆形小西红柿，如同一个个可爱的小精灵。

马忠明一边查看茎秆和果实长势，一边向棚内的管理员陈大年询问西红柿的栽植时间、栽培技术、有机基质选用情况、水肥调控情况等。

在一株地下有落果、茎秆枝叶少，且挂果也少的西红柿植株前，马忠明蹲下来仔细打量。

他向陈大年问："你知道这棵为啥挂果少，又有落果吗？"

憨厚的陈大年说："这个问题我们也在找原因。"

马忠明扶着茎秆说："你看，你们把这株西红柿的叶子修剪得太多、太靠上了，叶子少了，光合作用就少了，养分就少了，挂果率就少了，还出现了落果现象。"陈大年听得连连点头。

往西红柿大棚深处走，看着每株西红柿树上一撮撮果形不一的小西红柿，马忠明向陈大年询问："这里果实为什么不是成串而是成撮的？为什么长得不均匀？"

听到陈大年讲述是品种的差异后，马忠明分析说："这应该还有其他原因，比如栽植西红柿有机基质的选择和水肥调控问题，这个大棚采取的是袋装有机基质栽培，水肥通过滴灌施入，要建立优化的灌溉施肥制度，进一步摸索水肥调节的制度。果形不均匀，与水肥调控有很大关系。"

在民勤县人参果育种中心的一座温室大棚内，绿色的枝头上挂满了大大小小的人参果。

一进大棚，马忠明就大吃一惊地向工作人员询问："这里的人参果怎么也存在果形不均匀的问题？"

工作人员说："这是我们去年栽植后出现的问题，我们也想解决。"

说话间，马忠明蹲在一垄人参果前打量着苗和果实说："你们不要小看果实长得不均匀的问题，这将影响产品的市场销售啊！果形不一，卖相不好，就会影响销售。你看这个比拳头还大的果子，虽然大，但是大得一个人都吃不上，就不好卖啊！怎么能上高端市场？"

工作人员连连点头说："这也是我们遇到的新问题！"

马忠明说："果实长得不均匀要么是苗子有问题，要么是水肥供应有问题。比如苗子问题，有的苗子不知道繁殖了多少代，就出现了品种退化等问题。因为一个品种无性扦插繁殖的代数越多，它携带的病毒就多，就造成果形不一。同时，水肥供应不规范也容易造成这一现象，而这两个问题都可以通过脱毒育苗和水肥标准化解决，应该开展品种提纯、育苗脱毒、水肥标准化研发，有了标准化、规范化，你生产出的人参果就能代表民勤人参果的品牌，走向高端市场。"

工作人员问："那这两个问题能解决吗？"

"可以！"马忠明说。

工作人员说："我们期盼您能在品种培育、苗子脱毒、水肥自动化上给我们提供帮助，我们会有信心做下去！"

这一讨论，让调研现场的民勤县农技中心主任常智善感到兴奋。

他说，为推动民勤生态优质产业发展，民勤县准备在民（勤）武（威）路撤销的收费站原址上建设集两站、一中心、五所的绿色生态产业科研中心。两站即甘肃省农业科学院民勤综合试验站、民勤院士工作站，一中心即筹建民勤现代丝路寒旱农业研究中心，五所即成立民勤县蜜瓜、蔬菜、林果、土壤肥料、节水研究所。通过两站、一中心、五所建设，为民勤生态产业建立起现代科技的支撑体系。

常智善的话立即引来现场阵阵叫好声！

"马院长，这可需要您给我们大力支持啊！你们省农科院要在专家聘请、科研基地建设上给我们出谋献计！"常智善当即向马忠明发出邀请。

马忠明高兴地说："很愿意！"

让生态绿起来、农民富起来、产业强起来

马忠明说，生态文明建设，首先要保护，其次要找到保护生态的生态产业，这样才能创造可持续发展和高质量发展的生态文明。在民勤，我们首先要建设绿水青山，然后再找到让绿水青山变为金山银山的科学路径，取得实践突破。

马忠明介绍，通过调研发现，民勤县一方面将高耗能高污染的种植业进行淘汰，另一方面再规划和发展绿色生态高质高效农业。像高耗水的制种玉米以及对土壤存在潜在污染的洋葱，民勤已经不再种植，这就是保护生态。以制种玉米为例，一亩地净耗水 $1\,000$ 米^3，但是民勤每亩地耕地的额定配水只有 410 米^3，因此不再进行制种玉米的生产。

为此民勤县提出了人参果、蜜瓜、沙葱等八大产业，并建设了现代农业产业园，以农民专业合作社的方式全力推进。但是这些产业如何做大、做强、做长？需要科技创新、示范带动、政策支持、资金支持等一系列配套措施来培育和发展。

马忠明充满自信地说："民勤生态文明建设的地位，应该在国家层面得到进一步提高。民勤有建设国家生态特区的充分条件和必要条件。以这样一个位于生态屏障前哨的县为试点，具有较强的可操作性。我们期待在生态文明发展中，在实现全面小康和我国经济进入高质量发展新阶段的新时代里，给民勤赋予一个'生态特区'的生态地位，让民勤铺出一条生态文明的奇迹之路。"

（新甘肃·每日甘肃网记者
王占东　韦德占）

马忠明委员：为加强生态文明建设建言献策

（来源：《甘肃日报》　　2019 年 2 月 28 日）

全国两会召开前，全国政协委员、甘肃省农业科学院副院长马忠明仍在一线调研，"作为全国政协委员，既是一种荣誉，更是一种责任。履职尽责离不开深入调研，只有深入到群众中去，才能把提案建议提得准、提得有依据。"马忠明说。

去年全国两会上，马忠明的三份建议提案都是聚焦生态，均得到国家相关部委的积极回应。

"为此，我感到非常高兴！今年我的提案是建议把民勤建成全国生态特区，继续为加强生态文明建设建言献策。"马忠明说，"之所以建议把民勤打造成国家生态特区，是因为民勤在我国生态文明中的地位太重要了！如果我们能在民勤找出一条让生态绿起来、农民富起来、生态产业强起来的生态文明之路，并探索出一种可复制、可推广的生态文明发展模式，那将是一个了不起的壮举！"马忠明认为，生态文明建设，首先要保护，其次要找到保护生态的生态产业，这样才能创造可持续发展和高质量发展的生态文明。在民勤，应首先建设绿水青山，然后再找到让绿水青山变为金山银山的科学路径，取得实践突破。

马忠明充满自信地说："民勤有建设生态特区的充分条件和必要条件，以这样一个位于生态屏障前哨的县为试点，具有较强的可操作性。我们期待在生态文明发展过程中，在实现全面小康和我国经济进入高质量发展新阶段的新时代里，给民勤赋予一个'生态特区'的身份，让民勤铺出一条生态文明的奇迹之路。"

（新甘肃·每日甘肃网记者

王占东　韦德占）

马忠明委员：建议发展"现代丝路寒旱农业"

（来源：新甘肃　　2019 年 3 月 14 日）

"独一份""特别特""好中优""错峰头"，全国政协委员、甘肃省农业科学院副院长马忠明这样评价甘肃农产品资源的优势。

在今年的全国两会上，马忠明提出提案，建议充分挖掘甘肃高寒干旱气候条件下农业发展的资源潜力，发展"现代丝路寒旱农业"，努力走出一条具有"现代"方向引领、"丝路"时空定位、"寒旱"内在特质的新时代农业发展路子。

马忠明说，按照高质量发展和循环农业产业发展要求，甘肃省在"现代丝路寒旱农业"方面着力构建了优势产业、生产组织、产销对接、风险防范、服务保障五大体系，在全国形成错位发展格局，推动现代农业发展打开了新局面。目前，甘肃省以高原夏菜、旱作农业及戈壁生态农业等特色优势产业为支柱的"现代丝路寒旱农业"发展势头良好，但由于甘肃财力比较困难，农业生产基础相对薄弱，打造独具特色的"现代丝路寒旱农业"还需要国家层面给予推动支持。他建议，国家层面在政策体系、试点示范、戈壁生态农业等方面给予推动，进一步加大科研、资金的支持力度，在农业园区和基地建设方面也给予支持。同时，建议国家加大对甘肃农村综合改革的转移支付力度，由省上统筹用于支持创建一批高水准的田园综合体，推动农村产业融合发展和传统优势产业改造提升。

（甘肃日报记者　朱　婕）

甘肃省农科院马铃薯研究所原所长王一航

——"我想帮助乡亲们实现马铃薯增产"

（来源：《人民日报》 2019 年 4 月 2 日）

身穿磨旧的皮袄和牛仔裤，脚蹬一双运动鞋，71 岁的王一航走在路上，让人难以想象他取得的成绩——37 年潜心马铃薯育种研究，选育 12 个优良品种，累计推广 4 000 余万亩，新增产值 50 多亿元。

1977 年考入甘肃农业大学农学系，1982 年毕业时找到学校领导主动请缨要搞科研；分配到省农科院后，申请到地处偏远、海拔 2 240 米的会川马铃薯试验站工作……"农民的事，就是国家的事。"谈到投身马铃薯研究的初衷，王一航对记者说，"我从小吃马铃薯长大，在困难岁月里马铃薯救过大家的命。我想帮助乡亲们实现马铃薯增产。"

刚到试验站时，这里只有 4 个人。王一航搞研究亲力亲为：4 月播种时，为精准保证株距，他自己动手、田间扶犁；夏日炎炎，他顶着一顶破草帽钻进地里，观测、度量、记录数据；10 月收获时，他还要守夜，"要拿到精确数据，就得守在地里。"

钻研育种技术，需要在地里长时间盯着一株苗、一颗果。王一航经常对自己的学生说："办公室和电脑前选不出好种子；守在地里，吃了苦才会有收获！"

大伙见他这么拼命，戏称他是"拿工资的农民"。王一航说，马铃薯存在天然的种性退化问题，不换种就退化，产量也大幅下降，"不忍心看到乡亲们减产时的泪水，这是我专心科研的动力。"

王一航每年都将自己选育出来的优良品种免费提供给周边农民试种，并承诺：增产，你们留着，我一分钱不要；歉收，我负责赔偿。这么多年来，王一航提供的马铃薯种子从来都是增产，无一歉收。

1995 年，王一航选育的陇薯 3 号试种成功。该品种淀粉含量超过 20%，是我国第一个超过这个比例的马铃薯新品种，填补了国内技术空白，"2002 年，又选育了陇薯 8 号，淀粉含量在 22% 至 27%。"

截至 2018 年退休时，王一航选育成功了 12 个品种，种植范围遍及甘肃、宁夏、新疆、广东、四川等地。数据显示，陇薯系列种子平均增产 10% 至 15% 以上，有些品种甚至增产 30% 至 40%，亩产达 2 000 千克以上。

2007 年春天，已回到兰州担任马铃薯研究所所长的王一航到定西市内官营镇讲课。40 来米^2 的小会议室被挤得水泄不通，外边还有 200 多人。换到镇里最大的会议室后，连过道都坐满了来听课的农民。

下课后，一名乡镇干部夸赞说："王教授，你真厉害！"他则回答："不是我厉害，是科学厉害。让农民相信科学、依靠科学，是我的职责所在。"

（记者 付 文）

努力营造良好的人才发展环境

（来源：《甘肃日报》　2019 年 4 月 3 日）

当前，各地无一例外地都感受到了人才缺失的压力，一些"新一线"及二、三线城市陆续出台人才新政，追逐人才红利，人才竞争持续升温。然而，对于地处中西部的欠发达省份，由于自然禀赋较差、经济基础薄弱、地方财政困难，对人才缺乏足够的吸引力和凝聚力，致使人才外流严重、引进困难、严重短缺，成为制约当地经济发展的最大"瓶颈"。欠发达地区如何在新一轮人才争夺战中，正确认识和分析自身的不足，破解欠发达地区的人才问题，集聚优秀人才以促进和支持本区域经济的可持续发展，缩小与发达地区的差距，切实解决发展不平衡不充分的矛盾，确保与全国同步全面建成小康社会，则需要更多的努力和探索。真正的人才，最看重的是成长的舞台和发展的空间。对于欠发达地区来说，可行的路径是用真心真情营造更加有利于人才成长发展的良好环境，以更加开放的举措和更加优惠的政策，让各类人才的创造活力竞相迸发、聪明才智充分涌流，方能为欠发达地区的经济社会发展提供强有力的人才支撑，与全国一道同步全面建成小康社会。

爱才：重视关爱人才

实施"人才关爱工程"。把人才工作与党委政府中心工作同部署，形成组织部门牵头抓总、各职能单位各司其职、密切配合的工作格局，及时研究解决人才工作出现的新情况、新问题。面对年龄、领域、层次等各不相同的人才群体，必须充分尊重各类人才的特点，在政策、待遇、生活等方面给予区别化的优待，着力营造适合各类人才成长和"近者悦、远者来"的人才生态环境。建立各级领导联系走访专家制度、组织专家外出休假制度、人才体检制度等，提升对各类人才的服务水平。建立人才荣誉表彰体系，大力宣传表彰先进典型，切实提高人才的政治待遇，激发各类人才创新创业热情，鼓励更多优秀人才在欠发达地区建功立业，激发全社会关心、关爱人才事业的良好氛围。

识才：科学评价人才

必须根据中西部地区经济社会的发展阶段和对人才的现实需求，调整人才评价选拔理念和机制。要辩证地、历史地、实践地看待和评价人才，做到既重视有所成就的人才，也关注具有潜能的人才；既重视国内人才，也积极吸引海外人才；既重视国有企事业单位的人才，也关注非公经济组织的人才；既重视选拔高学历高层次人才，也注意选拔在实践中锻炼确有真才实学的人才。把真才实学、能力业绩作为衡量人才的真正标准，以工作实绩和群众的口碑选人用人，形成注重品行、崇尚实干、鼓励创新、群众公认的人才评价导向，以实践、社会和市场作为检验人才的最终主体。倡导竞争选拔、个性发现等多元方式选拔人才。

育才：培养锻炼人才

培养人才根本上要依靠教育。基础教育、职业教育、大学教育以及继续教育，基本涵盖了各个阶段的人才培养工作。树立人力资本形成与物质资本形成同步发展的战略意识，除了创新型人才外，中西部地区更需要整体人力资本的大幅提升，只有整体劳动力素质与技能的提升才能推动经济建设质量与效率的提高。加大人才培养供给侧改革，特别是本土人才的培养使用，精准地为当地经济建设提供有效的人才保障。将企业家、科学家以及知识型、技能型、创新型劳动者大军协同起来，形成一支规模宏大的创新与技术队伍，必将会提升中西部地区整体经济的发展质量与效率。人才培养，既要依靠教育，还要从制度上推进终身职业技能培训。

引才：引进急需人才

人才引进是一项长期的战略性工作。要与欠发达地区的经济发展战略、水平和产业结构布局同步推进人才引进工作，实现人才发展与经济社会发展的深度融合。实行直接引进与柔性引进相结合，以人才的有效使用作为人才引进的根本目标，避免盲目引才、引而不用。根据中西部地区发展实际，实施围绕产业转型抓引进、结合项目招商抓引进、搭建发展平台抓引进、着眼战略合作抓引进等人才引进工程，探索建立政府引导、企业主体、项目依托、平台支撑、市场运作的人才引进机制，完善政府、民间、市场等多元化的人才引进格局。拓宽柔性引才通道，按照"双向选择、来去自由，不求所有、但求所用"的原则，鼓励用人单位通过人才租赁、项目合作、技术入股、智力兼职、难题攻关、技术咨询、科技讲座、合作经营、投资兴办实业，或合作设立技术中心、研究所和实验室等方式引进和使用人才，大力引进带技术、带项目、带资金的高层次人才和创新科研团队到中西部地区工作。创新人才流动模式，使"买鸡下蛋"的人才刚性流动与"借鸡生蛋"的人才柔性流动有机结合起来。实施"借智借脑"工程，鼓励企业去省外国外建立分支机构、孵化器等，充分利用省外

国外人才资源。细化高校、科研院所以及国有企业人才兼职兼薪实施办法。

容才：真心善待人才

各级领导干部要与人才交朋友，了解人才所思、所想、所盼，真正做到诚心对待人才，真心关爱人才，为人才解忧难，做人才的知心朋友和"后勤部长"，让每个人才工作有尊严感、创新有获得感、身份有归属感、奉献有成就感、生活有幸福感。坚持以事留人、以情留人，通过为人才提供无微不至的服务，让人才群体能够体面地工作生活，营造拴心留人和"尊重劳动，尊重知识，尊重人才，尊重创造"的浓厚氛围，形成鼓励人才干事业、支持人才干成事业、帮助人才干好事业的良好环境。既要关心、关注引进人才在欠发达地区安心、倾力、持续发挥作用和"再成长"问题，也要重视发挥中西部地区本地人才熟悉当地社会环境、具有发展本地经济和振兴家乡的积极性和主动性的特点，让人才实现自身价值与社会价值的双重发展。

聚才：广聚有用人才

环境好则人才聚，哪里机遇多，哪里人才就多。中西部地区工作和生活条件相对艰苦，更需要为人才干事创业营造富有活力、吸引力和竞争力的体制机制和制度保障，提高人才创新创业的社会环境和服务质量，以此聚集最广泛的人才，吸引最优秀的人才，留住最需要的人才，使各类人才的潜能在各自的领域得到充分发挥，真正做到一流人才、一流业绩、一流报酬。通过政策支持、环境优化、主动服务、产业依托等措施，鼓励和吸引在外成功人士回乡投资兴业，实施优秀人才回归工程、"反哺工程""引鸟还巢"。充分利用中西部众多的国家级新区、高新技术产业开发区、经济技术开发区，创建区域人才高地和人才特区，形成人

才集聚效应，打造人才竞争比较优势，营造"小气候"、增加"虹吸力"，让中西部成为天下英才最向往的地方之一。

用才：用好用活人才

要把用好用活人才作为人才工作的根本，要注重让人才在工作实践中施展才华，在一线岗位上奉献才智。对人才给舞台、给机会、给待遇，通过建立健全分配激励制度，让人才得到重视、得到尊重、得到实惠，"名利双收"，尽早使我国从"人口红利"向"人才红利"转变。作为政府和用人单位，除了重金揽才之外，重要的是根据人岗匹配的原则，努力做到用人所长、人岗相适、人尽其才、才尽其用，把人才配置到与其专业、特长、志趣相适应的岗位，包容、尊重人才的个性，发挥人才的能动性作用，充分信任、放手使用人才。要遵循人才成长规律，重视人才配置中的机会成本问题，力争在最佳时机把人才放到最能发挥其作用的位置上，在最佳年龄区多做贡献，在关键岗位上承担重任，让各类人才的价值得到充分体现，使人才的使用效益最大化。

理才：创新人才管理体制机制

体制机制顺，则人才聚、事业兴。要突出问题导向、回应人才呼声和社会关切，从理顺人才供给侧和需求侧结构与矛盾出发，着力解决人才发展不平衡不充分问题，破除一切不利于人才发展的制度性约束和体制性障碍，以调动广大人才的积极性、创造性为出发点和落脚点，重点推进人才管理体制、人才市场体系、人才评价机制、人才激励政策、人才退出机制、党管人才领导体制等关键环节改革，构建适应全面建成小康社会需要的人才制度体系。在"党管人才"格局下，进一步加快政府职能转变，合理划分政府、社会、市场的职责，建立现代人才发展治理体系，提高人才工作科学化水平。

（系省政府参事，省农科院原副院长、
研究员　陈　明）

甘肃："土壤医生""把脉开方"助春耕

（来源：新华社　　2019年4月6日）

"以前产量低了就多上化肥，不仅土壤肥力没有提高，芹菜还易得叶斑病。现在有了'土壤医生'，'把脉'土壤、精准配肥，芹菜卖相好，菜老板也挑不出毛病了。"甘肃省定西市安定区内官镇文昌村村民陈天虎说，他种菜有5年了，过去施肥"凭感觉"，现在施肥"看处方"。

"以前最贵的肥料也用过，土壤肥力、作物产量和质量却不见效果。"陈天虎说，去年当地来了"土壤医生"，宣传和推广测土配方施肥，他抱着试试看的态度用几亩菜地做了对比试验，效果很好。今年他在当地的"土壤诊所"里配肥1吨用于种植10亩芹菜。

陈天虎说的"土壤医生"是负责土壤检测与诊断的科研技术人员，"土壤诊所"是当地农技中心与企业合作的配肥站。

走进配肥站，记者看到检验室和实验室的架子上摆满了袋装土样，每一份都标有详细信息，包括取土来源、土壤类别、经纬度、取样时间、联系方式等。土样来自金昌、白银、兰州、定西、平凉等多地，多达千余份。

"每年国庆之后到第二年春耕之前，是土壤取样时间。"配肥站负责人张建杰说，取来的土样经过风干、化验分析、留样等处理，约15天后，就能拿到土壤的"病情"分析报告。

张建杰说，"土壤诊所"是2017年10月运行的，主要负责检测土壤肥力、酸碱性、微生物等情况，通过科学"把脉开方"，提高土地利用效率，实现科学施肥。此次采样期间，有5 000多农户送来土样，当地农技部门负责收集和检测土样，甘肃省农业科学院旱地农业研究所提供技术支持，企业依据"病情"负责配肥。

"当前国内部分农村地区存在盲目施肥、过量施肥等现象，土壤板结和酸化、土壤肥力下降等问题突出，阻碍现代农业健康发展和农民增产增收。"甘肃省农科院旱农所专家、"土壤医生"张绪成说，通过测土配方施肥调节农田养分的循环和平衡，是提高土壤肥力和土壤可持续利用的有效方式。

据了解，甘肃省农科院的专家有丰富的"临床经验"。30年土壤肥料长期定位实验和20年耕地土壤检测，为科学合理施肥、防治耕地土壤退化和土壤可持续利用提供技术指导。

有了"土壤医生"指导，耕地质量提升了，农民实现节本增效。"过去一亩芹菜施肥成本超过500元。现在测土配方施肥，一亩地成本下降近100元。"陈天虎说，除了测土配方，当地农技中心每年4月针对土壤病虫害进行测报，技术人员通过引导，为农民群众提供土壤病虫害防治办法。

记者从甘肃省耕地质量建设管理总站了解到，甘肃省自2005年启动测土配方施肥项目以来，逐步科学评价了全省耕地地力，确定了粮食作物养分丰缺指标、经济作物施肥配方，实现亩均节省化肥5.5千克、亩均增产粮食42千克、亩均节本增效65元。

眼下正值芹菜种植时节，陈天虎已经从配肥站拉回肥料400千克用于春种。陈天虎说，有专家指导，科学配肥，他对今年的收成充满信心。

（记者　王　朋）

省农科院科技帮扶贫困户脱贫

（来源：《甘肃经济日报》　　2019年4月10日）

为帮扶贾山村贫困户种好"铁杆庄稼"，日前，省农科院驻贾山村帮扶工作队与院帮扶该村的各研究所共同组织开展了良种发放和现场科技培训。

在良种发放活动上，省农科院旱农所、蔬菜所及农经所领导向贾山村164户贫困户捐赠玉米新品种"陇单339"500千克、胡麻新品种"陇亚10号"850千克、马铃薯新品种"冀张薯12号"2 500千克、塑料大棚蔬菜种苗3.2万株。李兴茂、李尚忠研究员分别针对冬小麦田间管理、玉米高产、高效栽培等对农民进行了现场培训，并给贫困农民发放了饲用甜高粱高产栽培和高效利用技术、胡麻全膜微垄沟种植技术、农药安全使用及病虫害绿色防控技术等单行材料。通过良种配送和培训技术，使贾山村130余人参加了活动及培训，掌握了基本的科技种田方法，提升了全村春耕生产科技水平和贫困户科技种田素质，把科技扶贫落到实处。

（记者 俞树红）

魏胜文调研武山蔬菜产业发展情况

（来源：武山县政府 2019 年 4 月 12 日）

4 月 11 日，省农科院党委书记魏胜文深入武山县，就武山蔬菜产业发展情况进行调研。副县长马学军参加调研。魏胜文一行先后到武山县蔬菜产业科技示范园区、大南河流域设施蔬菜产业园、洛门牟坪现代农业苹果矮化密植示范园等地，通过实地查看、听取汇报等方式，详细了解了武山蔬菜等产业发展情况。调研中，魏胜文充分肯定了武山县蔬菜产业发展，他认为，武山县自然资源丰富，地域条件独特，蔬菜种植历史悠久，产业发展空间较大。

他希望，武山县在做大做强蔬菜产业方面，要进一步加强技术指导和成果转化，加强蔬菜质量安全和生态环境保护力度，不断提升蔬菜生产水平和产品质量安全；要开展好蔬菜地理标志产品和"三品一标"认证工作，提高产品竞争力和影响力；要不断壮大提升企业和专业合作社带动能力，推动蔬菜产业向规模化、集约化发展。他表示，省农科院将进一步加大对武山蔬菜产业发展的支持力度，不断提升蔬菜产业科技化、管理智能化和生产标准化水平。

八十载风雨历程　新时代再创辉煌

——记前进中的甘肃省农业科学院

（来源：《甘肃科技报》 2019 年 4 月 27 日）

80 年沧桑巨变，承载了农科人的梦想与激情。80 年光辉历程，凝聚着农科人的智慧和力量。在全面建成小康社会的决胜阶段，甘肃省农业科学院迎来 80 周年，历经风雨洗礼，走过的历程熠熠生辉。

甘肃省农业科学院始建于 1938 年（前身为

甘肃省农业改进所）。中华人民共和国成立后，在党和政府的高度重视下，农业科技事业得到了快速发展，尤其是"十三五"以来，省农科院以更高站位、更宽视野谋划发展，以更高标准、更严要求推进工作，翻开了新时代科技事业发展的新篇章。目前已发展为拥有 14 个专业研究所的综合性现代农业科研机构，研究领域涵盖了全省现代农业发展的各个方面；在全省建有综合试验站 22 个、农业农村部野外科学观测试验站 8 个，国家胡麻改良中心甘肃分中心、中美草地畜牧业可持续发展研究中心等省部级创新平台 18 个，是国家农业科技创新体系的重要组成，也是服务全省"三农"的中坚力量。

科技成果之花开遍陇原大地

"服务三农、吃苦耐劳、开放包容、求实创新"——这是农科人始终秉承的"农科精神"。80 年来，面对甘肃自然条件严酷、生态环境复杂的现状，一代代甘肃农科人勇于担当、开拓创新、刻苦钻研，扎根在 400 多个农村基点，创造出了 1 200 多项科技成果，选育出作物新品种 200 多个。"抗锈小麦新品种选育及推广工程"入选新中国成立 60 周年甘肃成就地标。以首届陇人骄子、省科技功臣王一航为代表的科技人员，选育出的陇薯系列马铃薯新品种累计在甘肃和西北地区示范推广 6 000 多万亩；以国家现代农业产业技术体系胡麻首席科学家党占海为代表的科技人员，选育出胡麻新品种，解决了亚麻杂优利用的世界性难题，陇亚系列胡麻新品种种植面积占到全国油纤兼用亚麻种植面积的 30%，累计示范推广 3 000 万亩；以全国巾帼标兵、省劳模王兰兰为代表的科技人员，选育的陇椒系列辣椒新品种累计示范推广 150 余万亩，产生经济效益 210 亿元，成为甘肃省设施蔬菜主栽品种和知名品牌；以全省知名育种专家杨天育为代表的科技人员，选育的陇谷系列和陇糜系列小杂粮新品种，在甘肃省旱作农业区抗旱救灾、提高复种指数、调整种植结构中发挥了突出作用。小麦、玉米、蔬菜、果树、瓜果等各类新品种，既为农业产业发展奠定了良种基础，也为农民增收致富奠定了重要基石。与此同时，以全膜双垄沟播、全膜覆土穴播、集雨补灌等为主的旱作农业技术，以垄作沟灌、垄膜沟灌、膜下滴灌等为主的节水技术以及小麦条锈病综合防控技术、戈壁农业设施栽培技术、高效健康养殖技术等，为全省现代农业发展和脱贫攻坚保驾护航。

在 80 年发展历程中，省农科院在不断求索中发展壮大，一代代农科人薪火传承、不懈追求，持续推进科技创新与成果转化，为支撑甘肃现代农业发展、助力脱贫攻坚做出了重要贡献。80 年来，培养了一支近千人的科技人才队伍。曹尔昌、王吉庆、周祥椿、秦富华、王一航等老一辈科学家，为广大科技工作者树立了楷模；全国劳模、国家级百千万人才工程入选者、全国优秀科技工作者、国家农业产业技术体系首席科学家、省政府特聘专家等一大批杰出人才，继往开来，扛起了科技创新的大旗。全院目前拥有副高级以上专业技术人员近 300 人、硕博士 300 人。入选国家"新世纪百千万人才工程" 3 人、国家级优秀专家 3 人、省优专家 13 人、省领军人才 39 人，享受国务院特贴 38 人，有省科技功臣和陇人骄子 4 人、国家现代农业产业技术体系首席科学家 1 人、岗位科学家 10 人、综合试验站站长 12 人、博导及硕导 50 人。这支人才队伍，是省农科院事业发展的宝贵财富，也是支撑全省现代农业发展和脱贫攻坚的中流砥柱。

翻开新时代科技事业发展新篇章

80 年来，省农科院不断发挥自身优势，融入改革开放的大环境中，高站位、宽视野谋划发展，审视形势变化，精准高标定位，明确发展重点，翻开了新时代科技事业发展的新篇章。先后加入全国农业科技创新联盟、国家马铃薯产业科技创新联盟、国家智慧农业科技创新联盟、国家农业大数据与海外农业研究创新联盟、"一带一路"农业科技创新联盟和西北农林科技创新联盟，为促进协同创新建立了纽带。

牵头成立甘肃省农业科技创新联盟，凝聚省相关部门、各市（州）农业科技力量、涉农高校及农业龙头企业共计44家单位，构建起全省大联合、大协作的格局。依托创新联盟，凝练提出以协同创新平台、资源共享平台、咨询服务平台和现代农业产业技术体系建设为主要内容的"甘肃省现代农业科技支撑体系建设"项目，得到省委、省政府领导的充分肯定，并由省财政立项支持1.88亿元。2018年3月，项目正式启动实施。协同创新平台建设方面，针对不同生态区农业产业发展的技术需求，建设河西走廊现代高效节水农牧业、陇南中药材与特色林果业、中东部旱作区现代循环农业、甘南生态畜牧业和兰白经济圈现代都市农业等5个协同创新中心。资源共享平台建设方面，已争取到"甘肃省农业种质资源保存利用中心建设"项目；建成12个综合试验站的田间信息采集和可视化管理系统，初步建成1个数据平台＋12个试验站的智慧农业系统；启动实施甘肃省名特优农畜产品品质标识工程，初步建立甘肃名优特农畜产品分子标识技术体系及百合、当归分子标识数据库，为彰显"甘肃出产"地域品牌，推动农业供给侧结构性改革提供了科技支撑。

不断加强咨询服务平台建设，与省广电总台合作开发IPTV-甘肃农业科教频道"话农点经"栏目，截至目前，成功播出56期，社会反响强烈。编研出版2部省级农业科技绿皮书，定期研究发布"农情要报"，使"农科院方案"成为政府决策的重要参考和服务新型经营主体的有力抓手。

为打赢脱贫攻坚战提供强有力科技支撑

消灭贫困是人类文明史上的壮举，愿祖国四海之内无饥馑，是全党全国各族人民的共同心愿，处在决胜小康社会的关键时刻，坚决打赢脱贫攻坚战，成为农科人的担当和使命。多年来，省农科院始终把打赢脱贫攻坚战作为最大的政治和最重要的大局，深入学习深刻领会习近平新时代中国特色社会主义思想，站位再提高，工作再聚焦，力量再集中，措施再落实，进一步深化农业科技供给侧结构性改革，动员组织全院精锐科技力量，种好科技帮扶"责任田"，服务精准扶贫"主战场"，落实科技兴农"硬措施"，努力当好甘肃脱贫攻坚排头兵。充分发挥农业科技创新的主力军作用，组建专家团队、设立产业扶贫项目，在23个深度贫困县（区）深入开展对口科技帮扶。以科技支撑、科技创新、科技积累和特色发展为目的的数据库建设全面启动，完成草食畜遗传资源信息数据库、小麦条锈病菌种资源信息数据库等13个科研数据库的框架构建，夯实了长远发展的坚实基础。以"三百"科技行动等为载体，创新方式，广泛开展科普培训和技术指导。按照"讲给农民听、做给农民看、带着农民干、引着农民富"的思路，采取"请进城"和"田间课堂"的方式开展形式多样的培训，有效提升了贫困村农民的科技素质。承办了全省脱贫攻坚能力提升"科技助推产业发展专题"培训班、全省脱贫攻坚农村人才专题培训班以及甘南藏族自治州农牧村实用人才农技推广能力提升培训班，近400名贫困县扶贫攻坚一线骨干人员参加学习。选派150多名"三区"人才开展"田间课堂"培训，累计培训农民和种植大户2.3万人次。组建专家服务团队赴环县、甘南、天祝等贫困地区开展技术指导、技术服务和技术培训。加大新品种新技术示范推广，在全省建立农作物示范基地49个，示范面积5万余亩。组织开展"试验站科技周"活动9场次，宣传科技成果100余项，邀请农技推广人员、种植大户、涉农企业等，共计2 580余人到试验基地观摩。

针对地方产业发展需求，精准遴选帮扶专家，赴贫困县开展扶助地方经济发展调研、现场指导和科技帮扶工作。先后与张掖市人民政府、岷县县委县政府、庆阳市农牧局、国家半干旱农业工程技术研究中心、甘肃亚盛实业（集团）股份有限公司等单位签订产学研科技合作框架协议或技术服务协议。截至目前，院属各研究所（试验场）共签订院（所）企合作协议30余项，支持地方产业和经济发展，为精准扶贫、精准脱贫提供了强有力的科技支撑。

推动全民科学素质有效提升

多年来，省农科院下大力气持续落实《中华人民共和国科学技术普及法》，深入实施《全民科学素质行动计划纲要实施方案（2016—2020年）》，加大省科普教育基地建设力度，有效促进科普场馆展示水平提升和科普宣传能力的提升。改造"省农科院农业科技馆"408.78米^2，采用影像综合展示系统、甘肃土壤类型识别演示系统、幻影成像、电子沙盘、环幕投影等相关设备陈列展出国家级、省部级奖励成果260多项，为宣传省农科院、开展科学普及提供了实际场景。先后承办五届"兰州市少年儿童生态道德实践活动"，承办"第六届全国青年科普创新实验暨作品大赛"兰州赛区活动，举办"社区科普开放日"等。先后被命名为"兰州市少年儿童生态道德教育实践基地""甘肃省科普教育基地"，同时又成为省委组织部省一级干部教育培训基地，获得甘肃省科普教育基地优秀案例奖，中国儿童中心、环境保护部宣教中心"优秀项目合作伙伴奖"，受到社会各界的一致好评。

新时代开启新征程。甘肃省农业科学院必将在习近平新时代中国特色社会主义思想指导下，秉承优良传统，以给甘肃现代农业插上科技的翅膀为己任，努力践行习近平总书记视察甘肃时的重要讲话和"八个着力"的指示精神，努力成为现代农业发展的引领者、脱贫攻坚的支撑体、高级农业科技人才的培养地以及政府决策的高端智库，为加快建设经济发展、山川秀美、民族团结、社会和谐的幸福美好新甘肃提供强有力的科技支撑，为新时代建设创新型国家贡献力量！

（记者　颜　岩）

农业专家路演"吆喝"新成果，
企业人员科技市场大"淘宝"

（来源：新甘肃　2019年4月30日）

"这项当归育苗技术在低海拔地区适用吗？""现在我省藜麦的加工生产技术是否成熟？"

4月30日上午，一场特殊的路演在兰州科技大市场举行。来自甘肃省农科院和兰州大学的15位农业领域专家集中登台，向省内多家农业企业推介团队的最新科研成果。

台上，科研人员卖力"吆喝"新品种、新技术，从成果特性到产量预测，再到投资回报……内容丰富、数据详实；台下，企业家们听得仔细、看得认真，时不时就感兴趣的问题提问交流。

"如此大规模集中推介我们的科研成果还是第一次。"省农科院副院长贺春贵介绍，这次推介的近20项科研成果都是省农科院近几年的代表性成果，不仅有谷子品种"陇谷13号"、饲草高粱品种"陇草1号"、藜麦品种"陇藜1号"等新品种，还有"当归熟地育苗技术""苹果多元化加工技术"等实用新技术。

贺春贵说，通过路演这种方式，专家和企业面对面、实打实地交流，既让专家进一步明确企业的需求，从而调整研究方向，使科研与生产、市场更紧密地结合起来，同时企业也可以全面了解科研院所的科技成果，找到适合企业生产经营的技术、品种、产品等，进行交易或合作开发，实现共赢。

路演结束后，甘肃省农科院分别与甘肃华丰草牧业有限公司、甘肃同德农业科技集团有限责任公司等企业签署了相关技术服务协议，"陇草1号""陇藜1号"等科研成果找到了好"婆家"。

专程从环县赶来的甘肃荟荣草业有限公司总经理吴恩平收获满满，公司与省农科院签署了"黄土高原人工放牧基地建模"技术服务协议。过去两年，通过与省农科院合作，企业运用新技术在环县试验示范种植牧草1万亩，丰富了草品种，让羊吃上了好草，提高了生产量，今年还要合作扩大种植面积。

"我今天来还想再淘淘宝。"尝到科技甜头的吴恩平想看看有什么新的商机。在他看来，通过这种集中推介，不但给企业普及了前沿农业科学知识，展示了最新科研成果，更重要的是为企业和科研院所搭建了沟通的桥梁。

兰州科技大市场管理有限责任公司董事长于民介绍，过去，一边是企业苦于找不到急需的成果技术，一边是科研院所有许多好成果"养在深闺无人识"，去年，为破解这些难题，甘肃省全面启动了科技成果转移转化直通机制。"作为技术与市场的'媒人'，科技大市场一直在探索科技成果转移转化新模式和新路径，举办农业领域科技成果专场推介会就是一种全新尝试，通过这种方式，推动了产学研结合，促进科技成果向现实生产力转化的效果看得见、摸得着。"于民说。

据悉，今年围绕推进科技成果转移转化直通机制，兰州科技大市场将创新服务模式，通过举办各类科学技术专场推介会，进一步集聚高端创新要素，畅通供需渠道，促进科技成果转移转化。

（新甘肃·甘肃日报记者 秦 娜）

立式深旋耕作技术 让马铃薯增产又增效

（来源：公共频道（视频） 2019年5月3日）

摘要：立式深旋耕作技术，让马铃薯增产又增效。介绍了甘肃省农业科学院旱地农业研究所科研人员在定西市做现场演示。

马铃薯平均亩产超两吨！
甘肃省农科院先进农技农机显威力

（来源：新甘肃　　2019 年 5 月 17 日）

"今年信心大得很！"进入 5 月，定西市铂源农产品农民专业合作社负责人田永霞的马铃薯种植也进入收尾阶段。在安定区葛家岔黑营村播种现场，3 台新型立旋深松机在地里来回深耕、施肥、覆膜。田永霞跟着忙前忙后，干劲十足，给她带来信心的是甘肃省农科院旱农所张绪成研究员团队研发的"旱作马铃薯绿色增产增效技术"。田永霞的合作社成立于 2013 年，起初只做马铃薯收购。2015 年，她流转了 200 多亩土地，"小试牛刀"种起了马铃薯。去年一次偶然的机会，得知附近乡上正在开展"马铃薯绿色增产增效技术"培训，一向对科技信息很灵敏的田永霞第一时间赶去观摩学习。后来，抱着试试看的想法，她在流转地里选了 100 亩用新技术试种。让她没想到的是，当年马铃薯平均亩产超过 2 吨，产量较上年翻了一番。尝到科技甜头的田永霞，今年一口气流转了 2 000 亩土地，而且全部采用新技术种植。"这套技术的核心就是立式深旋耕作技术。"张绪成介绍。在播种现场，记者看到由深旋松机松过的土地，深度达到 40 厘米，较普通旋耕方式深 20 多厘米，而且土壤也更疏松。"通过深旋，土壤性状发生了改变，土壤的孔隙度更高，从而提高了土壤的温度，使土壤温度波动保持在一定范围内，同时降低了土壤的萎蔫系数，土壤的'锁水'能力由此提高，最终实现土壤水分的高效利用。"张绪成解释，由于土壤疏松，作物根系的发

育也更发达，有效促进作物生长，提高了抵御低温和干旱的能力。从 2015 年开始，张绪成团队依托承担的国家科技支撑计划和省科技重大专项进行科技攻关，重点研发了立式深旋松耕作技术，并配套立式深旋机和化肥追施深施机械，形成了以"立式深旋耕作技术、垄上微沟栽培技术、化肥减氮增钾追施和深施的养分管理技术"为主的旱作马铃薯绿色增产增效技术体系，大大提高了马铃薯水肥利用率。

"去年我们的马铃薯不但丰产，而且个头大、品相好，非常抢手。"田永霞说。"通过 4 年的试验和中试示范推广，目前这项技术能够使马铃薯稳定增产 40％以上，同时商品率提高 20％。"张绪成介绍，去年在定西及会宁的示范区，平均每亩增收达到 1 300 元，即便在马铃薯价格低迷期，也能实现每亩增收 700 元以上。今年，依托省财政项目，科研团队在定西、天水及会宁等地推广种植达到 10 万亩，预计增收上亿元，将有效带动当地贫困户和合作社脱贫增收。

这一技术对党参等块茎类作物同样有效。目前，科研团队已将这套技术成熟应用于党参等中药材种植中，通过改善土壤质量、优化栽培技术，能够有效减少病虫害，提高党参的品质和产量。

"技术提高了作物抵御干旱和寒冷的能力，能够有效解决目前全省发展寒旱农业在种植方

面的瓶颈问题。"张绪成介绍，试验表明，在越干旱、低温的情况下这套技术表现越好，发挥的作用也更突出，技术在西北黄土高原寒旱区广泛推广后，将带动马铃薯和道地中药材产业绿色发展。

据悉，目前张绪成团队正在探索替代地膜的绿色覆盖技术，未来将通过绿色覆盖技术、立式深旋松耕作技术、秸秆还田技术等技术集成，让土壤更健康，最终实现马铃薯从绿色生产到有机生产。

（新甘肃·甘肃日报记者　秦　娜）

我为兰州添一抹绿！城里娃农科院里识花辨果

（来源：新甘肃　　2019 年 6 月 6 日）

韭菜？麦苗？傻傻分不清楚……打小在城市里长大的孩子是不是有这样的尴尬？那不如来甘肃省农科院，一同亲近大自然、亲近农业，一起识花辨果。日前，甘肃省农业科学院青少年科普开放日暨兰州市少年儿童生态道德实践活动举行，兰州市近百名中小学生走进省农科院，跟随农业专家的脚步，了解农业知识。

在农业科技馆里，孩子们惊奇地看着全息投影展示的玉米、胡麻、马铃薯的生长发育过程，了解了甘肃省的土壤类型分布，知道了什么是小流域治理，什么是植物保护……在标本馆，琳琅满目的菌类标本、树种标本和昆虫标本让孩子们目不暇接，围着讲解老师问个不停，"飞蛾和蝴蝶有什么不同？""蝴蝶身上为什么有鬼脸？"……孩子们强烈的求知欲，感染着每一位专家。

在马铃薯脱毒种薯繁育中心，齐恩芳研究员为孩子们讲解了脱毒马铃薯的原理；在小麦试验地，欧巧明副研究员详细讲解了小麦的起源和杂交原理，还带着孩子们做小麦杂交实验；在胡麻试验地，孩子们第一次见到了开着小小蓝色花朵的胡麻，听王利民副研究员讲解了胡麻的杂交原理，以及省农科院开展的最新研究。来到林果种质资源圃，孩子们见到了平日里常吃的水果是怎么生长的，在牛茹萱老师的讲解中，他们知道了原来桃子有那么多品种，知道了为什么有的葡萄甜有的葡萄酸……在蔬菜所试验地，胡志峰副研究员从每家每户的餐桌说起，告诉孩子们大家平时吃的花椰菜、番茄、黄瓜等蔬菜新品种都是如何选育出来的。其间，学生们还通过观看宣传片，了解了省农科院 80 余年的发展历程，以及科技工作者为农业科研事业发展不断奋斗的感人故事。通过开放日活动，在了解农业知识的同时，学生们学到了农业科学家刻苦钻研、持之以恒的科研精神，增强了生态环保意识。

近年来，省农科院将科学技术普及作为一项重要的社会责任，通过完善创新活动形式和内容，不断扩大科普活动影响力，受到有关单位和学生们的广泛好评。

（新甘肃·甘肃日报记者　秦　娜）

牢记职责使命　积极主动作为

——甘肃省各部门各单位认真开展"不忘初心、牢记使命"主题教育

（来源：《甘肃日报》　2019年6月21日）

省农科院党委近日举办了"不忘初心、牢记使命"主题教育读书班。读书班包含党委理论中心组学习，形势政策、安全保密、革命传统教育等多种学习形式。省农科院党委要求，切实提高政治站位，扎实有序地推进主题教育。在学习研讨中，院党委成员、院班子成员和各级党组织成员带头学习、带头吃透精神，紧扣四个"贯穿始终"，抠细每一个环节，保质保量完成主题教育；集中学习以理论学习为主，在理解核心要义、强化思想武装上下功夫，研讨交流列出专题进行研讨，谈心得体会和收获。抓好统筹融合，确保主题教育和业务工作两手抓两促进，特别是带着调研任务开展工作检查，发现和检视存在的问题，推动各项重点工作任务落地落实。

（新甘肃·甘肃日报记者　秦　娜）

甘肃省农科院："别样"主题党日走进田间地头

（来源：【兰州党建】党建频道 爱兰州　2019年7月10日）

7月10日，甘肃省农业科学院旱地农业研究所党总支部委员会，组织35名党员，赴靖远试验基地开展"不忘初心、牢记使命"主题党日活动。通过活动进一步提高了党员的党性修养，明确了前进和努力的方向，并激励党员们扛起新使命、增强新本领、展现新作为。

（记者　王会军　杨　荣）

把"豆大"的事，干成"田美"的事业！

（来源：【兰州党建】党建频道 爱兰州　2019年7月10日）

张国宏，甘肃靖远县人，研究员，硕士生导师。甘肃省先进工作者、享受国务院政府特

殊津贴,甘肃省"333 科技人才工程"学术技术带头人,甘肃省领军人才,甘肃省青年岗位能手,省农科院建院 70 周年、80 周年有突出贡献科技工作者,中国农学会青年科技奖获得者,甘肃省粮油作物高产创建专家组专家,省农科院专家委员会委员。他和团队选育出的"多抗丰产优质旱地冬小麦新品种陇鉴 196"和"抗锈、丰产、优质冬小麦新品种陇鉴 127"获得甘肃省科技进步奖一等奖,均被评为建国六十周年甘肃省地标性科研成果;选育的"抗锈、丰产、优质冬小麦新品种陇鉴 294"和"抗锈、抗旱冬小麦新品种陇鉴 108 选育与应用"获得甘肃省科技进步奖二等奖",完成的"小麦抗条锈育种研究及抗锈品种应用"获得农业部农业科技奖二等奖,完成的"抗旱节水高产小麦新品种选育及高产田创建关键技术研究"获得甘肃省科技进步奖二等奖。引进筛选的中黄 30、冀豆 17、汾豆 78 等已经成为甘肃省主栽品种;制定三项技术成为农业部主推技术,获得国家发明专利一项,为甘肃大豆产业发展提供了有力的技术支撑;2018 年主持完成的"甘肃省不同生态区大豆带状复合种植技术研究与集成示范"获得甘肃省科技进步奖一等奖。30 年多年来张国宏研究员秉承把论文写在大地上,成果送进百姓家的科研理念,一直在农业科研生产第一线,创建了甘肃省农科院冬小麦遗传育种学科,选育冬小麦新品种 15 个,在甘肃省陇东、中部及宁夏、陕西大面积推广,累计推广面积 3 500 多万亩,增产小麦 42 万吨,使农民增收 8.5 亿元,为甘肃省小麦生产条锈病控制和粮食安全做出了重要贡献。其中获得 2 项甘肃省科技进步奖一等奖,二等奖 4 项,三等奖 7 项。

（记者 王会军 杨 荣）

悠悠黄土情 遍地梨果香

——记甘肃省农科院林果花卉研究所副研究员李红旭

（来源:《甘肃科技报》 2019 年 7 月 18 日）

他只是一名普普通通的农业科技人员,主要从事果树育种及栽培技术研究工作。20 年来,他选育和引进新优品种梨树 12 个,在全省推广面积占梨栽培总面积的 30% 以上,显著优化了全省梨品种结构;同时,他研发出一系列提质增效关键技术,并在白银、静宁、武威、张掖等地建立示范基地 11 个,新品种、新技术累计示范推广 30 余万亩,新增果品 18 万吨,新增利润 4.2 亿元。

他就是省农科院林果花卉研究所的副研究员、国家梨产业技术体系 21 个综合试验站站长李红旭。

最年轻的站长,把身子扎向梨园

2008 年,省农科院林果花卉研究所 34 岁的李红旭有幸加入张绍铃教授为首席的国家梨产业技术体系,成为兰州综合试验站站长,并组建了自己的研究团队。

在我国梨体系成员中,他是最小的一位,

大家亲切地称呼他"小李"。从此,他便与梨体系、梨产业结下了不解之缘。10年前,李红旭育了"甘梨早6",获甘肃省科技进步奖二等奖。

李红旭还依稀记得第一次与全国从事梨科研工作的专家们面对面交流的情景:"心中除了激动,还有些许的忐忑。"

李红旭说,这次会上来了不少各省农科院的知名专家和大学的院长、教授。他们都是农业科研领域的大家,而自己只是一位很普通的科技人员。他切身的感受是:"一方面,我自己能成为这个国家大平台的一员感到庆幸;另一方面,我怕自己没经验干不好,辜负了大家的期望。"

兰州综合试验站建在哪里好呢?经过一番思考,李红旭把目光放在了白银市景泰县。

在白银,甘肃条山集团可谓家喻户晓。这是全省一家从事果品生产的省级农业龙头企业,建有梨园8 000余亩。"考虑到对产业示范引领,我们将示范基地选在该企业。"李红旭说。

试验站建设之初,试验示范工作并不是一帆风顺。长期以来,企业有自己一套梨园管理方法,对外来的新品种、新技术并不认可,但他们并没有气馁。

条山农场梨园梨茎蜂成患多年,"每年盛花期一过,有近一半新梢被危害。"这让李红旭看在眼里,急在心上。通过在该梨园悬挂黄色诱虫板,帮助公司解决了多年以来梨茎蜂防治的难题,采用配方施肥技术不仅让梨园的化肥用量减少20%以上,而且使梨果可溶性固形物含量提高了1个百分点,品质显著改善。

"我们团队为企业和果农节约生产成本的同时,这些技术的成功示范,彻底改变了企业领导和果农的观念,试验站工作得到了认可和赞扬。"李红旭说。后来,当甘肃条山集团领导得知李红旭他们的试验用地有困难时,主动为他们提供了50亩试验用地,还帮助解决和改善了团队成员下点工作的住宿和办公条件。

在条山农场,李红旭他们一蹲就是20年。在条山集团公司的积极配合下,试验站先后在当地试验推广了黄冠、玉露香、红早酥、翠玉等新优品种。

光推广新品种还不够,还要进行技术创新。不然,建设现代化高标准梨园只是空谈。于是,李红旭和团队成员马不停蹄地开展了梨密植省力栽培技术、梨树腐烂病综合防控技术、液体/壁蜂授粉技术、梨水肥一体化技术、郁闭低效梨园改造技术、修剪枝条堆肥还园利用技术、果园机械化管理等多项新技术,创建了"宽行密株+水肥一体化+机械化管理"栽培新模式,建成了一批现代化高标准梨园。

记者了解到,由于采用了新品种、新技术,条山农场生产基地平均亩产量由建站前的2 600千克/亩增加到3 800千克/亩,亩产值由6 700元提高到1.15万元。同时,梨果品质显著提升,"条山"牌黄冠梨、早酥梨均通过国家绿色食品A级产品认证,"条山"品牌荣获"2015年中国十大梨品牌"。

如今,李红旭他们每年都要接待10多批前来条山基地观摩学习的农业企业、种植大户和果农,累计达1 000人以上,示范带动效果十分显著。

做新时代体系人,换来陇原梨果香

20年来,李红旭风雨无阻。不是在去基地的路上,就是在老百姓家的梨园里。每年,他都要从南到北,从东到西,把天水、平凉、白银、武威、张掖等地建立的 11 个示范基地跑个遍。

"我忘不了，凌晨 5 点写完材料走出办公室，7 点又乘车去示范县，在车上补 2 小时觉，到基地继续开展冬剪技术培训……但是，当我看到果农渴望学技术的眼神和学懂修剪技术那种喜悦时，心里觉得自己做的这一切都很值。"李红旭在工作笔记上这样写道。

在静宁县，果农孙定虎在李红旭和团队成员的帮助下成立了"静宁县康源果业专业合作社"，带领示范户科学种梨；在景泰县，甘肃龙胜生态林果有限公司在李红旭和团队成员的指导下，解决了梨园大小年结果问题，实现了连年增产增收；在示范户鲁登元的梨园，平均亩产达 4 900 千克，让鲁登元成为小有名气的种梨"土专家"……

10 年试验站工作，让李红旭和团队成员值得回忆的事情很多。

2017 年 6 月 29 日，静宁县界石铺镇梨园遭遇冰雹灾害，正当果农们一筹莫展时，李红旭带领试验站技术人员把减灾技术和肥料农药送到了果农手中。种植户们动情地说："李站长是我们果农的知心人，不仅为我们送来了农资和技术，也为我们防灾减灾树立了信心。"

静宁县位于甘肃东部，属于雨养农业区，年降雨量 400 毫米左右，多数梨园没有灌溉条件，由于降雨不均衡，导致每年发生春旱或春夏连旱，对梨树的生长和结果影响很大。

自 2009 年开始，李红旭和团队成员在这里开展了旱地梨园垄膜集雨保墒技术试验示范，有效解决了当地梨园春季干旱的问题，并集成平衡施肥、病虫害绿色防控等技术，示范园较常规管理梨园增产 412 千克/亩，优质果率提高 23%，实现了增产增优同步，示范户户均增收 6 000 元以上。该技术还被当地政府作为果园主推技术，在果业增效、果农增收、科技扶贫等方面起到了积极作用。

经过李红旭团队的不懈努力，在"十二五"全国梨产业技术体系综合考评中，兰州综合试验站排名第二。

"全国梨产业技术体系汇聚了国内多位著名专家，在与他们的合作试验和交流探讨中，我感受到他们对事业的挚爱、对学术的严谨和对工作的负责，时刻激励我要积极向上，尽自己所能把试验站工作做好。"李红旭说。

记者了解到，2012 年，李红旭被省林业厅聘为"甘肃省林果产业科技专家"，并被评为 2008—2009 年度甘肃省农科院先进工作者，2016 年度甘肃省农科院优秀共产党员。同时，李红旭试验站团队也得到了很好的发展。其团队成员中 2 人晋升中级，1 人晋升副高，1 人在职攻读博士，1 人获国家自然基金资助。2018 年，该团队还承担了甘肃省重大专项梨课题的研究任务。目前，李红旭和团队成员累计发表科研论文 70 余篇；获国家发明专利 1 项、实用新型专利 2 项，获植物新品种权 2 项；研究成果 2019 年获甘肃省科技进步奖二等奖；组建了全省梨协作网，为主产区培养了一大批技术骨干。

"10 多年的梨体系工作，我有过迷茫和气馁，但更多的是让我明确了目标，获得了自信，收获了喜悦。作为体系人，我们要不忘初心，牢记使命，始终保持刚加入体系的那种工作热情和干劲，一如既往地为我国梨产业服务。"李旭红无不动情地说。

（记者　武文宣）

国内外专家学者在兰共同把脉生态农业发展

（来源：《甘肃日报》 2019年7月18日）

第十九届中国农业生态与生态农业学术研讨会暨第二届生态咨询工作委员会年会7月17日在兰州新区召开。长期从事农业生态研究与实践工作的国内外知名专家、学者及相关企业负责人等300余位代表共同把脉生态农业发展，共话生态文明建设。

本次研讨会由中国生态学学会农业生态专业委员会、中国生态学学会生态咨询工作委员会、省农科院土壤肥料与节水农业研究所等单位共同主办，旨在促进国内外农业生态专家学者交流合作，提高我国农业生态学研究水平及学科建设，为生态农业发展、乡村振兴战略实施提供科技支撑。

在为期4天的研讨会期间，与会代表将围绕"农业生态化与乡村振兴"主题，就农业生态化和生态农业发展的道路建设、生态农业与乡村振兴、生物多样性与农田生态系统服务功能、都市生态农业的原理与实践、生态农业与新型肥料等7个专题展开交流研讨。研讨会共包括主题报告18个、分会场报告63个，墙报13个，并特设研究生专场。

研讨会上，来自华南农业大学、中国农业大学、国家发改委国土开发与地区经济研究所等高校、院所的专家、学者分别作题为《我国农业生态学与生态农业发展的过去和未来》《生态文明教育》《区域高质量发展与乡村振兴》等主题报告。

（新甘肃·甘肃日报记者　秦　娜）

共享农业科技大餐，甘肃省农科院定西试验站"科技开放周"活动启动

（来源：新甘肃 2019年8月2日）

"能和科研人员面对面交流，对我们科学种地帮助很大。"8月1日，定西市安定区团结镇唐家堡村村民刘进元走进甘肃省农科院定西试验站，不仅学习了农业实用新技术，还领到了免费化肥。当日，定西试验站"科技开放周"活动启动，当地农户、合作社、企业等各方代表纷纷来到身边的"专家大院"，共享一场农业科技大餐。本次"科技开放周"活动是省农科院破解科技与生产"最后一公里"难题的一项重要举措，旨在充分发挥试验站的科学普及和技术推广作用，通过开展旱作农业关键技术展示、讲座、咨询等活动和服务，直观展

现农业科技创新成果和农业绿色发展理念，促进新技术、新产品、新模式转化为现实生产力，助力精准脱贫和乡村振兴。

活动现场，科技成果展集中展示了"半干旱区马铃薯全膜覆盖起垄微沟种植技术"等试验站近年来取得的代表性科研成果。科研人员为农户发放了"马铃薯抗旱增产与养分高效利用栽培技术"等科技"大礼包"，并讲解了实用新技术；相关企业技术人员还向农户介绍了科学施肥、土壤修复等知识。在农机具展示区，旱地立式深旋耕作机、残膜回收机等新型农机引起了农户的广泛兴趣。此外，各方代表还参观了"半干旱区农田水分养分检测试验场"大型农业科研设施设备。活动当天，相关企业向农户赠送 50 袋化肥。据悉，科技开放周期间，定西试验站还将举办多场内容丰富的农业技术讲座，为农户开展"手把手"的技术培训，提供科技服务。兰州、定西等地的相关

高校、院所代表也将走进试验站，与科研人员进行交流研讨。据介绍，省农业科学院定西试验站始建于 1983 年。作为全省旱作农业理论创新与技术研发的重要平台，近 40 年来，试验站在科学研究、技术研发、示范应用等方面取得了突出成绩，先后被确定为国家耕地质量野外观测站、农业部学科群观测试验站等，为定西高泉流域生态治理、农业科技创新和区域农业生产发展作出了积极贡献。特别是近 10 年来，围绕定西市马铃薯、中药材、小杂粮、草食畜产业发展，试验站研发应用了一批科研成果，其中以"垄上微沟"和"立式深旋耕作"技术为代表的马铃薯高产优质技术模式，多点产量接近 3 吨，处于世界旱作马铃薯生产的领先地位，为定西乃至全省农民增收和脱贫攻坚提供了有力科技支撑。

（新甘肃·甘肃日报记者　秦　娜）

科技开放周：打通科技与生产的最后一公里

（来源：公共频道（视频）　2019 年 8 月 5 日）

摘要：为了进一步加强新技术、新产品宣传力度，加快科技成果转化应用。8 月 1 日，

甘肃省农业科学院定西试验站"科技开放周"活动正式启动。

不忘初心　牢记使命　把科研与为民造福结合起来

（来源：《甘肃日报》　2019 年 8 月 6 日）

为中国人民谋幸福，为中华民族谋复兴，是共产党人的初心和使命。农业科研单位"为

农而来"，农业科技工作者"科研为民"的初心和使命始终与中国亿万农民的愿望和期待紧

密相连。

把握职责定位，认清我是谁。认清"我是谁"，是扛起新时代农业科研单位职责使命的基础。2003年，时任浙江省委书记的习近平在浙江省农科院视察时指出："农科院既是一个科研单位，也是一个农业单位，要在科技兴省、科技兴农中做出新的贡献。"科研单位＋农业单位的"双重属性"，是省级农业科研单位的基本定位。"科研单位"是内在属性、本质属性、灵魂所在，要求我们始终坚持"以研为本"，任何时候都不能偏离这个中心；"农业单位"是外在属性、价值属性、目标指向，要求我们始终坚持服务"三农"的导向，围绕脱贫攻坚、乡村振兴等重大战略及农业产业和农民技术需求，开展科学研究和技术服务。

坚守初心使命，不忘为了谁。有效应对变化发展了的社会主要矛盾和农业主要矛盾，是农业科研单位回答好"为了谁"这一根本问题的落脚点。在中国特色社会主义进入新时代的历史方位中，我国社会主要矛盾转化为人民日益增长的美好生活需要和不平衡不充分的发展之间的矛盾。同时，"农业主要矛盾已经由总量不足转变为结构性矛盾，主要表现为阶段性的供大于求和供求不足并存"。实现全面小康，推动乡村振兴，农业科技工作必须按照供给侧结构性改革要求，提升创新能力和服务水平。当前，从全省农业产业生产实践看，由于甘肃省农业生产的多样性、农业活动的复杂性，科技成果应对低碳循环经济、绿色发展、乡村振兴、脱贫攻坚等重大需求，存在供给数量不足、质量不高、供需错位等突出矛盾。因此，农业科研单位要围绕产业重大需求，处理好科技成果数量与质量的关系；围绕产业转型升级，处理好科研活动长期性目标和短期性目标的关系；围绕提高创新效率，处理好科技创新与科技服务的关系；围绕新型经营模式需求，处理好宏观引导与自主研发的关系，围绕农业科技供给侧和需求侧有效对接，全面提升科技支撑能力和服务水平。

增强政治引领，牢记依靠谁。服务"三农"是力量源泉，党的领导是根本依靠。担负起"给农业插上科技的翅膀"的时代使命，有效推进农业科技供给侧结构性改革，必须加强党的领导，增强政治引领。强化理论武装，引领科技人员坚守初心、勇担使命。科研院所是知识分子的聚集地，是党的知识分子工作的主阵地。必须牢牢把握理论武装这一龙头，固根守魂，在坚定理想信念上下功夫，在厚植爱国主义情怀上下功夫，使习近平新时代中国特色社会主义思想成为最强音。强化机制创新，为科研人员建功立业搭建利好平台。面对新时代新形势新任务，要遵循科研工作的特点和规律，创新工作方式，着眼于让知识分子充分发挥作用，在组织形式、联系机制、管理形式等方面进行改革。强化作风学风建设，大力弘扬科学家精神。优良的作风学风是科技工作的"生命线"。加强科研作风学风建设，需要政府、科研机构、科技人员和社会各界积极参与、共同发力。要强化服务、强化引导、强化减负，为科技工作者潜心研究、拼搏创新提供良好的政策保障和舆论环境。

（系省农科院党委书记　魏胜文）

汗水"写"就的育种"传奇"

——记省农科院作物育种专家张国宏研究员

（来源：《甘肃科技报》　　2019年8月12日）

张国宏，研究员，硕士研究生导师。2005年享受国务院政府特殊津贴，入选甘肃省学术技术带头人"333科技人才工程"、甘肃省"科学技术领军人才"、甘肃省青年岗位能手、甘肃省粮油作物高产创建专家组专家。现任甘肃省农业科学院旱地农业研究所大豆研究室主任，兼任国家现代农业产业技术体系兰州大豆综合试验站站长、中国作物学会大豆专业委员会理事。主要从事冬小麦、大豆遗传育种和高产高效栽培研究等工作。主持或参与完成科研项目20余项，获得甘肃省科技进步奖一等奖3项。发表论文20余篇，参编专著1部。个人多次获国家级、省级荣誉，是省农科院建院70周年、80周年有突出贡献的科技工作者。他生于普通农家，自幼目睹并亲历了农民生活的艰辛，立志服务三农；他扎根农村，无惧艰苦与困难，只为选育出优质小麦新品种；他潜心研究，与蓝天黄土为伴，决心和农作物死磕到底。35年来，他育成18个新品种，累积推广面积数千万亩、增产数十万吨、助农增收十多亿元……

"有能力时我们不努力，将来会后悔"

今年55岁的张国宏研究员是甘肃靖远人。35年来，他的脚步遍及陇原大地，从冬小麦的选育到大豆的栽培，再到科研团队人员的培养，每一段路都沉重艰辛，但是每一步都坚定稳健，他用汗水"写"就一部黄土高原上的育种"传奇"。

1985年，正值条锈病大流行，全省小麦大面积减产，指数低至50%。当务之急就是选育抗锈丰产优良品种，解决这种小麦毁灭性的病害，保证甘肃省粮食安全。

当时，张国宏正逢大学毕业，被分配到省农业科学院。23岁的他意气风发，背起行囊，经过了3天的路程来到了距兰州千里之外的庆阳市镇原县上肖乡省农科院试验站，投入到冬小麦抗锈育种攻关中。

在上肖乡省农科院试验站，白天，他在田间观察记录、走访农户；晚上，他在煤油灯下查资料，分析研究，最长时连续蹲点8个月。

经过11年不懈的努力，辛勤的汗水终于浇灌出了丰硕之果，1996年他和科研团队攻克难关，选育出了多抗、丰产、优质旱地冬小麦新品种陇鉴196、陇鉴46、陇鉴64等新品种，陇鉴196为甘肃省冬小麦品种年度推广面积最大的品种，获甘肃省科技进步奖一等奖。

他深知，农作物遗传育种是一项创新性的研究，枯燥而艰辛，选育出一个优良品种至少需要10年以上，不仅要有执著信念和坚强的毅力，更要耐得住清贫与寂寞。

"一年做300多种组合，分离时就有几十万个单株，仅千分之二三符合育种目标。"30年来，张国宏练就了一眼找到这"千分之二三"的"硬功夫"。

他常告诫自己的学生，"有能力时我们不努力，将来会后悔！"同样，在工作中他一直这样要求自己。

30 多年来，张国宏不但在科研上谦恭好学，攻坚克难，而且在学科建设方面十分重视人才培养。他前后发表论文 20 余篇，参编专著 1 部；他创建的冬小麦遗传育种学科研究团队已成为省农科院重要的科研团队，他组建的大豆栽培育种团队也添列国家团队行列。

目前，张国宏的科研团队成员已经有 3 人晋升为研究员，4 人晋升为副研究员，大部分团队成员都成长为独当一面的青年科研骨干。他把严谨求实、为民奉献的精神作为他的团队宗旨，带领团队继续为全省农业可持续发展不懈努力和开路。

"育种研究没有成果，就一定不会放弃"

自 1985 年工作以来，张国宏舍小家顾大家，脚踏实地地把"论文写在大地上，成果送入百姓家"。

"在作物生长季，我们省农科院的试验田里随时都能看到张老师观察和记录的身影；在农闲季节，张老师也不会有丝毫的懈怠，分析总结研究，撰写学术论文，引进育种资源材料。"采访中，他的学生如是说。

为了大地的丰收，张国宏坚信"一粒种子可以改变世界"，他立志要选育出我国最好的小麦品种。

随着陇鉴 196、46、64 的大面积推广，使陇东小麦产量大幅度提高，农民喜获丰收，他的脸上终于露出了欣慰笑容。陇东农民说，"种了'陇鉴'，条锈病不用防。"

记者了解到，该系列先后在甘肃及宁夏、陕西等地推广 3 500 多万亩，增产 42 万吨，助农增收 8.5 亿元。1996 年，陇鉴 196、127 等系列新品种相继问世，全省粮食安全得到极大保障。

"要建立农业资源持续高效利用的技术体系，首先要发展的就是良种技术。"张国宏认为。

2008 年，因为他在农业科研事业上作出的突出贡献及在小麦遗传育种研究领域较高的学术水平，张国宏被农业部遴选为国家大豆产业技术体系兰州试验站站长。

他勇挑重担，续写"传奇"。在继续做好小麦育种工作的同时，他又带领团队开始了大豆高产高效栽培及品种选育攻关。11 年来，他们的科研团队，选育出了 3 个大豆优良品系，其中陇黄 1 号、3 号成了香港李锦记公司优质豆制品及酱油的专用品种，引进选育的 5 个优良品种成为甘肃主栽品种，研究出了 3 项高产高效栽培技术规程并大面积推广应用，使甘肃省大豆产业的发展进入了国家团队，迈上了一个新的台阶。

"我是一个农家娃，我要把自己所学奉献给国家"

30 多年来，张国宏情系三农，学农爱农，扎根一线，为甘肃省农业增效和农民增收作出了突出贡献，受到了广大农民的喜爱和称赞。

90 年代末，抗锈丰产小麦品种的推广，使全省粮食问题基本得到保障。2003 年，他主持选育出的优质面条冬小麦品种陇鉴 127 获甘肃省科技进步奖一等奖。2010 年和 2014 年，他又选育出了抗锈、高产优质面条冬小麦新品种陇鉴 294、陇鉴 386，分别获得甘肃省科技进步奖二、三等奖。这些品种的大面积推广应用，推动了甘肃省冬小麦选育从温饱型向优质高效型转变。

在解决陇东冬小麦品种抗锈丰产、优质高效的同时，他还关注到中部干旱地区春小麦播种难以出苗的问题。在深入调研后，他采用循环穿梭育种的方法最终选育出了高度抗旱的冬小麦品种陇鉴 19，成为甘肃省中部旱区第一个大面积推广的品种，为冬小麦北移提供了品种保障。

"农业发展要遵循价值规律，依靠科技进步；要确立产量更高、品种更优、效益更好的目标；要使农业充满生机活力，具有自我发展能力。"张国宏说。

30多年来，张国宏主持的甘肃省冬小麦联合育种攻关课题，6个攻关单位共选育出了冬小麦优良品种42个，其中5个品种获得甘肃省科技进步奖一等奖，3个品种获得二等奖。选育的冬小麦种植区域遍布甘肃省陇东、陇南、中部冬小麦产区及周边宁夏、陕西等省份，累计推广面积达2 318.3万亩，增产小麦52万吨，使农民增收6.12亿元。两个品种入选甘肃省新中国成立60周年地标性成果，大豆遗传育种与高效栽培研究团队进入了国家有影响力团队。

"我是一个农家娃，国家培养了我，农民哺育了我，我要把自己的知识、智慧和汗水无私奉献给国家和农民"，张国宏说。

（记者　武文宣　见习记者　栗金枝）

我是"有点儿专业知识的农民"

——记甘肃省农科院植保专家李继平

（来源：《中国组织人事报》　2019年8月14日）

作为一名科技专家，李继平始终把自己定位为"有点儿专业知识的农民"，生产中哪里病害问题突出，他就奔赴哪里开展工作，技术服务的足迹遍及全省各地，累计示范推广各类技术1 800多万亩，新增纯收益15多亿元，取得了巨大的经济社会效益。

围绕产业难题开展科学研究

20多年来，李继平围绕甘肃农业生产中存在的病虫害问题，开展了小麦条锈病、白粉病、蔬菜病害的诊断与防治、苹果病害、马铃薯病虫害和中药材病虫害的研究。

李继平带领他的研究团队积极探索、研究和推广生产上突出的顽固性病害防控技术。他和科研团队先后获得各类科研成果奖励17项，其中主持完成的"当归麻口病综合防控技术研究与示范"项目，全面提升了当归的产量和品质，解决了农药残留问题。该项技术已在省内外当归种植区广泛应用，2016年获农业部全国农牧渔业丰收奖一等奖。获得发明专利2项，其中"一种当归处理剂及其制备方法和应用"2018年获甘肃省专利奖一等奖。这些技术的应用推广，大大提高了甘肃省中药材等产业生产技术水平。

他和同事们一道，经常进村入户，进行当地富民政策和农作物病虫害知识宣传、技术骨干现场培训，指导农民做好农作物病虫害的防治工作。他扎根农村，熟悉生产问题和解决办法，他的授课浅显易懂，农民听得懂，做得来，效果好，深受农民的好评和欢迎。正是这样，他把科技成果讲给农民听，做给农民看，带着农民干，帮助农民在富民产业上有了实实在在的获得感。近年来举办各类农民培训班

100 余期，培训农民 2 万余人次。

"这几年得益于李老师的帮助，我们家的危房全部翻新，盖成了砖混结构，现在不仅种好了自家田，还流转了近 100 亩土地，用于种植中药材和马铃薯。"渭源县会川镇半阴坡村民赵永吉说，他家之前种当归，使用大量的高毒剧毒农药，但麻口病还是防不住，产量一般就是 400 千克左右。在李继平的帮助下，现在每年平均产量有 1 000 千克，质量和等级都提升了，而且不用高毒剧毒农药了，省内的临夏、天祝，甚至青海等地的种植户每年都过来跟他取经学习。

技术助推产业扶贫

不用扬鞭自奋蹄。正是凭着对农民朋友的满腔热情，李继平积极参与精准扶贫工作，先后在甘肃国投公司等 10 余家单位精准扶贫点开展技术服务和产业扶持行动，为精准扶贫探索新的途径。

在助推产业扶贫上，他带领团队积极参加各类技术培训讲座和现场指导工作，足迹先后踏遍了渭源、宕昌等 20 几个贫困县。通过甘肃省 12316 平台，解决了许多生产问题，在推动当地农业农村经济发展和带动农民增收致富

中发挥了显著作用，2016 年被评为"甘肃省 12316 工作优秀专家"；对来自全省各地约 150 余批病样无偿进行鉴定，并提供相关的防治技术方案，解决了一批生产突出问题。

他不忘初心，矢志奋斗，把科研论文写在大地上。"我们搞农业科研工作的，一定要接地气，在地里发现问题，然后去研究其有效的解决途径，解决问题才是我们的最终目的！"李继平说，"干农业这一行，最基本的就是要不怕吃苦，不怕脏。农民丰收的喜悦是我的追求，每当我们给农民解决一项问题，心里就会感觉到很有成就感，或许这就是我执着于自己这个专业工作的动力源泉。"

勇闯难关，服务三农，解决生产中突出的病虫害问题，来不得些许的侥幸和疏忽。面对新的生产模式，面对生产中出现的新问题，李继平决心带领他的团队精诚团结，继续发扬吃苦耐劳、努力拼搏、严谨求实、积极奉献的优良作风，力争让各项工作跨上一个新台阶。这，就是把成果写到大地上的农业科技人员的梦想！

（本报通讯员　甘仁轩）

带科技进村　助农户增收

（来源：公共频道（视频）　2019 年 8 月 30 日）

摘要：定西市通渭县的候坡村一直以来都是县里的深度贫困村，为了让候坡村的村民能够摆脱贫困，过上好日子，甘肃省农业科学院作为帮扶单位可都没少下功夫。

从朋友圈里的大土豆看甘肃马铃薯育种高质量发展

（来源：新甘肃 每日甘肃网 2019 年 10 月 14 日）

金秋时节，是甘肃马铃薯收获的季节。

从田间地头的丰收景象到淀粉厂前满载土豆的交货车队，再到今年稳中有涨的价格，土豆成为人们眼下谈论丰收的热门话题。

朋友圈里晒出的超级大土豆令人惊叹——一位农民背上背着几个土豆，用绳子绑着，各个都比冬瓜还大。

来自陇南成县的网友晒出土豆丰收的小视频，罕见的大块头儿土豆鲜活地呈现在眼前，最大的一个土豆重达 1.9 千克。

"这是啥品种？""土豆能长这么大吗？""都是哪里种出来的？"……一时间与大土豆有关的话题成为许多人乐聊的内容。

看着手机端传播的大土豆，从事马铃薯育种研究工作已有 23 年的甘肃省农业科学院马铃薯研究所研究员李高峰笑着说："这么大的土豆品种甘肃早些年就有了，现在马铃薯育种及市场需求已经不是追求个头儿大了，而是向着菜用型、淀粉型、高质量全粉和油炸食品加工型等更细、更高、更丰富的品质和效益型转变。"

甘肃马铃薯育种由追求数量向质量效益型转变

说起马铃薯育种的话题，李高峰滔滔不绝："网友们在微信朋友圈儿里晒的大个头儿马铃薯，前些年甘肃就有比这还大的品种呢！"李高峰拿起一张马铃薯品种的图片向记者说，"像最早的陇薯 5 号，一亩地产量能上万斤！"

放下手里的图片，李高峰话锋一转："但是随着人们消费需求的升级，这样的品种其实空间并不大。比如个头儿太大，许多家庭一顿饭用不完，就出现了被剩下的情况。同时，有些个头儿大的品种芽眼深，意味着食用时削皮中的损失也大。现在，南方市场的消费者更喜欢中等大小的椭圆形黄皮黄肉马铃薯品种，维生素 C 含量高，口感好。"

李高峰介绍，甘肃马铃薯育种在全国占有一席之地。特别是马铃薯高淀粉育种和抗晚疫病育种在国内居领先地位。目前甘肃省有包括甘肃省农业科学院在内的 7 家马铃薯专业育种团队。其中甘肃省农业科学院已经深耕马铃薯育种研究半个多世纪了，先后培育马铃薯品种 42 个，陇薯 3 号是国内首个淀粉含量超过 20% 的品种，超高淀粉品种陇薯 8 号淀粉含量达到 24%～27%，陇薯 7 号抗病优质广适，不仅北方一季作区能够种植，而且适宜广东冬播区种植，抗旱高产马铃薯品种陇薯 10 号，在甘肃省干旱半干旱地区种植面积增长快速。目前甘肃省马铃薯种植面积已经达到了 1 000 万亩左右，其中种植面积超 100 万亩的品种有 4 个：陇薯 3 号、陇薯 7 号、陇薯 10 号和青薯 9 号。

"从市场需求出发，甘肃马铃薯育种已经由数量向质量转变了！"李高峰说："目前菜用型品种、淀粉型品种可以基本满足市场需求，尤其是高淀粉品种不仅带动农民增收，还带动了淀粉厂节能增效。高质量全粉和油炸食品加工型品种是短板，也是目前加大研发力度的对象。"

说到这里，李高峰给记者讲了一个小故事。

有一年，他陪甘肃马铃薯育种专家王一航到东北某地参加一个全国性的马铃薯专业会议，其间王一航感冒了，李高峰陪同王一航到诊所看病。

病房中有人问："你们是哪里来的？"

李高峰说："我们从甘肃来，来开马铃薯会议。"

当即现场就有人脱口而出："甘肃的！是定西吧？定西的马铃薯很有名气啊！"

……

"这个当时我感触非常大，没想到咱们甘肃的马铃薯这么有名气。"李高峰说。

李高峰表示，随着马铃薯主粮化的发展和马铃薯育种的高质量发展，甘肃马铃薯产业将迎来新的更大的发展空间。

"甘肃人对马铃薯的感情是很深的！在历史上吃不饱的时候，马铃薯就是主粮。如今随着生活水平的提升，马铃薯依然是甘肃人餐桌上不可少的一道菜，只是以马铃薯为食材的菜品越来越精细化、多样化、个性化了！马铃薯主粮化在甘肃有很好的基础。"李高峰说。

"今年大家为什么喜欢发马铃薯的视频和照片？有一个重要原因，就是今年甘肃的马铃薯丰收了！"李高峰说，"据我们的调研，眼下甘肃马铃薯处于增产增收的喜人态势：农户自己种的较去年增产 20%～30%，一些农民专业合作社能增产一半左右！今年马铃薯收购价格也涨了，淀粉厂原料价格 1 吨 1 000 元，一斤 0.5 元。经销商下乡收购的价格在 0.42 元。商品薯总体价格比去年提高了 5 分钱到 1 角钱，没有出现销售难的情况。"

记者在采访陇南马铃薯销售情况时也了解到，近期在西和县一些乡村，大土豆一斤能卖到 0.65 元。

李高峰认为，今年甘肃马铃薯丰产丰收，跟品种、种植技术、气候等多种向好、利好因素都有关系。

第一，一些高产的马铃薯品种在不断推广、应用和扩大种植面积。

第二，甘肃省实施马铃薯脱毒种薯全覆盖，种薯质量整体提高了。

第三，这几年通过马铃薯地膜覆盖规范种植技术的推广，许多农民专业合作社认识到了规范种植带来增产增收的效果和科技的力量，纷纷主动改良种植技术。

第四，今年甘肃马铃薯主产区风调雨顺，降水全年均衡且多于历年，马铃薯没有出现缺墒情况，这对干旱地区来说实属难得。

第五，今年马铃薯晚疫病比去年要轻，对产量影响降低了。

正在向记者细说今年马铃薯丰收原因时，李高峰的电话响了：甘肃省农科院会川马铃薯育种试验站的同事邀请李高峰下周来会川，共同到田间评价新的研究成果。

李高峰介绍，从 20 世纪 50 年代开始，甘肃省农科院就展开了马铃薯育种试验、研发，为甘肃省马铃薯育种工作积累了系统性研究基础，有些研究成果已经惠及省外。今后，甘肃省农科院将进一步加强科研为民意识，创新研究思路，为全省现代丝路寒旱农业发展提供科技支撑，在旱作农业高效、绿色发展方面做新的更大贡献。

（记者　王占东　责任编辑　郑　唯）

省农科院破解旱作玉米全程机械化最后一公里难题

（来源：《甘肃日报》　2019 年 10 月 23 日）

10 月 19 日，在位于平凉市泾川县高平镇的百亩 13 个粒收玉米新品种收获现场，3 辆联合粒收机慢慢驶过，金灿饱满的玉米籽粒随之倒入拖拉机拖斗箱，100 亩地仅用 8 小时就完成了收获。这一新技术正是由省农科院研发集成的旱作玉米绿色增效及机械粒收技术。在当天举行的观摩会上，国家玉米产业技术体系专家表示，该技术有效打通了旱作玉米全程机械化的最后一公里，今后随着技术的不断完善和应用，农民可以像收获小麦一样收获玉米。

经现场机收实测，10 个品种果穗籽粒水分 21.2%～24.7%、产量损失率 5.2%，符合国家粒收玉米要求。其中，示范的先玉 335 亩产到达 1 090 千克，且立秆成熟抗倒性强。

（新甘肃·甘肃日报记者　秦　娜）

增产又增收，渭源杜家铺农民夸赞
"陇薯 10 号"是个"致富宝"！

（来源：每日甘肃网　2019 年 11 月 5 日）

深秋时节，甘肃省农业科学院马铃薯研究所技术 研究室主任陆立银在定西市渭源县大安乡杜家铺村调研，与农民交流"陇薯 10 号"品种喜获丰收的经验。

"陆老师，您来了！我要给您报个喜！"

11 月 3 日上午，甘肃省农业科学院马铃薯研究所技术研究室主任陆立银刚进入渭源县大安乡杜家铺村范家窑社，70 岁的冉俊抢在村民围上来前拉着他的手报喜。

"老冉，又有啥喜事儿了！"

"今年省农科院给我们的'陇薯 10 号'丰收了！一亩 5 000 多斤，一斤 5 毛多还不愁卖啊！"

"好啊！我们追求的就是这个效果！"

"今年没有种到好种子的户都后悔了！"

"你们种的'陇薯 10 号'今年不要全卖了，今年长出来都是一级种，明年种下还会产量高、大丰收！记着要拿出一部分来卖给周边乡村，让大家都种上好种子！大家都丰收！"

"好啊！"

……

深秋时节，马铃薯收获的季节已经结束，陆立银的到来让渭源县北部大山深处的杜家铺村一下热闹了起来。村民们从地窖里拿出马铃薯，一边向陆立银报喜，一边争着煮新收的马铃薯给专家们尝鲜。

一场科技帮扶激发的内生动力

渭源县大安乡是陇中半干旱山区，受历史、地理、气候等条件影响，全乡10个行政村全部为建档立卡贫困村，是甘肃省40个深度贫困乡镇之一。杜家铺村耕地全部为旱地，种植作物有马铃薯、玉米、蚕豆、豌豆、胡麻、荞麦、燕麦等，其中马铃薯亩产常年不到1 500千克，是大安乡两个深度贫困村之一。

今年3月，甘肃省农业科学院马铃薯研究所选定渭源县大安乡杜家铺村开展科技帮扶，以马铃薯良种繁育及技术集成应用和科技培训为主抓手，实施院列成果转化"渭源县杜家铺村马铃薯种薯繁育科技示范"项目，提升种薯繁育质量，推进精准脱贫。

"刚开始时，全村进行了摸底，向村民宣传了省农科院今年要帮扶全村种植高品质马铃薯150亩，免费发种、全程指导，丰收后由农科院的一航薯业公司兜底回收，确保大家增产增收。前提是，为了统一管理、展示宣传，种植需要相对连片。"渭源县杜家铺村福顺种植专业合作社理事长范禄说，"当时有些农户还存在疑虑：种子真的比自家的好？真是全程指导、兜底回收？如果不成，还不如自己出去打几天工又轻松又能多挣钱。后来，全村461户中以建档立卡户为主进行选择，最终乡、村两级确定30户种植150亩陇薯10号进行示范推广。"

当部分农户观望时，已经脱贫的冉俊率先加入到种植新品种的行列中来。

"研究所免费给好品种，专家给指导，还兜底回收，这是好事儿啊！为啥不参加？"冉俊说，"当时拉来的品种非常圆润、平滑！我感觉这是之前没有见到过的好品种，于是我种了10亩！"

"其实，今年的丰收在4月下旬播种时我心里就有底了，之前播种都是自己留的种子，有时也到街上随意买些拌种剂，这次是省农科院给我们带来了他们的专利马铃薯拌种剂，还有马铃薯研究所的多位专家现场培训、讲解、指导怎么切种块、怎么拌、怎么种、按啥密度种，陆老师给我们专门讲课，还发了培训书籍！种了这么多年土豆，我还没有见过这么大的指导阵势！"冉俊说。

陆立银介绍，由甘肃省农科院马铃薯研究所研发的发明专利马铃薯拌种剂能促进种薯根系发育，生长好，提高水分利用率，增强马铃薯的抗旱性，长出后苗全、苗齐、苗壮，长势强，能抗病。

到了5月下旬出苗时，绿油油、齐刷刷的苗子破土而出，紧接着，省农科院专家又集中培训、来到田间技术指导、讲解苗期管理技术。

到了6月初苗齐时，省农科院的专家又来了，亲自指导大家防治蚜虫。在专家指导下，按照规程每7～10天防治一次，且药剂交替防治，以防蚜虫产生抗药性。

"到了七八月份，专家提醒我们要防治晚疫病，结果今年风调雨顺，加上种的是高级别脱毒种薯，马铃薯晚疫病基本没有发生！"冉俊说。

往年9月正是挖土豆的时候，正当冉俊和许多种植户准备开挖时，省农科院专家吕和平、马彦、陆立银又来了。告诉乡亲们，别急着挖，目前长势很好，稍微推迟十天半月，那时不仅个头儿大，有利于干物质积累，而且淀粉含量高，品质也最好！"十一"长假期间，杜家铺村30户种植的150亩陇薯10号到了验证收成的时候了！

"亩产5 000多斤，个别地方达到了6 800斤！"冉俊乐得合不拢嘴，"去年普通品种亩产量才 2 000 多斤,产量增了一倍多!"

出乎冉俊预料的,还有今年土豆的好价钱。

"去年个头儿大的三毛多,今年五六毛钱一斤还不愁卖!在地头就被收走了!"

更让冉俊想不到的是,今年他家为了挖土豆还以每天每人 100 元的工资雇了 3 个工人。

范禄在一旁说:"合作社今年挖土豆雇的人也不少!工资都发了 5 万多元了!"

渭源县农业技术推广中心推广研究员徐福祥说:"关键是陇薯 10 号品种好!不仅黄润好看,芽眼也浅,吃起来品质好、损耗少。蒸、炸、煮、炒、炖、烤均可,且带有特殊的香味。有人夸它说:'黄皮黄肉芽眼浅、媳妇做菜皮不削。'包括陇薯 7 号,在南方市场很受欢迎!"

与冉俊一样,杜家铺村还没有脱贫的侯军平也大胆种了 10 亩陇薯 10 号,在省农科院专家的全程指导下,喜获大丰收!

在自家地窖旁,侯军平拿着今年的洋芋与去年还没有吃完的洋芋对比,脸上露出灿烂的笑容。

"去年的不但小,还长得奇形怪状,大多都喂羊了!今年这么好的土豆我都舍不得卖啦!"侯军平说。

"不卖就对了!把两个窖里的马铃薯都保存好!我们今年给你们的种子是陇薯 10 号原种,现在窖里的是一级种,明年直接种依然好!"陆立银弯腰捡起一颗洋芋对侯军平说,"如果你种不完,到明年 3 月卖这些窖藏的,那时一斤至少 1 元钱,比现在卖价格还高!"

来自甘肃省财政厅的杜家铺村驻村帮扶工作队队长兼第一书记王耀辉说:"经省农科院在我们这里一推,全村许多没有种植陇薯 10 号品种的户都后悔了,嚷嚷着明年都要种!大家靠种洋芋脱贫致富的信心和内生动力一下子激发起来了!"

陆立银对王耀辉说:"明年研究所继续在杜家铺帮扶 150 亩,要在新的社增加试点嘞。"

省农科院探索出科技扶贫新模式

面对乡亲们新的更大的期盼,已经从事农业科研工作 32 年多的陆立银表示,发挥科技研发优势,推广优质品种,良种良法配套是关键。

马铃薯是无性繁殖作物,存在天然的种性退化问题,连年种植不换种就出现退化现象,不抗病,病毒就大量感染,产量、品质也大大下降,连续种植两三年产量逐年降低就种不下去了。马铃薯防止退化的核心在于脱毒。在育种中,科研人员首先对幼芽进行茎尖剥离,待剥离出一个小于 0.3 毫米的生长点后,放在 MS 培养基上育出瓶苗,此后进行花叶病、卷叶病等病毒检测,无毒后进入剪短繁殖,待繁殖到一定量后,为隔离蚜虫移栽网棚,在网棚内再次进行蚜虫、晚疫病防范,最后由苗子结出的种薯即原原种,一般称微型薯,该种主要由企业和科研单位完成。由原原种进入大田繁育出来的种薯为原种。今年春季,为杜家铺村提供的就是陇薯 10 号的原种,原种繁育出来是一级种,二级以后就是超代薯,不能做种子了。因此,陆立银一再嘱托农户保护好手里的一级种,明年即便不用原种,也能有好的产量。

甘肃省农业科学院马铃薯研究所所长吕和平介绍,今年以来,为推进实施"渭源县杜家铺村马铃薯种薯繁育科技示范"帮扶项目,所里专门成立领导机构,并与渭源县农技中心、帮扶工作队、乡村联合,在杜家铺村建立了"研究所＋企业(合作社)＋基地(贫困村)＋农户(贫困户)"的帮扶模式,计划在

2019年、2020年累计示范马铃薯300亩，带动农户发展马铃薯。今后，研究所将立足科研优势，聚力科技攻关，并通过整合资源、创新模式，努力将科研成果转化为现实生产力，为甘肃深度贫困地区稳定脱贫和乡村振兴做出新的更大的贡献。

渭源县大安乡乡长孙宏军表示，帮扶项目不仅直接激发了农户致富的内生动力，而且这种帮扶模式还激发了区域内的内生动力，为大安乡脱贫攻坚带来了新探索、新模式、新动能。

（记者　王占东）

一株藜麦在甘肃的故事

（来源：新甘肃·甘肃经济日报　　2019年11月5日）

近年来，甘肃紧握科技兴农钥匙，催生出一个个独具特色的农业支柱产业，尤其是高附加值农业黄金产业——藜麦，已在金昌、张掖、武威等地勃然兴起，那澎湃着的红色巨浪闪烁着迷人的霞光，闪烁着大地金色的希望，为河西农业带来了新的希望。

南美作物与甘肃结缘

藜麦，是南美洲高原特有的藜科作物，迄今已有7 000年的种植历史，原产地为秘鲁、玻利维亚和厄瓜多尔，是古代印加民族的传统食物，在位帝王在每年种植期用金铲播下第一粒藜麦种子，藜麦被推上"粮食之母"的尊贵地位。

早在1988年，藜麦由西藏农牧学院和西藏农牧科学院联合引进我国，1992—1993年在西藏境内小面积种植成功之后，山西、吉林、青海等地也相继引入并有不同规模的种植。然而国内种植地区虽多，但均未对藜麦进行系统综合的研究与开发。

2007年初春，在国家外国专家局国际人才交流协会的支持下，来自玻利维亚的藜麦专家第一次把藜麦的种子播在甘肃陇东的试验田里。

"第一次藜麦试种结果却因出苗率和产量都很低而未成功。"如今已经是全省藜麦首席科学家的甘肃省农业科学院研究员杨发荣告诉记者。经历过那次失败后，并没有熄灭甘肃农业科研人员对于藜麦的热情，他们继续在全省不同区域试验推广，优选最佳生态区，最佳品种和最佳栽培方法。

从2011年开始，杨发荣和他的研发团队在甘肃外专局支持下从国内外引进23个藜麦品种和100余份资源材料，踏上了藜麦科学研究的攻关征程。

"藜麦虽然是从海外引进的新物种，但它毕竟生息在南美最严酷的生态环境之中，甘肃有许多地方与南美有着类似的生态环境，一定要把藜麦搞成功。"靠着这种信念，杨发荣在敦煌、嘉峪关、张掖、金昌、武威、兰州、临夏、合作、定西、庆阳等地建立了示范点10多个，针对藜麦的适种区域、品种引选、栽培技术、品种选育及副产品饲料化利用等方面进行了系统研究。

功夫不负有心人，2015 年，藜麦在全省各地试种成功 3 000 多亩，并掌握了藜麦保苗矮化栽培、病虫害防治、副产品饲料化利用等技术，同时在国内率先选育出藜麦新品种"陇藜 1 号""陇藜 2 号""陇藜 3 号""陇藜 4 号"。

杨发荣他们经过几年的试种和对比实验，证明甘肃省大部分地区都适合藜麦种植，其中定西、永靖、康乐、民乐、秦安、秦王川、天祝、红古、榆中、永昌等高海拔及贫困地区是种植藜麦效益最好的区域。

"去年，当秘鲁大学的外国专家来咱们省参观藜麦田时，不禁发出感叹：'这里的藜麦比我们原产地的藜麦长势都要好啊'。"杨发荣相信，藜麦在甘肃必然大有可为。

五彩藜麦带来"金果实"

10 月下旬，当记者站在天祝藏族自治县的藜麦实验田中，可以看到五彩斑斓的藜麦田已把这里点缀成一道道独特的风景，令人醉心不已。

一粒种子播下去，一个产业兴起来。甘肃引进并发展藜麦产业，不但可以为甘肃省的农业供给侧改革找到一条有效途径，调减玉米、大麦等作物种植面积，培育出新的特色优势产业，而且，对扶贫攻坚具有重要意义。

记者了解到，藜麦适应性强，耐寒、耐旱、耐瘠薄、耐盐碱，对环境条件要求低，人工和生产资料投入少，经济效益远高于小麦、大麦、青稞、玉米等其他作物。

天祝县从 2017 年开始在南阳山移民区种植藜麦 5 000 亩取得成功，平均亩产达到 150 千克，亩产值达 1 200 元。去年通过"企业＋合作社＋农户"的发展模式，全县推广种植藜麦 3.38 万亩，平均亩产 141.2 千克，亩产值 1 129.6 元。

"以前地里种的玉米一年到头也就够个家里的口粮钱，但开始种植藜麦后，收入有了很大提升，每千克好品质的藜麦可以卖到十几块。"天祝县祥瑞新村村民王学武告诉记者，自己现在种着 1 000 余亩藜麦，今年形势好，出苗率在 80% 以上。2019 年以来，为擦亮"中国高原藜麦之都"这块金字招牌，天祝县围绕建设藜麦产业，加快树立产品品牌，建立销售渠道，形成市场认知。目前，已培育甘肃纯洁高原农业科技有限公司和甘肃格瑞丰农牧科技有限公司两家龙头企业，注册了"一年一穗"和"粒粒缘仓"藜麦商标，种植藜麦的农民专业合作社达 67 家，带动松山、大红沟、安远、哈溪等 13 个乡镇种植藜麦 6.4 万亩。

藜麦作为一个新兴农业产业，不仅在天祝县形成规模，更在全省遍地开花。目前嘉峪关、酒泉、庆阳、平凉、敦煌、武威、定西、天水等地区均有藜麦的身影，种植面积也从最初的几千亩地迅速增长到 10 万亩以上。

藜麦具有很高的营养价值，其蛋白质含量高达 16%～22%（牛肉 20%），品质与奶粉及肉类相当，富含多种氨基酸，其中有人体必需的全部 9 种氨基酸，比例适当且易于吸收。

种子之外的附加值也不容小觑。"藜麦秸秆营养物质丰富，其粗蛋白含量仅次于紫花苜蓿，与玉米秸秆相当，可为牛羊养殖提供丰富优质的蛋白饲料。"杨发荣说。

此外，藜麦的生长周期特别是即将成熟的时期极具观赏价值，以永昌为例，藜麦近年来以其赤潮澎湃的壮观场面吸引了越来越多的游客前来观摩欣赏，也带动了当地旅游业的发展。

甘肃藜麦前景无限

2016 年年初，首届中国西部藜麦高峰论坛在兰州成功举办，以及国内最现代化的藜麦加工生产线的建成，标志着甘肃省的藜麦研究成果及发展势头在国内已处于领跑的地位。如今，国内专家普遍认为"国际藜麦在南美，中国藜麦在西北，西北藜麦在甘青"，并提出了把甘肃打造成中国的"藜麦之都"的建议。

在采访中杨发荣也指出，目前藜麦种植水平还需进一步提升，藜麦产业开发度不够："受加工技术和工艺影响，目前市场产品主要是藜麦米，深度加工产品较少，对藜麦的宣传也还远远不够，导致消费者对藜麦认知度低，消费群体受限。"

他同时指出，想要推动甘肃省藜麦产业的健康、可持续发展，必须坚持以市场为导向，以科技为支撑，以加工出口企业为龙头，积极示范引导，扩大种植规模，推进产业化经营，开发名牌产品，延长产业链条，促进藜麦产业与精准扶贫和乡村旅游深度融合。

藜麦产业作为一个新兴的朝阳产业，发展阶段会遇到各种各样的困难，但杨发荣相信，在政府、企业和科研院所共同培育下，足以吸引更多企业家投入到藜麦产业，开拓丝绸之路经济，联结中亚、北亚等经济区域市场，甘肃省藜麦产业必定成为"一带一路"倡议中最佳的实施典范。

（记者　薛巍敏）

推进现代丝路寒旱农业发展，甘肃省农科院将在关键研发上率先突破

（来源：每日甘肃网　　2019 年 11 月 9 日）

今天上午，记者从中共甘肃省农业科学院第一次代表大会上获悉：党的十八大以来，甘肃省农科院加强种业科技创新与重大品种选育，筛选出了高淀粉主食化马铃薯等新品种 100 个。今后 5 年，甘肃省农科院将着眼现代丝路寒旱农业和"牛羊菜果薯药"六大优势富民产业的重大需求，开展技术攻关，努力在优势领域、重大关键技术研发等方面实现率先突破。

甘肃省农业科学院始建于 1938 年，是全省唯一的综合性省级农业科技创新机构，为省政府直属事业单位。党的十八大以来，省农科院紧紧围绕全省"牛羊菜果薯药"六大特色富民产业，针对产业需求链优化科技供给链。加强种业科技创新与重大品种选育，筛选出了高淀粉主食化马铃薯、优质加工小麦、饲用大麦、功能性小杂粮、耐密机收和青贮玉米、杂交油菜、蔬菜及果树等新品种 100 个，支撑了全省农业优质化和供给侧结构性改革。集成创新水肥一体化、全程机械化、盐碱地改良、耕地地力提升、重大病虫害防治、化肥农药减施、马铃薯种薯雾培繁育等关键技术与产品，支撑戈壁生态农业、旱作循环农牧业、现代设施农业等重大行动。积极应对农业经营主体变化，探索科企合作模式，打造科技引领乡村振兴典型样板，推进一二三产业融合发展。

省农科院党委书记魏胜文表示，今后 5 年，省农科院将围绕农业发展方式转变和农业供给侧结构性改革，发展具有甘肃特色的

现代丝路寒旱农业；围绕全省"一带五区"现代农业发展格局，着眼现代丝路寒旱农业和"牛羊菜果薯药"六大优势富民产业的重大需求，瞄准农业产业发展的关键问题，优化农业科技资源配置，开展技术攻关，不断提高科技创新水平，提升支撑产业发展的能力，努力在优势领域、重大关键技术研发等方面实现率先突破，为现代农业发展提供源头活水。

（新甘肃·每日甘肃网记者　王占东

责任编辑　杨艳霞）

新品种新技术多点"开花"，
甘肃省农科院有力支撑全省农业产业发展

（来源：新甘肃　　2019 年 11 月 9 日）

记者从今天召开的中国共产党甘肃省农科院第一次代表大会上获悉，近年来，该院围绕全省现代农业发展需求，不断提升创新能力，呈现出新品种新技术多点"开花"的良好态势，有力支撑了全省农业农村工作。据介绍，围绕全省"牛羊菜果薯药"六大特色富民产业，针对产业需求链优化科技供给链，特别是加强了种业科技创新与重大品种选育，筛选出高淀粉主食化马铃薯、优质加工小麦、饲用大麦、功能性小杂粮、耐密机收和青贮玉米、杂交油菜、蔬菜及果树等新品种 100 个，支撑了全省农业优质化和供给侧结构性改革。集成创新水肥一体化、全程机械化、盐碱地改良、耕地地力提升、重大病虫害防治、化肥农药减施、马铃薯种薯雾培繁育等关键技术与产品，支撑戈壁生态农业、旱作循环农牧业、现代设施农业等重大行动。积极应对农业经营主体变化，探索科企合作模式，打造科技引领乡村振兴典型样板，推进一二三产业融合发展。

通过不断夯实科研平台建设，省农科院创新能力显著提升。5 年来，省农科院投入科研条件建设经费 1.5 亿元，新增仪器设备 576 台（套），科研设施 1.87 万米^2。建成农业农村部青藏区综合试验基地、12 个农业农村部学科群试验站、农业农村部种子工程等重大科研设施与基地。改善了 18 个农村试验站科研条件，初步建成作物、果品、饲料、肉产品加工中试线。加快建设省部级重点实验室和工程技术中心（分中心），先后有 5 个试验站入选国家农业科学实验站，居全国省级农科院前列。目前，各类科研资源有效盘活，一盘棋格局加速形成。

据悉，今后 5 年，省农科院将围绕全省"一带五区"现代农业发展格局，着眼现代丝路寒旱农业和"牛羊菜果薯药"六大优势富民产业的重大需求，瞄准农业产业发展的关键问题，优化农业科技资源配置，开展技术攻关，不断提高科技创新水平，提升支撑产业发展的能力，力争在优势领域、重大关键技术研发等方面实现率先突破，为现代农业发展提供源头活水。

（新甘肃·甘肃日报记者　秦　娜）

首届甘肃省农业科技成果推介会 11 月 10 日开幕

（来源：人民网-甘肃频道　　2019 年 11 月 10 日）

"首届甘肃省农业科技成果推介会"开幕式定于 11 月 10 日在甘肃省农业科学院举行。会议期间将举行新品种、新技术、新产品及服务类等农业科技成果发布、展示、路演、合作签约、供需对接座谈等活动。

此次活动由甘肃省农业科技创新联盟主办，甘肃省农业科学院承办，旨在进一步贯彻落实甘肃省委、省政府《关于建立科技成果转移转化直通机制的实施意见》，加强农业科技成果转移转化，支撑特色产业发展，服务地方经济，助力脱贫攻坚和乡村振兴。

甘肃省农业科学院党委书记魏胜文介绍，党的十八大以来，甘肃省农科院加强种业科技创新与重大品种选育，筛选出了高淀粉主食化马铃薯、优质加工小麦、饲用大麦、功能性小杂粮、耐密机收和青贮玉米、杂交油菜、蔬菜及果树等新品种 100 个，支撑了甘肃省农业优

质化和供给侧结构性改革。同时，不断深化与国内外科研院所、高校、地方及农业企业的产学研合作，大力拓展科研合作领域，联合甘肃省内 64 家单位，牵头成立了甘肃省农业科技创新联盟，依托"三平台一体系"项目建设推动联盟实质化运行。

今后，甘肃省农科院将制定发展规划，不断提升科技服务和成果转化能力，增强科技成果的有效供给。着眼现代丝路寒旱农业和"牛羊菜果薯药"六大优势富民产业的重大需求，瞄准农业产业发展的关键问题，优化农业科技资源配置，开展技术攻关，不断提高科技创新水平，提升支撑产业发展的能力，努力在优势领域、重大关键技术研发等方面实现率先突破，为现代农业发展提供源头活水。

（记者　高　翔　责任编辑　周婉婷　焦　隆）

甘肃发布 100 项重大农业科研成果
每年可带来经济收入上亿元

（来源：人民网-甘肃频道　　2019 年 11 月 10 日）

由甘肃省农业科技创新联盟主办，甘肃省农业科学院承办、甘肃省市（州）12 个农科院所参与的"首届甘肃省农业科技成果推介

会"11 月 10 日在兰州安宁区甘肃省农科院本部举行。本次推介会以"支撑特色产业，服务地方经济，助力脱贫攻坚"为主题，现场发布

了 2019 年度 100 项重大农业科研成果。预计这些科技成果的推广应用，将给甘肃省每年带来上亿元的经济收入。

推介会上，甘肃省农科院各研究所及甘肃省市（州）12 个农科院所在 30 多个标准展位展示了胡麻、玉米、小麦、马铃薯等八大类 60 余种新品种；推介了包含旱地马铃薯立式深旋耕作、农产品贮藏加工、戈壁农业等在内的 40 余种农业新技术；推介了马铃薯微型种薯包衣剂、花卉胶囊专用肥、缓释专用肥、生物有机肥等 20 余种农业新产品。

推介会开幕式上举行了"甘肃省农业科学院农业科技成果转化基地"授牌仪式和成果交易签约仪式。定西市政府、甘肃省农垦集团有限责任公司、兰州新区管委会分别与甘肃省农科院签署战略合作协议；甘肃农垦良种有限责任公司、甘肃瑞丰种业有限公司、兰州新区陇原中天羊业有限公司、甘肃祁连牧歌实业有限公司等 10 家龙头企业分别与甘肃省农科院相关研究所签署合作协议。

甘肃省农科院院长马忠明指出，举办首届甘肃省农业科技成果推介会，既是全省农业科研单位共同推动农业科技供给侧结构性改革的重要举措，也是优化科技资源配置、实现院所自身高质量发展的内在需要。

（记者　高　翔）

100 项重大农业科研成果，
路演推介 17 类重要创新成果，
甘肃省首届农业科技成果推介会干货满满

（来源：《甘肃农民报》　2019 年 11 月 10 日）

农业科技成果转化是农业科技与农业生产紧密结合的关键环节，是促进农业供给侧结构性改革的重要驱动，是实现科技创新知识价值的最终体现。11 月 10 日上午，在兰州举行的首届甘肃省农业科技成果推介会上，甘肃省农业科学院院长马忠明表示，"举办首届甘肃省农业科技成果推介会，既是全省农业科研单位共同推动农业科技供给侧结构性改革的重要举措，也是优化科技资源配置、实现院所自身高质量发展的内在需要。"本次推介会发布了 2019 年度 100 项重大农业科研成果，路演推介了 17 类重要创新成果。甘肃省农科院及 12 个市（州）农科院所展示了新品种、新产品实物并进行现场观摩和品尝，展示了相关新技术和省农科院开展的检测服务项目。参展的技术成果大多是立足当地资源或围绕当地的特色产业创新研发出来的，为当地脱贫攻坚和乡村振兴发挥了实实在在的作用。"省农业科学院中药材研究所繁育出的半夏脱毒种茎可算是解决了我们西和半夏种茎缺乏的一大难题。"民乐种业有限公司的负责人郭大权告诉甘肃农民报记者，西和县半夏年产量达 6 000 多吨，种植面积 2 万亩，产值 6

亿余元，约占到全国总产量的 70％，已成为西和县的支柱产业，素有"中国半夏之乡"的美誉。但目前没有成熟的种茎繁殖技术，长期依赖采挖野生块茎作种用，近年来野生种茎越挖越少，致使种茎缺乏，导致后期种苗吃紧。甘肃省农业科学院中药材研究所繁育出的半夏脱毒种茎，为种植户解决了种苗紧缺的后顾之忧，种植该新成果后，当地农民亩均增收近万元。"种子通过包衣可起到保苗、大粒化、防治地下病虫害等作用。而我们与武威春飞作物科技有限公司合作生产的种衣剂有了新的突破，利用药物的内吸作用和缓释作用使作物的地上害虫得到了有效防治，在作物的整个生长期都可不喷药。"植物保护研究所副所长刘永刚研究员向记者介绍，不同作物使用种衣剂有不同的增产和防治效果，我们研发出的玉米种衣剂防治黑穗病可达 80％以上的防治效果，防治高原夏菜芹菜枯萎病达到 30％左右，为农民增收做出了重要贡献。下一步准备与武威春飞作物科技有限公司深入合作，充分发挥植保所的科研、人才优势和公司的设备、加工优势，生产出更多具有开发前景的新产品。近年来，藜麦成为甘肃省一个独具特色的农业支柱产业。从 2016 年开始，在畜草与绿色农业研究所研究员杨发荣的支持下，甘肃同德农业集团有限责任公司依托已建成的藜麦生产基地，有力地促进了区域优势特色产业发展和农民精准脱贫。据甘肃同德农业集团有限责任公司介绍，"近年来，该公司为兰州市七里河区黄峪镇邵家洼村免费发放藜麦种子、签订收购协议，到收购季节，集团以市场价收购农民手中的藜麦。我们希望通过企业发展订单种植的方式帮助黄峪镇农户脱贫致富。"

（新甘肃·甘肃农民报记者　梁　金）

甘肃首展百项农业科研成果
"双选模式"激发转化潜能

（来源：中国新闻网　　2019 年 11 月 11 日）

11 日，吃过早饭的蒲建刚将最新研究的冬小麦、马铃薯、辣椒、冬油菜等品种整齐排放在展销台，等待着民众的光顾。

两鬓斑白的蒲建刚是甘肃省天水市农业科学院研究所副研究员，从业已有 33 年的他早已习惯在研究室内进行工作，如今充当"解说员"，一时难以适应，好在与民众的沟通中，慢慢进入状态，有条不紊地为民众进行科普、答疑解惑。

11 月 10—14 日，以"支撑特色产业，服务地方经济，助力脱贫攻坚"为主题的首届甘肃省农业科技成果推介会在兰州举行，甘肃农科院各所及市（州）12 个农科院参会，集中展示了 100 项重大农业科研成果，吸引了超过百名农业企业负责人和专业合作社负责人寻商机。

农业研究工作需考虑当地气候、土质等条件，才可开展相关工作。"蒲建刚介绍说，天水境内地势西北高、东南低，温带季风气候等自然条件赋予该地适合研究冬小麦、马铃薯、辣椒、冬油菜等。

"费力研究的农业成果如何转化，考验着每一位科研人员。"蒲建刚以"天薯 11 号"举例说，耗时 10 年研究成功的"天薯 11 号"具有抗旱、抗病等特征，但面临"无人问津"的尴尬局面，一定程度打击了科研人员自信心。

在推介会现场，兰州某种质资源公司负责人冯香巧对于中药材重点关注，不时将重点品种记录在册，以备不时之需。她认为，农业成果转化拥有市场，只是科研人员与农户之间缺乏直接沟通的桥梁，导致新成果转化周期长，效果不明显。

从事推广种质资源已有 10 年的冯香巧将推介会认定为"自助会"。她说，往常，为了解新品种需奔跑多地，将资料汇总，进行对比再选择购入种类，此次"自助会"汇集了甘肃各地农业科技成果，便于系统了解和直观对比。

自 2012 年以来，甘肃农科院累计投入资金超过 2 000 万元，累计增加效益 20 亿元以上。目前，陇薯系列马铃薯、陇亚系列胡麻、陇椒系列辣椒等新品种，旱作农业技术、节水农业技术、全膜双垄沟播技术、全膜覆土穴播技术等新技术广泛应用于生产实践，为甘肃现代农业发展和脱贫攻坚发挥了重要作用。

"农业科研单位普遍存在科技成果转化渠道不畅、力量不强、措施不多、效率不高等问题，一大批农业科技成果被束之高阁。"甘肃省农科院院长马忠明坦言，相对于农业科技投入以及成果存量，科技成果服务现代农业和乡村振兴的巨大潜力尚未充分发挥，科研院所在科技成果商业性转化方面仍是短板。

"科技成果转化分为公益性与商业性两个渠道。"甘肃省农科院副院长贺春贵接受中新网记者采访时表示，目前，"两渠道"分别存在机制考核问题和无市场渠道、缺乏完整商业模式等问题。

"此次成果推介会聚拢了政府部门、科研院所、农业企业和专业合作社，是一次尝试。"贺春贵表示，成果推介会可改变科研人员的惯性思维，使其与农业产业下游人员面对面进行交流，促使达到供需平衡。

期间，甘肃农科院分别与定西市政府、甘肃省农垦集团有限责任公司、兰州新区管委会签署战略合作协议，与 12 家农业企业签约。

（记者　艾庆龙　责任编辑　丁宝秀）

首届甘肃省农业科技成果推介会举办

（来源：《甘肃科技报》　　2019 年 11 月 11 日）

11 月 10 日，由甘肃省农业科技创新联盟主办，甘肃省农业科学院承办，甘肃省农业科技创新联盟成员单位、甘肃省农学会等

单位协办的"首届甘肃省农业科技成果推介会"在省农科院举办。据悉，此次推介会以"支撑特色产业，服务地方经济，助力脱贫攻

坚"为主题，活动将持续到 11 月 14 日。这是甘肃省农业科研院所共同推进农业供给侧结构性改革的一项重要举措，也是甘肃聚拢政府部门、科研院所、龙头企业和专业合作社，推动政、产、学、研、用紧密结合的一次有益尝试。

省政协农业和农村工作委员会主任杜尊贤，省科协党组书记、第一副主席陈炳东，省农业农村厅巡视员阎奋民，国家农业科技创新联盟办公室副主任庄严，省科学院院长高世铭，省纪委监委派驻省农业农村厅纪检监察组组长侯拓野，金昌市委副书记王富民，兰州新区管委会副主任刘浩明，中国农业银行兰州分行党委委员、副行长杨志武，省直有关部门、各市（州）政府及涉农部门、专业合作社，甘肃省农业科技创新联盟各成员单位、农业龙头企业等共计 300 余人参加了开幕式。省农科院党委书记魏胜文主持推介会，省农业科技创新联盟理事长、省农科院院长马忠明致欢迎辞。

马忠明在致辞中表示，甘肃省农科院作为全省唯一的省级综合性农业科研机构和全省农业科技创新联盟的牵头单位，有责任、有义务担负加速农业科技成果转化的历史重任，有能力、有信心让农业科技成果接受经营主体和生产实践的检验。依托农村试验站，省农科院连续两年举办了"科技开放周"活动；进一步加强与地方政府的联系与合作，与酒泉市、定西市及民勤、临泽、高台、金川等县（区），共同搭建科技服务平台；继续加大与亚盛集团、甘肃农垦公司、甘肃瑞丰种业等企业的合作力度，通过设立科技合作项目、建立联合服务平台等方式，不断拓展科技成果转移转化的渠道，促进院地院企合作向纵深开展。同时，积极发挥农业科技创新联盟的平台作用，召开了联盟工作会议，围绕区域性重大问题，研究提出解决方案，凝练形成 5 个中心 10 个重点任务；联合市（州）农业科研院所，遴选创新联盟 18 个单位、118 项支撑全省乡村振兴的重大科技成果。

记者了解到，当前全省正处于全面建成小康社会和脱贫攻坚的关键时期，农业农村发展面临新的形势，农业产业业态的日新月异，新型经营主体的蓬勃发展，既对科技创新提出了新的课题，也对加速成果转化提出了新的要求：一方面，要围绕贯彻落实习总书记重要讲话和指示精神，着力破解甘肃缺水难题、加快现代特色农业发展、在乡村振兴中加快城乡融合协调发展、找准"一带一路"建设的发力点、筑牢西部生态安全屏障、做好黄河流域保护和高质量发展等方面，凝练好项目，组织好力量，配置好资源；另一方面，要按照甘肃构建"一带五区"现代农业发展格局和现代丝路寒旱农业发展要求，调整科研方向，布局科研力量，加速科技成果转化应用。

当天上午的开幕式上，还举行了"甘肃省农业科学院农业科技成果转化基地"15 家企业授牌仪式以及省农科院和院属研究所与 13 家企业的成果交易签约仪式。发布了 2019 年度 100 项重大农业科研成果，路演推介了 17 类重要创新成果。省农科院各所及市（州）12 个农科院所在 30 多个标准展位展示新品种、新产品实物并进行现场观摩和品尝，还展示了相关新技术和省农科院开展的检测服务项目。下午，省农科院组织了两场与政府相关部门和企业科技合作交流座谈会，加强科技创新主体与应用主体的沟通与合作。

高科技走向大田野

——首届甘肃省农业科技成果推介会侧记

（来源：《甘肃农民报》　2019 年 11 月 12 日）

从仅有一扎高的试管薯幼苗到身高 4.2 米的饲用甜高粱，从籽粒小得仅能肉眼可见的藜麦子到重达 7.5 千克的甜菜根茎，从直径 8 厘米的"瑞雪"苹果到直径超过 40 厘米重约 15 千克的大西瓜，从既采可食的大朵金丝菊花到棒大粒多的苞谷新品种……这些让人目不暇接的重大农业科技成果，在 11 月 10 日首届甘肃省农业科技成果推介会上登台亮相。

此次由甘肃省农业科技创新联盟主办、甘肃省农业科学院承办的首届甘肃省农业科技成果推介会，突出"助力脱贫攻坚，加强科技创新，服务地方经济"主题，发布推介 2019 年度 100 项重大农业科研成果，路演推介 17 类重要创新成果，这些重大科技成果是从近年来省农科院各所及市（州）12 个农科院所完成的科技成果中筛选而来。推介会现场的 30 多个标准展位展示这些新品种、新产品实物并进行现场观摩和品尝。

西和县半夏年产量达 6 000 多吨，种植面积 2 万亩，产值 6 亿余元，约占到全国总产量的 70％，已成为西和县的支柱产业，素有"中国半夏之乡"的美誉。但因没有成熟的种茎繁殖技术，长期依赖采挖野生块茎作种用，近年来野生种茎越挖越少，致使种茎缺乏。在新品种标准展位上，民乐种业有限公司的负责人郭大权告诉记者，省农业科学院中药材研究所繁育出的半夏脱毒种茎，解决了他们西和县半夏种茎缺乏的一大难题，当地农户种植后亩均增收近万元。

"种子通过包衣可起到保苗、大粒化、防治地下病虫害等作用。而我们与武威春飞作物科技有限公司合作生产的种衣剂有了新的突破，利用药物的内吸作用和缓释作用使作物的地上害虫得到了有效防治，在作物的整个生长期都可不喷药。"植物保护研究所副所长刘永刚研究员向记者介绍，不同作物使用种衣剂有不同的增产和防治效果，我们研发出的玉米种衣剂防治黑穗病可达 80％以上的防治效果，防治高原夏菜芹菜枯萎病达到 30％左右，为农民增收做出了重要贡献。近年来，藜麦成为甘肃省一个独具特色的农业支柱产业，目前在甘南、天祝等地规模化种植推广。从 2016 年开始，在畜草与绿色农业研究所研究员杨发荣的支持下，甘肃同德农业集团有限责任公司依托已建成的藜麦生产基地，有力地促进了区域优势特色产业发展和农民精准脱贫。目前，该公司为兰州市七里河区黄峪镇邵家洼村免费发放藜麦种子、签订收购协议，到收购季节，集团以市场价收购农民手中的藜麦，帮助黄峪镇农户脱贫致富。记者采访获悉，省农科院 1938 年成立，目前研究领域涵盖了全省现代农业发展的各个领域。建院以来，共承担各类科研项目 3 000 多项，取得各类成果 1 300 多项，为保障甘肃省粮食安全、农民增收、农业增效和农村经济的发展提供了科技支撑。2012 年以来，连续组织实施以百名专家领衔的团队、进驻百个村企、转化百项成果为主要内容的"三百"增产增收科技行动，取得了显著的社会效益，8年累计投入资金超过2 000万元，累计增加效益 20 亿元以上。此次推介会上发布的重大农业新成果如陇薯系列马铃薯、陇亚系列胡麻、陇椒系列辣椒、陇糜陇谷系列杂粮以及陇鉴、陇春及兰天小麦等新品种，旱作农业技术、节水农业技术、全膜双垄沟播技术、全膜覆土穴播技术、设施栽培技术、现代果园管理技术、病虫害绿色防控技术，马铃薯抑芽防腐剂及配套设备、苹果白兰地及果醋等新产品，已广泛应用于生产实践，为全省现代农业发展和脱贫攻坚发挥了重要作用。省农科院院长马忠明研究员表示，省农科院作为全省唯一的省级综合性农业科研机构和全省农业科技创新联盟的牵头单位，有责任、有义务担负加速农业科技成果转化，举办首届甘肃省农业科技成果推介会，要让农业科技成果接受经营主体和生产实践的检验。

（本报记者　郭胜军　梁　金）

首届甘肃省农业科技成果推介会在兰州举行

（来源：甘肃电视新闻（视频）　　2019 年 11 月 11 日）

11 月 10 日，由省农业科技创新联盟主办，省农科院承办的"首届甘肃省农业科技成果推介会"在兰州举行。现场发布了近年来省、市、州农科院的 100 项重大农业科研成果，展示了省农科院及市（州）12 个农科院研究推出的农业新品种、新产品实物。据了解，省农科院近年来连续组织实施以百名专家领衔的团队、进驻百个村企、转化百项成果为主要内容的"三百"增产增收科技行动，取得了显著的社会效益，8年累计投入资金超过2 000万元，累计增加效益 20 亿元以上。

（甘肃台记者　贾明华　苏　磊）

旱地作物农艺农机融合绿色增效座谈会在兰举行

——专家共商协同推进旱作玉米全程机械化

（来源：《农民日报》甘肃新闻　　2019 年 11 月 12 日）

为提升玉米机械化生产水平特别是推进旱作玉米全程机械化，更好突破"最后一公里"问题，11 月 11 日，甘肃省农业科学院旱地农业研究所举办了旱地作物农艺农机融合绿色增效座谈会，来自甘肃部分科研院校的专家学者及农业科技工作者、农业新型经营主体、农业龙头企业的代表们齐聚一堂，围绕旱作地膜覆盖种植模式下玉米机械播种和收获作业存在的问题、解决途径等话题进行了深入的探讨交流。

玉米是我国第一大粮食作物，是粮食增产的主体和畜牧业发展的重要基础。2018年，全国玉米机收率仅为70%，处于三大粮食作物机械化收获的最后一名。机械化收获成为制约玉米全程机械化的瓶颈。目前，我国玉米收获方式主要有三种：一是人工收获果穗晾晒后再脱粒，二是机械收获果后再脱粒，三是机械直接收获籽粒。21世纪以来，我国农业生产方式正在发生急剧的变化，农村劳动力短缺、谁来种地成为迫切问题，机械收获已成大趋势。其中，玉米从"收穗"发展为"收粒"，是继"单粒播种"之后又一次生产技术的重大变革，已列为全国十大引领性农业技术，正在全国加快示范和技术提升。2011年以来，甘肃省农业科学院联合平凉市农科院、甘肃农业大学、洮河拖拉机制造有限公司、甘肃省农业推广总站等单位，开展旱作玉米全程机械化相关环节农艺农机融合的研究工作，成功研发了旱作地膜玉米密植增产全程机械化技术，引起了社会各界的关注。

据介绍，西北旱作玉米要实现全程机械化必须实现四个创新：一是玉米品种创新，筛选耐密后期脱水快、中早熟的宜机收品种；二是研发覆膜施肥播种的机艺一体化农机具，解决播种环节的农艺农机融合问题；三是地膜覆盖抗旱保墒增产与残膜污染控制结合的创新，在推进地膜机械捡拾的同时，加快功能与寿命同步的降解膜产品研发；四是机械粒收与秸秆还田技术的创新，延期收获，推进低水分机械粒收技术。围绕这些关键技术问题，甘肃省农科院旱农科研团队创新大协作大联合机制，开展了大量研究与示范，初步形成了"机收品种十覆膜施肥播种一体化＋高效栽培＋机械粒收"融合的旱作玉米全程机械化综合技术模式，为破解旱作玉米生产方式转变提供了关键技术支撑。国家农业科研杰出人才、玉米产业技术综合试验站站长樊廷录研究员说，要依托土地适度规模化种植大户和经营主体，将品种、降解膜、肥料、机械、烘干塔融合为一体，加快推进旱作玉米机械粒收及绿色增产的进程。

会议期间，甘肃农业大学教授赵武云作了题为《推进农机农艺融合，提升农业机械化生产水平》的报告，来自甘肃部分市（州）的农机、农技科研工作者及兰州鑫银环橡塑制品有限公司等企业的代表们作了精彩发言。

（记者　吴晓燕　鲁　明）

百项重大成果齐亮相　各路企业"淘宝"忙
首届甘肃省农业科技成果推介会一瞥

（来源：甘肃新闻　　2019年11月12日）

11月10日上午，初冬的兰州寒意十足，但在甘肃省农科院内，首届甘肃省农业科技成果推介会现场却是一派火热景象。

这边，省农科院马铃薯研究所多年选育的

马铃薯品种，按照不同型号一篮篮摆放整齐，甘肃省科技功臣王一航研究员更是现场推介赠书；那边，黄灿灿的陇单、陇糜等玉米、糜子系列品种——展出，让人感受到丰收的气息。

台上，主持人对17类重要农业创新成果进行轮番推介路演，平日里不为人熟悉的农业科技成果成了主角，吸引着参观者的目光；台下，各个展台前人头攒动，大家或品鉴或观摩，详细了解新成果。在金昌市农科院展台前，色彩鲜艳的食用菊花令人眼前一亮，很多参观者一边品尝菊花茶、菊花饼，一边赞叹味道不错。当然，在品尝之余，大家都带着任务，那就是淘宝。

"这个品种口感咋样？亩产能达到多少？"在马铃薯展台前，会宁六合薯业有限公司总经理任国田早早锁定目标，"这次是来了解马铃薯新品种的，比如陇薯14号、8号，都是高淀粉品种，产量也好，希望把这些新品种推广到会宁。"他表示，这种推介形式在省内还不多见，非常新颖，有利于企业对接科技需求。

据了解，此次省农科院各所及市（州）12个农科院（所）共设30多个展位，展示的新品种涉及胡麻、玉米、小麦、马铃薯、啤酒大麦、藜麦及瓜菜、桃八大类共60余种，推介了旱地马铃薯立式深旋耕作等40余种农业新技术，以及马铃薯微型种薯包衣剂等20余种农业新产品。推介会上发布的100项重大农业科研成果都是从近年来省、市、州农科院完成的科技成果中精选出来的。

省农科院畜草与绿色农业研究所的品鉴区是人气最高的展区之一，不论是传统的藜麦粥，还是藜麦饼干等新产品都受到好评。更让畜草所杨发荣研究员高兴的是，当天，来自兰州理工大学等高校、院所和企业的专家、经营者都表达了合作意愿。"这是我们把新品种、新技术和新产品推广到实际生产生活中的一种有益尝试，而且效果很好，这也证明了只有把科研与实际生产紧密结合起来，科研成果才有生命力。"杨发荣说。

当天，省农科院与定西市政府、甘肃省农垦集团有限责任公司等签署战略合作协议。同时，相关研究所与甘肃农垦良种有限责任公司、甘肃瑞丰种业有限公司等10家龙头企业签署合作协议，推介会取得丰硕成果。

"这次集中发布的100项重大科技成果，预计推广应用后将给全省每年带来上亿元的经济收入。"省农科院院长马忠明介绍，面向全省集中宣传推介农业科技成果，是我们补齐科技成果转化渠道不畅、办法不多等短板的一项重要举措，在全省尚属首次，目的是通过推介会把现有成果推广出去，通过与企业、专业合作社洽谈，以转让或科技服务等形式把成果转化出去，以此支撑产业扶贫，服务地方经济发展。

据悉，推介会展示活动将持续到11月14日。

（新甘肃·甘肃日报记者　秦　娜）

甘肃省农科院试验站建设水平位居全国前列

（来源：甘肃电视新闻（视频新闻）   2019 年 11 月 12 日）

记者从省农科院了解到，近年来，省农科院建成农业农村部青藏区综合试验基地、12 个农业农村部学科群试验站、农业农村部种子工程等重大科研设施与基地；5 个试验站入选国家农业科学实验站，居全国省级农科院前列；累计投入 1 120 万元对 3 个试验场及 22 个区域试验站进行了维修改建，试验场（站）的服务能力显著增强，为全省农业农村工作提供了有力的技术支撑。

（记者 贾明华 苏 磊）

甘肃农科院马铃薯育种成效渐显
陇薯推广面积超 600 万亩

（来源：中国新闻网   2019 年 11 月 20 日）

甘肃省农科院马铃薯研究所所长吕和平接受中新网记者采访时透露称，该所先后选育出 42 个陇薯系列马铃薯品种，并随国家马铃薯主食化战略的实施，陇薯系列得到进一步推广应用，种植面积超 600 万亩，约占甘肃马铃薯种植总面积的"半壁江山"。

马铃薯是仅次于玉米、水稻、小麦的世界第四大粮食作物，原产于南美洲安第斯山的智利、秘鲁一带。

甘肃地处西北内陆，地形东西狭长，土层深厚而疏松，富含钾素，光照充足，昼夜温差大，雨热同步与马铃薯生长发育需求高度吻合。

吕和平介绍说，甘肃省马铃薯品种资源搜集、研究利用起步于 20 世纪 50 年代，主要以收集当地农家品种为主。20 世纪 60～80 年代，借助有性杂交、回交及辐射诱变技术和单倍体诱导技术创新种质资源。

近年来，随着马铃薯育种研究水平逐步提高，分子标记、原生质体融合和基因工程等生物技术也在马铃薯遗传育种中得到应用。

"新品种选育在高淀粉、抗旱、抗晚疫病方面优势明显。"吕和平举例说，新育成的陇薯 7 号适合北方春播区种植，又适宜南方冬播区栽培；新育成陇薯 8 号淀粉含量高达 26％，是生产应用高淀粉含量的新品种。

得益于种质资源创新利用，甘肃马铃薯产业已初步形成中部高淀粉型马铃薯基地、河西及沿黄灌区加工专用型基地、陇南与天水早熟菜用型基地和高海拔冷凉区脱毒种薯生产基地四大优势生产区域。

同时，甘肃已有 70 多家从事马铃薯脱毒种薯生产经营主体，年产 7.2 亿粒原原种、3.6 万吨原种、16 万吨一级种。

如今，马铃薯种植涉及甘肃 13 个市（州）的 60 个县，其中种植面积 10 万亩以上的县（区）有 30 个，20 万亩以上的县（区）有 9 个，50 万亩的市（州）有 8 个。

"近年来，甘肃在脱毒种薯生产体系建设方面作出积极尝试和探索，但也存在繁育技术滞后等问题。"吕和平坦言，甘肃现行栽培技术落后，耕作机械化水平低，脱毒种薯生产成本逐年增加，一定程度降低了农户种植积极性，这也是制约马铃薯生产的"瓶颈"之一。

在吕和平看来，收集和保存马铃薯种质资源，挖掘并创新优质基因，为其产业发展提供技术支撑是破解瓶颈的办法之一。

甘肃马铃薯育种工作者先后从德国、美国、法国、俄罗斯引进了一批育成品种、原始栽培种和野生种，创新并丰富了马铃薯种质资源。

目前，甘肃育种单位拥有各类马铃薯种质资源材料 800 多份。

（记者　艾庆龙）

把智慧和力量凝聚到全会确定的目标任务上来

——省农科院深入学习贯彻党的十九届四中全会精神

（来源：《甘肃经济日报》　2019 年 11 月 22 日）

日前，甘肃省农科院党委召开理论学习中心组（扩大）会议，专题学习党的十九届四中全会精神，准确把握其中蕴含的理论观点、思想方法、重大部署和工作要求，全面贯彻落实到院内具体工作中。

会议指出，党的十九届四中全会是在中华人民共和国成立 70 周年之际、在"两个一百年"奋斗目标历史交汇点上，召开的一次具有开创性、里程碑意义的重要会议。全院上下要深刻认识全会的重大现实意义和深远历史意义，切实把思想和行动统一到全会精神上来，领会讲话精神，结合省农科院中心工作，把学习贯彻全会精神作为首要政治任务、摆在重中之重的位置，抓好宣讲、确保成效，增强紧迫感和责任感，对照年初任务目标，仔细盘点、认真对账、找准问题、攻坚克难，全力做好各项重点工作，确保完成全年工作任务。会议还传达了关于对第一批主题教育单位整改落实情况进行"回头看"的通知并安排省农科院"回头看"相关工作。

（记者　俞树红）

甘肃举办首届农业科技成果推介会

（来源：《农民日报》　2019 年 11 月 25 日）

近日，以"支撑特色产业，服务地方经济，助力脱贫攻坚"为主题的首届甘肃省农业科技成果推介会在甘肃省农业科学院举行。此次推介会由甘肃省农业科技创新联盟主办、甘肃省农业科学院承办。

近年来，甘肃省农科院把成果转化工作作为一项重点工作，依托农村试验站，甘肃省农科院连续两年举办了"科技开放周"活动；与酒泉市、定西市及民勤、临泽、高台、金川等县（区），共同搭建科技服务平台；继续加大与亚盛集团、甘肃农垦公司、甘肃瑞丰种业等企业的合作力度，通过设立科合作项目、建立联合服务平台等方式，不断拓展科技成果转移转化的渠道，促进院地院企合作向纵深开展。同时，积极发挥农业科技创新联盟的平台作用，围绕区域性重大问题，研究提出解决方案，凝练形成 5 个中心 10 个重点任务；联合市（州）农业科研院所，遴选创新联盟 18 个单位、118 项支撑全省乡村振兴的重大科技成果。

推介会上还举行了"甘肃省农业科学院农业科技成果转化基地"授牌仪式和成果交易签约仪式。定西市政府、甘肃省农垦集团有限责任公司、兰州新区管委会分别与省农科院签署战略合作协议。甘肃农垦良种有限责任公司等 10 家龙头企业分别与省农科院相关研究所签署合作协议。推介会还发布了 2019 年度 100 项重大农业科研成果，路演推介了 17 类重要创新成果。

（记者　吴晓燕　鲁　明）

甘肃农科院"诊治"当归麻口病：绿色防控累计增收 10 亿元

（来源：中国新闻网　2019 年 11 月 25 日）

据甘肃省农科院植物保护研究所披露，甘肃在当归麻口病、水烂病为主的病虫害防控方面取得突破性进展。目前，绿色防控技术推广 80.57 万亩，平均每亩鲜重增产 266.2 千克，总经济效益 10.6 亿元。

当归是甘肃省地道药材之一，该省当归总产量占全国产量的 90％以上，岷县、渭源等主产区被列为"中国当归之乡"。据甘肃省农科院公开资料显示，2014 年，甘肃种植当归面积约 54 万亩，产量超 12 万吨。

麻口病作为当归生长期间出现的一种线虫病害，主要症状是根表皮呈黄褐色纵裂，毛根增多并畸化，严重时皮层组织干烂，呈糠腐状。

"当归质量与当归麻口病的防控技术水平决定其产量与效益。"甘肃省农科院植物保护研究所研究员李继平接受中新网记者专访时表示,早在20世纪80年代开始,该所联合其他科研单位,对当归麻口病病原学、病害发生动态、化学防治等方面进行了研究,提出高毒杀虫剂和杀菌剂配合使用的防治技术,有效缓解了麻口病对当归生产的制约因素。

随着民众保健意识加强,社会对中药材需求逐年增加,市场前景趋好,中药材种植面积也逐年扩大。但在产业快速发展过程中,药农为寻求高产,过量使用化肥、农药,不仅污染土地和水资源,还影响中药材质量安全。

针对上述问题,甘肃多部门联合立项,由甘肃省农科院植物保护研究所牵头承担科研项目,重点研究当归等地道中药材病虫害绿色防控技术模式和示范推广,旨在通过各项技术的综合配套,推广当归无公害生产技术,综合使用生物农药防治麻口病,提升甘肃当归产业的市场竞争力和市场占有率。

该项目负责人李继平介绍说,项目实施中,以当归麻口病病原线虫的田间时空分布规律为依据,开展试验研究36项,总结提出浸苗处理技术、前期药剂灌根等有效防控麻口病和水烂病的8项技术措施,通过示范区样品进行农药残留检测,符合CNAS、CAAKS标准。同时,制定了甘肃当归主要病虫害标准化防控技术规程。据了解,依托绿色防控体系,甘肃先后在岷县、渭源、宕昌等8县建立35个当归麻口病综合防控技术示范区,举办各类培训班和现场指导200多场次,培训专业技术人员近1 000名,培训农民上万人次。

2016年以来,项目成果还在青海省当归种植区大面积示范推广,成为产业助推精准扶贫的重要技术支撑。

2019年,甘肃省农业农村厅立足改善民生,在宕昌、岷县、西和县、礼县建设4万亩中药材绿色标准化基地,甘肃省农科院参与并联合甘肃省植保植检站提供了中药材病虫害绿色防控技术方案。

"甘肃中药材种类多且研究起步晚,虽然在当归上取得了一定成果,但还存在一些制约因素。"甘肃农科院植物保护研究所副所长刘永刚分析说,系统性开展当归麻口病发生流行规律研究,对于建立绿色防控技术模式具有指导意义,但受制于资金和技术,甘肃在此方面研究相对薄弱。

"如何应用生物防控、有机肥是中药材病虫害防控的发展方向。"李继平表示,下一步,科技人员将围绕"科学植保、公共植保、绿色植保"的原则,加紧研发农业防治、生物防治、物理防治等病虫害防治技术和产品。

（记者　艾庆龙）

省农科院新品种新技术多点"开花"

（来源:《甘肃日报》　2019年12月3日）

记者从近日召开的中国共产党甘肃省农科院第一次代表大会上获悉,近年来,省农科院围绕现代农业发展需求，不断提升创新能力，新品种、新技术呈现出多点"开花"的良好态势，有力支撑了全省农业农村工作。

据介绍，省农科院围绕全省"牛羊菜果薯药"六大特色富民产业，针对产业需求链优化科技供给链，特别是加强了种业科技创新与重大品种选育，先后筛选出高淀粉主食化马铃薯、优质加工小麦、饲用大麦、功能性小杂粮、耐密机收和青贮玉米、杂交油菜等新品种100个，助推了全省农业优质化和供给侧结构性改革。集成创新水肥一体化、全程机械化、盐碱地改良、重大病虫害防治、化肥农药减施、马铃薯种薯雾培繁育等关键技术与产品，支撑了戈壁生态农业、旱作循环农牧业、现代设施农业等重大行动。同时，积极应对农业经营主体变化，探索科企合作模式，打造科技引领乡村振兴典型样板，推进一二三产业融合发展。

5年来，省农科院投入科研条件建设经费1.5亿元，新增仪器设备576台（套），科研设施1.87万米^2。建成农业农村部青藏区综合试验基地、12个农业农村部学科群试验站、农业农村部种子工程等重大科研设施与基地。改善了18个农村试验站科研条件，初步建成作物、果品、饲料、肉产品加工中试线。加快建设省部级重点实验室和工程技术中心（分中心），先后有5个试验站入选国家农业科学实验站，居全国省级农科院前列。目前，各类科研资源有效盘活，一盘棋格局加速形成。

据悉，今后5年，省农科院将围绕全省"一带五区"现代农业发展格局，着眼现代丝路寒旱农业和六大优势富民产业重大需求，瞄准农业产业发展的关键问题开展科研攻关，力争在优势领域、重大关键技术研发等方面实现率先突破，为现代农业发展提供源头活水。

（新甘肃·甘肃日报记者　秦　娜）

黄土旱塬上的土壤守护者

（来源：新华社　　2019年12月10日）

每年国庆之后到第二年春耕之前，是土壤取样时间。这两天，车宗贤正忙着与甘肃省临夏回族自治州农业部门专家，商谈土壤肥力和土壤环境监测的合作事宜。

车宗贤是甘肃省农业科学院土壤肥料与节水农业研究所所长，主要从事土壤长期定位观测监测工作。"说白了，就是土壤取样、分析和记载。"他说，自工作以来，这样与土壤打交道已有30年了。

土壤是农作物生长的根基，是区域粮食安全的重要保障。其生长变化和发育特点，是农业生产发展、科学施肥、耕地保护的重要科学依据。30年，对于一个人来说，经历了从婴儿到成年的成长历程；可对于土壤来说，这段时间还不够研究者了解其肥力变化趋势。

"即便后天发育形成的水稻土，也需要四五十年的时间。"车宗贤说。

有别于普通实验室科研工作，土壤长期定

位观测监测工作是一项基础研究，需要几十年、甚至上百年对土壤进行观察记载。"这是这项研究工作最难的地方。"车宗贤说，从工作特点来看，取样、分析、观察、记载、总结等基本操作并不难。但几十年如一日的基础研究，却难出研究成果，不少研究者"更换门庭"。

看着一起工作的其他同事不断出新的研究成果，车宗贤也曾动摇过。"但想到一走了之，自己多年的心血就白费了，心就软了。"他说，国内对土壤长期定位观测监测最早可追溯至20世纪50年代，而英国这方面的研究已有170年历史。"我们起步晚，这项工作必须要有人做。"

道阻且艰。20世纪70年代末，甘肃便开始了土壤长期定位观测监测试验。由于研究经费紧张、认同度不高等多种原因，在兰州、定西、酒泉等地的多个长期定位观测监测试验已经终止。目前全省土壤长期定位试验点仅剩4个，分别布置在张掖、武威、天水和平凉。

困难并没有压垮像车宗贤这样的土壤守护者们，反而越来越多的有为青年扎根土壤，为这项需要耗费几代研究者心血的工作添砖加瓦。车宗贤说，他参加工作时从事土壤研究的专业人员只有十几人，现在仅他们研究所就有50多人，甘肃省从事土壤长期定位观测监测的研究人员超过100人。

不仅如此，土壤研究的技术进步也在助力长期定位观测监测研究。"过去取样、烘干、分析、记载等工作全是人工操作，一项数据出来也要一两周时间。"车宗贤说，现在利用原子吸收光谱监测技术，一个小时就能出结果。

耗费了近一代人的心血，土壤守护者们终于有了成果。2016年，车宗贤及其团队利用近40年的土壤监测调查，总结了甘肃省主要耕地土壤类型和肥力演变规律，这为化肥减量增效、测土配方施肥提供了重要技术支撑。

车宗贤说，甘肃省地处黄土高原、青藏高原和蒙古高原交汇地带，地形复杂，土壤类型多样。目前研究只初步掌握了黄绵土、灌漠土、黑垆土、灰钙土等主要土类的土壤肥力演变规律。

"研究成果鼓舞人心。但我们明白，这只是迈出的第一步。"他说，甘肃有37个土类，后续的监测研究还需一如既往地做下去。

（新华社记者　王　朋）

甘肃驯化赤眼蜂"以虫治虫"：
天敌防控害虫　农药减量减施

（来源：中国新闻网　　2019年12月13日）

"'以虫治虫'天敌防控作物害虫，生物防治可以使农药减量减施。"甘肃省农业科学院植物保护研究所副所长刘永刚表示，其他地方的赤眼蜂在甘肃这个比较干旱、寒冷的地方不好生存，他们的优势就是赤眼蜂本土驯化。

在日前举行的甘肃省科技转移转化现场会

上，一袋袋生物"黑科技"亮相展台，赤眼蜂蜂卡、寄生卵、柞蚕茧等"新鲜出炉"，吸引了众多来宾的目光。

赤眼蜂为卵寄生蜂，成虫长不到 1 毫米，幼虫在蛾类的卵中寄生，可寄生于玉米螟、黏虫、棉铃虫、苹果毒蛾等鳞翅目害虫的卵，可用以进行生物防治，广泛分布于世界各地，是许多农林害虫的重要天敌，也是世界范围内害虫生物防治技术中研究最多、应用最广的一类寄生性天敌。

"就是'以虫治虫'的生物防治方法，起到减少农药使用量的作用。"该所高级农艺师魏玉红 12 日接受记者采访时说，主要用蛾子的卵，继续做寄生，寄生后打包成小袋挂到农作物上面，让赤眼蜂出来后自己去寻找地里面害虫的卵，"以虫治虫"是一个很有趣的过程。

魏玉红说，利用柞蚕卵生产赤眼蜂防治害虫在各地已广泛推广应用，效益十分可观，大大降低了生产中防治病虫害的成本，减少用药次数和用药强度，在降低农作物、蔬菜、果实中的农药残留量的同时，还保护了害虫天敌，使生态结构逐渐恢复到自然平衡状态，以此生产出无公害绿色食品。

当下，农业害虫频繁高发，长期过量使用化学农药的负面影响，严重威胁着甘肃省特色农业的可持续化发展，诸如玉米制种、中药材、特色蔬菜、枸杞、苹果、马铃薯、核桃、油橄榄及设施园艺产业，并且，食品安全、环境保护、生物多样化等国际性问题促使各国加大力度限制化学农药的使用。

"生态植保无疑是可能替代化学植保的最重要的方法之一。"刘永刚表示，"以虫治虫"的绿色防控技术更突显其独特优势，应用天敌昆虫防控农业害虫的生物防治技术具有安全、有效、无残留等生产优点。

刘永刚说，生物防治方法具备可持续、环保、简便与低能耗等技术优势，是保障农业可持续发展和粮食生产的有效措施，更是降低化学农药使用量，保障蔬菜、水果、大宗农产品安全生产的根本手段，但目前生产成本和田间施放成本较高，不过随着扩大生产、田间技术的成熟以及政府的支持，赤眼蜂等生物防治有很好的应用前景。

（记者　魏建军　责任编辑　杜　萍）

王一航：种出好洋芋是我一生的工作

（来源：新甘肃·甘肃经济日报　　2019 年 12 月 17 日）

一个人，一件事能坚持 37 年去做，一定是在追求一生的事业。甘肃省农业科学院马铃薯研究所研究员王一航就是这样一个人。

11 月 10 日，在首届甘肃省农业科技成果推介会上，记者见到了这位大名鼎鼎的科研人员——穿着袖口破烂的皮衣，正在签名送书，和一个个来宾手捧他写的《甘肃马铃薯产业关键技术》一书开心地合影。

王一航，地地道道的定西"土豆专家"，搞马铃薯研究，搞出了名堂，让洋芋亩产达到万斤，创造了马铃薯亩产奇迹，成为中华人民共和国成立60周年感动甘肃人物、农业部中华人民共和国成立60周年"三农"模范人物。

土豆情结：一干37年

"搞科研，要吃苦，不吃苦，什么也搞不出来。这本书就是我37年土豆情结的结晶。"王一航指着他写的《甘肃马铃薯产业关键技术》新书说。

谈起与土豆情结，王一航说他原是一名"老三届"，高中毕业时恰逢国家取消高考，不得不回到苦瘠甲天下的定西市渭源县农村务农。直到1977年国家恢复高考，凭着对科学知识的渴望，他顺利考取甘肃农业大学。

1982年，王一航毕业被分配到甘肃省农科院粮食作物研究所设在渭源县会川镇的马铃薯育种站，成为一名农业科研人员。从此，开始了他长达37年的"洋芋人生"。

王一航研究开发每一项新技术时，除了考虑技术的先进性、实用性外，更主要的是考虑这项技术农民是否用得起。他深知，一项农业成果，技术再好，要是农民用不起，也是白搭，只能在实验室里闲置。在研究开发马铃薯种薯脱毒快繁技术时，为了能使脱毒种薯农民买得起，他绞尽脑汁，在保证质量的前提下，尽量降低繁育成本，首次在国内尝试研发成功试管苗全日光培养技术体系，改试管苗电灯光为日光培养，培养容器由三角瓶改为罐头瓶，培养基简化为仅用大量元素，培养水由蒸馏水改用自来水等，彻底改变了传统的脱毒试管苗组织培养方法，从而使繁育成本降低40%，促进脱毒种薯走进千家万户。

王一航深情地讲述了三个"永远不会忘记"。一个是40多年前，考取甘肃农业大学，父老乡亲送出村口时，那一个个企盼他毕业后帮助乡亲能改变农村落后面貌的热切目光；另

一个是当他把选育出的新品种，送给农民种植获得丰收后，农民拉着他的手久久不愿松开的亲切情景；第三个是2005年，他去定西内官营镇一个村子做科技培训，村民在村口排成两行夹道欢迎，成为他一生中最高的一次礼遇。

一件皮衣：穿了21年

在推介会上，他穿得那件皱皱巴巴的皮衣，两个袖口都"开了花"。一到冬季，渭源会川风大、特冷。为了御寒，1998年王一航破例购买了一件皮衣。

"这是我一生中最贵的一件衣服，也是穿的时间最长的一件。"他沉思了许久说。这件普通的皮衣，伴随着他走过了21个冬季，利用农闲时节下乡，组织举办各种形式的农民技术培训班，走到哪里，技术传授到哪里。

春播季节，前来索要种薯和咨询技术的农民络绎不绝，他耐心服务，农民满意而归。他义务担任渭源县农民协会技术顾问，帮助农民解决生产技术难题。

每年种薯外调，也是他最繁忙的日子，常常凌晨出门，半夜才回到基点。记得有一年11月，他向外省运送种薯，天气寒冷，担心种薯受冻，只好和另一位同事一起押送火车皮。他俩关在冰冷的闷罐车里，啃着干馍，喝着凉水，守护7天7夜。火车到达站点，他们走出闷罐车，没水洗脸，脏成"黑人"，住旅馆时，人家嫌脏，不让入住。

王一航搞科技培训和技术服务，几乎走遍了全省马铃薯主产区20多个县（区），先后组织举办农民培训班300多次，培训农民3万多人次，印发技术资料10万多份。在甘肃中部一带农民亲切地称他为"王洋芋""王科学""王教授"。

"王教授，您好！"陇南民乐种业郭大权有限公司经理郭大权在签名送书现场，亲热地握

住王一航的手说。据郭大权讲，2006 年，王一航穿着这身皮衣来西和县指导种植马铃薯，带动 1 万多户农民当年致富，一年产值达到 370 万元。西和农民至今忘不了他传授的马铃薯致富技术。

一个心愿：让马铃薯成为致富蛋

"从参加马铃薯研究工作第一天起，我就注定将自己的一生与马铃薯产业发展联结在一起，与贫困地区群众脱贫致富奔小康的美好愿望连在一起。"王一航在谈到科研情结时如是说。

30 多年来，他先后参加和主持完成国家、省部级马铃薯科技项目 20 余项，相继选育出陇薯系列新品种 12 个，先后在甘肃、宁夏、新疆、青海、陕西、四川等省份，累计推广种植马铃薯 4 000 余万亩。

"一个个选育成功的马铃薯品种，就像我培养的孩子一样，倍感骄傲与自豪。"王一航把自己培育出的新品种看成自己的孩子一样呵护。

他培育出陇薯 3 号，不但在甘肃种植，更多地推广到全国各地种植，早在 2003 年，在山丹县推广种植，亩产达到 1 万斤以上，创甘肃马铃薯产量最高纪录。陇薯 3 号也是他培育成功的高淀粉马铃薯新品种，薯块淀粉含量高达 20%～24%，是国内第一个淀粉含量超过 20% 的新品种，年推广面积达 320 余万亩；陇薯 6 号于 2005 年通过国家农作物品种审定委员会审定，成为我省第一个国家级马铃薯新品种，在甘肃、宁夏、新疆、四川等省份年推广面积达 310 余万亩；育成 2 个薯条及全粉加工专用新品种陇薯 7 号与 LK99，填补了国内油炸食品及全粉加工品种空白……

2009 年 6 月 6 日，中共甘肃省委作出"关于向王一航同志学习的决定"，省委宣传部出版了记叙他成长历程的《一个农业科学家的奉献》一书。

王一航说："把我的一生，奉献给甘肃这片热土，奉献给甘肃农民！我要把论文写在陇原大地上。"

（记者　俞树红）

十、 院属各单位概况

作物研究所

一、基本情况

甘肃省农业科学院作物研究所隶属甘肃省农业科学院，为二级事业法人单位、二级预算单位。研究所以服务全省现代种业发展为目标，主要从事作物种质资源收集保存、创新利用研究，遗传改良技术与应用基础研究，新品种选育与配套栽培技术研究，开展成果转化、科技服务、人才培养及科技培训。设有玉米、胡麻、油菜、向日葵、棉花、杂粮、豆类、高粱和品种资源等9个专业研究室和1个作物遗传育种实验室，作物研究所还拥有1个国家油料作物改良中心胡麻分中心、2个农业农村部学科群野外科学观测站、1个国家胡麻产业技术体系研发中心、1个省级胡麻工程中心等5个国家和省级科研平台，1个省级农作物品种资源库和4个院级专业试验站。全所现有在职职工65人，科研人员58人，其中高级职称25人，硕士以上30人，国家有突出贡献中青年专家1人，入选国家"百千万人才工程"1人，甘肃省领军人才6人。

二、科技创新及学科建设

2019年，全所共承担实施各类科研项目85项，其中新上项目29项，结转项目37项，横向合作19项。在敦煌、张掖、景泰、永登、兰州和会宁等地落实种质资源鉴定、品种选育和栽培技术研究试验192项，参试材料42 728份，试验用地732.89亩。

2019年，获省科技进步奖一等奖1项、二等奖4项，全国农牧渔业丰收奖二等奖1项。16项科研成果完成省级成果登记，10个作物新品种通过审定、登记及评价，6个作物品种申请了审定登记，申报了2项植物新品种权和9项专利，1项专利获得授权，编制的9项地方标准颁布实施，6项标准等待评审。全年在国家、省级以上刊物上共发表论文37篇，其中SCI期刊论文1篇，CSCD期刊论文15篇，撰写甘肃省农业科技智库要报1份。

三、科技服务与脱贫攻坚

2019年，对外签订科技成果转化和技术服务协议14项，合同经费156.92万元；在天祝、民乐、临夏、会宁、酒泉等地共示范推广"陇字号"作物新品种15 462亩，辐射推广10万亩以上。在贫困县（区）共建立新品种新技术示范基地8个，示范面积4 760亩，开展科技培训24场（次）、田间技术指导19次、电话或微信等咨询服务14次，培训农民1 200余人次，发放技术资料2 790多册，发放自育良种8 460多千克，提供种羊31只，提供各种肥料5 480袋（瓶）、地膜1 960千克、精量穴播机16台。在定点帮扶县镇原县，先后组织帮扶责任人4批22人次到定点帮扶村进村入户，走访慰问帮扶对象，调整充实"一户一策"方案，开展技术培训2期，帮助关山村建立了小杂粮生产基地。在深度贫困县积石山保安族东乡族撒拉族自治县，为2个帮扶村提供560亩陇单号玉米良种、100亩陇草1号饲用高粱良种，并为种植户提供除草剂300瓶、叶面肥300瓶，杀虫剂400余袋，开展了3期科技巡回培训，培训基层科技人员35人，培训农民130多人。在临潭县引进示范陇油11号等油菜新品种，亩产达到350千克左右，较原种植品种亩增产 100 千克。在临潭县王旗镇开展科技培训 2 期，发放良种 920 袋、防病防虫农药 3 200 瓶（袋），现场培训农户 260 多人（次）。在会宁县大沟镇示范胡麻新品种陇亚 13 号及配套技术 1 000 亩，亩增收益 150 元，累计增收 15 万元，帮助老君镇文岔村建立了小杂粮科技扶贫产业园，提供谷子糜子优良品种 6 个，全村 270 户建档立卡贫困户中有 116 户加入小杂粮脱贫产业园，种植小杂粮 840 亩，谷子亩产值 1 620 元，糜子亩产值 1 170 元。在天祝县示范陇豌新品种 330 亩，豆苗专用品种 50 亩。

四、人才队伍与团队建设

2019 年，推选 4 名 70 后年轻科技人员走上研究室主任岗位，2 名年轻科技人员在职攻读博士学位，选派 3 名年轻科技人员分别赴华中农大、中国农科院作物所、中国农科院油料所进行为期一年的急需短缺人才培训学习，1 名在中国农科院作科所重点实验室做西部之光访问学者的科技人员获得结业证书。1 人入选国家百千万人才工程并被授予"有突出贡献中青年专家"荣誉称号，1 人荣获"第九届甘肃青年科技奖"并被推选为甘肃省"三八红旗手"，共有 8 名专业技术人员晋升了高一级专业技术职称，3 人入选甘肃省广播电视总台农村广播智库专家。

五、科技合作与交流

2019 年，承办了现代农业发展青年学术论坛，协办了"全国糜子科技创新论坛"。接待 124 批次国内外专业团体和人员来所开展学术交流、到试验基点考察，共有 105 人次参加了国内外各种学术会议和学术交流活动，其中 6

人赴美国、法国等地开展学术交流，交流合作取得了较好成效，有 1 人当选中国作物学会第十一届理事会理事，与浙江大学、中国农业科学院油料所等签订科学研究合作协议，引进全球油菜核心种质资源 300 多份。在会宁试验站、敦煌试验站举办了科技开放周活动，加强了与地方政府以及与农业专业合作组织的联系。

六、科研条件和平台建设

依托张掖试验站建设的"农业部作物基因资源与种质创制甘肃科学观测实验站"通过了省农业农村厅组织的竣工验收，大大改善了工作和生活条件，吸引了多家国家级团队来所开展科研合作，为试验站持续发展创造了条件。依托秦王川综合试验站建设的兰白农业科技创新基地建设项目完成了 250 亩试验用地田间道路建设、灌溉水管铺设、5 300 米³ 蓄水池建设，2020 年试验用地可投入使用；依托种质资源库建设的"甘肃省农业生物资源保存利用中心建设"项目完成了品种资源楼维修、仪器设备采购、信息平台建设任务，品种资源楼维修竣工验收，仪器设备采购全部安装到位试运行正常。敦煌试验站、会宁试验站等积极配套完善站点科研和生活条件，试验站影响力进一步扩大，会宁试验站被省科协评为"优秀科普小院"。

七、党建与精神文明建设

忠实履行基层党建工作责任，深化党支部标准化建设，认真落实"三会一课"制度。及时跟进学习习总书记重要讲话，学习贯彻落实党的十九届四中全会精神及院第一次党代会精神，促进党建与科研工作结合更加紧密。积极组织参加了第十二届"兴农杯"职工运动会，获得优秀组织奖并取得了较好的竞赛成绩。推荐3名年轻党员担任通讯报道员和网络评论员,1名党员获优秀网络文明志愿者称号。加强廉政建设,班子成员严格落实"一岗双责",严格执行"三重一大"制度,运用监督执纪第一种形态,经常开展批评和自我批评、约谈提醒,让"红红脸、出出汗"成为常态。加强制度建设,根据内部财务审计和专项审计提出的问题,认真检视问题,即知即改抓落实,制定出台《职工外出审批管理办法》《科研业务用车审批管理办法》《科研副产物管理办法》《科研经费报销规定》等规章制度,规范了人员和事权管理。

小麦研究所

一、基本情况

甘肃省农业科学院小麦研究所成立于2009年,是集小麦新品种选育、杂交小麦研究、小麦条锈病遗传多样性控制、小麦水分高效利用及相关生产技术研发和科技咨询于一体的专业性科研机构。现设冬小麦、春小麦、栽培生理等3个研究室,以及清水、黄羊两个长期试验基地。拥有国家引进国外智力成果小麦条锈病基因控制示范推广基地以及甘肃省小麦工程技术研究中心、甘肃省小麦种质创新与品种改良工程实验室等7个科研平台。现有职工25人,其中正高10人、副高7人、博士7人、硕士7人,甘肃省科技领军人才2人、甘肃省优秀专家2人。

先后选育出以兰天26号、兰天34号为代表的兰天系列冬小麦新品种21个,以陇春27号、陇春30号为代表的陇春系列春小麦新品种13个。获国家及省部级奖励12项,其中主持选育的"抗旱丰产广适春小麦新品种陇春27号选育与应用"获2015年度省科技进步奖一等奖。

目前,全所共承担国家现代农业产业技术体系、公益性行业(农业)专项、国家重点研发计划、国家自然科学基金、省重大专项和省产业技术体系首席专家等科研项目20余项。

二、科技创新及学科建设

2019年新上项目8项,合同经费318万元,到位经费338.7万元。全年承担各类科研项目19项,设置各类试验45项,种植面积300多亩,共种植各类试验材料13 590份;特色小麦新品种选育筛选出15份高代品系。全年获全国农牧渔业丰收奖一等奖和省科技进步奖二等奖各1项;7个项目结题;3个品种通过省级品种审定;2项地方标准获发布,3项技术完成省级科技成果登记;发表科技论文15篇。5个品种(系)报审。

三、科技服务与脱贫攻坚

引进各类作物新品种10类29个,建立了8亩集中对比展示田。初步提出了山旱地玉米、杂粮、饲用甜高粱高产栽培技术三项,提出一项扶贫模式,建成了培训讲习所,开发"关山绿欣源"产品3个,建立了一个展示园,三个杂粮基地,一个杂粮银行。建成新品种新技术繁育示范生产基地3 413亩、特色小杂粮加工中试线1条、扶贫车间生产线1条,带贫213户。开展科技培训23场,累计培训1 126人,培养致富明星1人。发放油菜、藜麦种子600千克,农药1 000瓶、农药安全使用手册

500 份。成功转让小麦新品种 3 个，转让费 25 万元，新品种示范推广 300 万亩以上，持续扶持新型农业生产经营主体 5 名。

四、人才培养和合作交流

3 人晋升研究员职称资格，2 人晋升副研究员职称资格。10 人晋升了高一级岗位等级。依托院急需紧缺人才培养项目，2 人分别赴国家农业信息化工程技术研究中心和中国农科院作物所进行为期半年的全脱产学习。全年，共有 7 人去国外参观考察学习，26 人次参加国内专业学术会议并参观学习。邀请中国农科院、西北农林科技大学，华中农业大学，四川、贵州、绵阳、云南、重庆等农业科学院专家 50 余人到试验站检查指导工作。

五、科研平台和条件建设

获得国家小麦改良中心-甘肃小麦种质创新利用联合实验室补助资金 50 万元，成功申请院条件建设项目"小麦面粉加工中试实验室建设"项目经费 30 万元，完成小麦快速育种技术体系。根据实验需求自筹经费购置 1 台低温 LED 顶置光照培养箱和 1 台解剖镜（SZX12），为实验室工作的开展提供了技术支持。

六、党的建设和精神文明创建

2019 年，小麦所党建工作围绕"不忘初心、牢记使命"主题教育，坚持"三会一课"制度，及时传达学习党在新时期的各项政治理论，以围绕科研抓党建，夯实党建促科研为宗旨，党建工作取得了长足进展。制定了主题教育实施方案和计划任务表，进行了多层次学习

交流研讨。3 名县处级干部完成了干部网络学习课程，5 名县处级干部及党支部书记参加了"十九届四中全会及习近平总书记视察甘肃重要讲话精神培训研讨班"。发展了 1 名入党积极分子。认真履行"一岗双责"责任，领导干部严格执行党内请示报告制度，严格落实"三重一大"制度；压缩公务费开支、严格业务用车管理。严防"四风"问题，通过整改建立健全了内部管理制度。加强职工特别是党员领导干部岗位廉政教育、强化廉洁从业意识、纪律规矩意识，及时掌握职工苗头性倾向性问题，提醒劝诫并责令整改，并及时与上级组织汇报沟通。积极响应中央乡村振兴战略，充分发挥基层党支部作用，开展好精准扶贫技术服务和重点项目实施活动，选派 1 名县处级领导、1 名扶贫经验丰富的科研人员长期驻村，对重点帮扶村和帮扶家庭进行了针对性的帮扶工作安排。多渠道多方式加强舆论宣传，通过集中学习讨论、参观红色教育基地、调查问卷、QQ群重大时事要点学习等方式，继续加大《条例》《准则》、党章及习近平总书记系列讲话精神学习。

马铃薯研究所

一、基本情况

甘肃省农业科学院马铃薯研究所成立于 2006 年，是集马铃薯种质资源保存与评价利用、育种技术与品种选育、栽培生理与栽培技术、种薯脱毒与组培快繁、无土栽培与种薯繁育、病虫害防控与水肥高效利用、成果转化与科技服务为一体的专业科研机构。现有在职职工 30 人，其中研究员 7 名，副研究员 9 名，

博士 5 名，硕士 10 名，享受国务院政府特殊津贴 1 人，国家现代农业产业技术体系岗位科学家 1 人，省领军人才 2 人，省现代农业产业体系副首席 1 人、岗位专家 2 人，硕士生导师 6 人，1 人入选省"333 科技人才工程"，2 人入选省"555 科技人才工程"。退休职工 19 人，其中研究员 2 人，享受国务院政府特殊津贴 1 人，省科技功臣 1 人，省先进科技工作者 1 人。

下设遗传育种、栽培技术、种质资源与生物技术和种薯繁育技术 4 个研究室，会川和榆中 2 个试验站，以及一航薯业科技发展有限责任公司。拥有"国家农业科学种质资源渭源观测实验站""农业部西北旱作马铃薯科学观测实验站""甘肃省马铃薯种质资源创新工程实验室""甘肃省马铃薯脱毒种薯（种苗）病毒检测及安全评价工程技术研究中心""马铃薯脱毒种薯繁育技术集成创新与示范国家级星创天地""马铃薯种质资源创新与种薯繁育技术国际合作基地""中俄马铃薯种质创新与品种选育联合实验室""丝绸之路中俄技术转移中心""甘肃省示范性劳模创新工作室"等 9 个科研平台。

建所以来，获得各类成果 17 项，其中省部级奖励 11 项，国家专利 2 项，地方标准（规程）4 项。选育马铃薯新品种 9 个，其中国审品种 1 个，省审品种 8 个，获植物新品种权 4 个。

二、科技创新及学科建设

2019 年共组织申报各类项目 50 余项，布设各类试验 67 项，新上项目 19 项。全年共获省科技进步奖三等奖 1 项、省发明专利奖三等奖 1 项，登记马铃薯新品种 3 个、组织验收项目 9 项、登记科研成果 1 项、申报技术规程 2 项、撰写技术规程 4 项、申报专利 3 项，其中实用新型专利 1 项，发表论文 29 篇，其中 SCI 1 篇，CSCD 核心期刊 8 篇；出版专著 1 部。

三、科技服务与脱贫攻坚

全年为 98 户贫困户提供了马铃薯新品种陇薯 7 号、陇薯 10 号和冀张薯 12 号原种共 34.5 吨，拌种剂 150 包，示范面积 210 亩，示范田平均亩产达到 2 666.4 千克，新增收益 1 100 多元，经济效益显著。帮扶责任人先后 26 人次走访入户，详细了解贫困户的实际困难和突出问题，宣讲脱贫攻坚相关政策内容，举办科技培训 4 次，发放技术资料近 300 册，完善"一户一策"脱贫计划，为 13 户帮扶户赠送农用物资及生活用品共计 5 490 元。在"今日头条·薯界风云""新甘肃·每日甘肃网"等新闻媒体宣传报道 8 次，产生了良好的社会反响。

通过"三区"人才科技帮扶，开展培训 19 期，培训农民 1 197 人次，发放培训资料 1 248 份，农药、微肥 4 684 余袋（瓶）。无偿提供马铃薯原原种 2.422 万粒，原种 4.6 吨，为全省马铃薯产业发展和薯农整体管理水平的提升发挥了重要作用。依托科研项目的实施，开展实施乡村振兴示范村建设，示范展示优质脱毒种薯生产 200 亩，开展科技培训 2 次，培训种植农户 113 人，发放技术资料 160 余份。

四、人才培养和团队建设

推荐 1 人为省拔尖人才人选、1 人到中国农科院作物所选修深造、1 人为中华人民共和国成立 70 周年国家荣誉称号提名人选和"最美奋斗者""情暖定西"典型人物人选，1 人获全国三八红旗手提名，2 人晋升副高级职称，2 人晋升中级职称，1 人晋升初级职称。有"马铃薯种质资源创新与新品种选育""马铃薯脱毒与种薯繁育""马铃薯高效优质栽培" 3 个科研创新团队。

五、科技交流与国际合作

选派 2 批次 7 名科技骨干分别赴日本开展"马铃薯组培快繁及全程机械化生产技术"交流学习，赴俄罗斯罗涅日国立农业大学、圣彼得堡国立农业大学及塔吉克斯坦国家科学院进行交流访问。全年共有 41 人次参加了国内外学术交流活动；此外，举办了"西北区马铃薯化学肥料和农药减施技术模式集成与示范" 2019 年工作推进会议，并在安定区、会宁县成功召开了现场观摩会。会川国家马铃薯试验站先后接待省内外相关企事业单位参观考察 200 余人，马铃薯脱毒繁育技术中心共接待 24 批 337 人次参观学习。

六、科研条件与平台建设

2019 年共争取到多项科研与生产条件建设项目，新增各类仪器设备设施及农机具等 30 多台（套）；依托"甘肃省马铃薯种质种苗协同创新中心建设"项目的实施，2 300 米^2 连栋温室主体钢结构安装已初步形成，建成的 4 000 米^2 网棚、抗旱棚的微喷、滴灌等水肥一体化设施已全部安装到位，榆中早熟马铃薯试验站条件建设已初具规模，成效明显；借助国家良种生产基地建设项目，对一航薯业公司现有贮藏库进行了升级改造。

七、党建和精神文明建设

严格落实院党委的决策部署，明确党总支负责人为党建工作第一责任人，有效抓好班子成员"一岗双责"，推进党建工作与业务工作融合；严格执行民主集中制，落实"三重一大"事项决策制度。结合深入开展"不忘初心、牢记使命"主题教育，集中开展习近平新时代中国特色社会主义思想、党的十九大精神以及习近平总书记对甘肃重要讲话和指示精神的学习宣传，教育引导党员职工增强"四个意识"、坚定"四个自信"、做到"两个维护"。严格按照全面从严管党治党要求，扎实开展党风廉政建设工作，把全面从严管党治党与业务工作同安排、同落实、同检查、同考核。坚持问题导向，各支部结合实际工作，有序抓好政治理论学习与业务学习，严格组织生活制度落实。在党务干部建设上持久用力，对支部委员进行了改选，有效提高了支部工作的凝聚力、执行力。加强基层党组织标准化建设，制定标准化建设工作计划，按照《甘肃省事业单位党支部建设标准化手册》7 个方面、35 个标准对照检查，查找出 18 个问题，建立台账，进行整改，支部标准化建设成效显著。推进创新文化建设，开展丰富多彩的文化活动，抓好退休职工、困难党员、职工及家属慰问工作，增进了全所职工的凝聚力。加强宣传，在各大主流媒体宣传报道 10 次，有效提升了影响力。

旱地农业研究所

一、基本情况

甘肃省农业科学院旱地农业研究所成立于 1987 年，是主要从事旱地农业研究与开发的综合性科研事业单位，2003 年首批入选"甘肃省重点科研院所”，2006 年首批入选甘肃省科技创新团队之一现代旱地农业研究创新团队，甘肃省引进国外智力成果示范推广基地。在农业部对"十五"期间全国 1 077 个农业科研机构综合能力评估中位居 118 位。先后荣获团中央、全国青联"青年科技创新先进集体""省先进基层党组织"等荣誉称号。

现有在职职工 43 人，学科团队 5 个，其中高级职称研究人员 28 人、博士 8 人、硕士 14 人，入选省领军人才 2 人，省属科研院所学科带头人 1 人，甘肃省"333"科技人才工程 4 人、甘肃省"555"科技人才工程 2 人。现有各种科研仪器 164 台套，抗旱棚 1 600 米^2，智能人工气候室 10 米^3，试验用地 510 亩。

主要面向甘肃省的半干旱、半湿润偏旱和高寒阴湿三个不同类型区，针对黄土高原中、东部地区雨水高效利用、水土保持、环境改善和植被恢复、作物品种改良、GIS 技术应用、测土配方施肥、作物抗旱生理、特色产业开发、新农村建设等热点问题，开展旱作农业区的资源高效利用及关键技术研究。建所以来共承担科研项目 150 余项，取得成果 85 项，获奖 75 项，审定作物新品种 18 个，发表论文 900 余篇，出版专著 8 部。"十三五"以来，成果与技术累计推广 2 600 余万亩，新增收益 50 亿元以上，支撑全省旱作区农民年均增收 100 元，科技贡献率达 62.5%，坚强有力地推动寒旱特色农业发展战略的实施。

二、科技创新及学科建设

2019 年共申报各类科研项目 50 余项，其中国家自然基金 17 项，获得立项 25 项，合同经费 1 121 万元，到位经费 1 200 万元。获省科技进步奖二等奖 2 项，农业科技进步奖二等奖

1 项、三等奖 1 项，发表论文 39 篇，其中 SCI 论文 3 篇；完成科技成果登记 5 项、授权软件著作权 8 项，实用新型专利 5 项，颁布甘肃省地方标准 4 项，省级审定品种 1 个，结题验收项目 18 项。

三、科技服务与脱贫攻坚

依托"一室三站"平台和承担的科研项目，积极推广小麦、大豆新品种，小麦、玉米、马铃薯、小杂粮等绿色生产技术，土壤调理剂、抗连作菌剂、专用肥、农机具等物化产品，建设示范基地 8.9 万余亩。举办定西试验站科技开放周活动，邀请定西市政府领导和企业参加，扩大了对外影响力；参与省级和地方成果展示会 3 次，与小麦种子企业、马铃薯原种生产企业、肥料企业、农机具企业等 10 余家相关企业和 20 余家合作社建立长期合作关系，提升服务农业产业的能力，有效地服务于地方产业发展，践行"定位、占位、强位"战略稳步落实。

四、人才培养和团队建设

2019 年在读博士 2 人，晋升研究员 2 人、副研究员 4 人，省领军人才续聘 2 人，申报省领军人才 5 人、博导 1 人，新调入人员 1 名，新分配硕士研究生 1 人，培养硕博士研究生 4 名。中青年领军人才日渐凸显，在玉米全程机械化及粒收技术、马铃薯绿色耕作栽培、作物抗旱优质育种、旱地作物养分高效管理等学科领域的竞争力不断攀升。

五、科技交流与国际合作

先后选派 60 余人次参加国际国内学术交

流，完成学术报告 20 余场次；邀请国内外专家 30 余人次来所交流，与瓦赫宁根大学、中国农业大学、中国农科院等开展实质性合作研究，学术影响力和知名度不断提升。

六、科研条件与平台建设

镇原试验站"农业部西北旱作营养与施肥科学观测实验站"通过省农业农村厅验收；"国家陇东旱塬农作物品种区域综合试验站"通过了院里组织的初步验收；定西试验站实施的"农业部西北黄土高原地区作物栽培科学观测实验站"建设项目已于年初完成竣工验收，并投入使用；全年共投入 360 余万元，开展维修改造和能力提升，已完成蒸渗仪、库房建设、晒场建设、土样密集柜与实验台购置、会议桌椅购置等建设内容。

七、党建和精神文明建设

深入开展"不忘初心、牢记使命"主题教育，坚持问题导向积极开展调查研究，开展专题党课讲授及加强科研作风、学风和科研经费管理方面的专项整治活动。加强党支部标准化建设，开展先进典型教育，提升基层组织的凝聚力和组织能力。积极组织职工参加各项活动，切实关心职工工作生活，营造和谐积极氛围。

生物技术研究所

一、基本情况

甘肃省农业科学院生物技术学科始创于 1972 年，历经多年发展，2001 年组建甘肃省农业科学院生物技术中心，并于 2006 年成立了甘肃省农业科学院生物技术研究所。所内设置分子育种研究室、基因工程研究室、微生物应用研究室、食用百合研究室等 4 个研究室，1 个国家特色油料产业技术体系胡麻兰州试验站团队。现有职工 29 人，其中管理岗位 2 人，专业技术人员 27 人，拥有省领军人才第一层次人选 1 人，研究员 2 人，副研究员 10 人，博士和在读博士 5 人，硕士 16 人。现有从事基因工程、细胞工程及其他农业生物技术研究所需的关键仪器设备价值近 300 万元。近 5 年来，共完成科技成果 34 项，获奖科技成果 5 项，授权国家发明专利 8 项，发表学术论文 80 余篇，发布地方标准 5 项，软件著作权 3 项。

二、科技创新及学科建设

2019 年承担在研项目 24 项，获国家、省部级、院列项目立项 20 项，合同经费 365.0 万元。完成结题验收项目 4 项、成果登记 2 项，发布地方标准 5 项，获省科技进步奖三等奖 2 项、授权发明专利 1 项、软件著作权 3 项，发表论文 23 篇，其中 SCI 收录期刊 2 篇，中文核心期刊 10 篇。

三、科技服务与脱贫攻坚

按照"脱贫攻坚帮扶工作责任清单"要求，严格落实责任清单任务，先后选派 9 人次在庆阳市镇原县方山乡张大湾村进村入户开展帮扶，全面落实"一户一策"精准脱贫实施方案。同时，选派 1 名青年科技人员作为帮扶工作队队员驻村帮扶，开展长期帮扶工作。筹集经费配套农资 4.8 万元，用于张大湾村"一户一策"精准脱贫方案落实，取得显著成效。认真落实科技帮扶技术措施，在永靖县、临洮县、七里河区、榆中县等地建立百合规范化种植、新型牧草引进示范、新品种新技术引进、规范化牛羊养殖等示范基地，广泛开展技术培训和技术服务，取得显著经济社会效益。

四、人才培养和团队建设

根据院学科设置指导思想，结合生技所在作物分子标记辅助育种、单倍体育种、组织培养、基因克隆与转化、循环农业等方面的技术优势，进一步明确了研究所重点学科和重点研究领域，优化人员结构配置，组建了"重要性状遗传改良与种质创新"和"功能基因评价与转基因生物安全"2个团队，联合组建"农业微生物及废弃物循环利用"创新团队，为进一步凝练学科方向和重点，踏实做好基础积累，聚焦全省特色产业发展，积极申报国家和省级重大项目打好了基础。同时，通过设立研究所青年科学基金、专项技能培训、科研交流合作等促进青年工作者的成长成才，全年共有4名青年科技人员晋升副研究员。

五、科技交流与国际合作

为加快促进青年科技人才的成长，提高科技创新能力，选派1名青年科技人员作为"西部之光"访问学者到中国农科院作物所开展合作研修，22人次参加国内培训和学术交流，为青年科技人才的成长创造了有利的条件。

六、科研条件与平台建设

购置各类专业仪器设备18台（套），价值

200多万元，包括实时荧光定量PCR仪、多功能酶标仪、生物大分子分析仪、梯度PCR仪、生物反应器等。先进的仪器设备和设施条件为开展农作物优良性状相关基因标记、定位、克隆、功能研究，转基因新种质、细胞工程新种质创制和新品种选育，特色植物组织培养与种苗繁育，主要农作物废弃物资源化循环利用等相关领域的科研、示范和推广工作提供研究条件和创新平台。

七、党建和精神文明建设

强化政治学习，把学习党的理论作为首要政治任务，先后举办主题教育培训班1次，集中学习交流研讨10余次，党员职工政治觉悟进一步提升。突出从严从实，认真抓好"不忘初心、牢记使命"主题教育，根据"守初心、担使命、找差距、抓落实"的总要求，在抓好学习教育的基础上，重点针对存在的差距和不足以及上年度院党委考核反馈问题、院主要领导约谈指出的问题，认真分析、深入研究、制定方案、整改落实。坚持党支部"三会一课"制度，加强党的基层组织建设，不断推进党支部标准化建设，实现了党建工作的有形化、规范化。弘扬优良传统，不断加强社会主义核心价值观教育和爱岗敬业教育，组织开展多种形式主题党日活动，精神文明建设丰富多彩。

土壤肥料与节水农业研究所

一、基本情况

甘肃省农业科学院土壤肥料与节水农业研

究所成立于 1958 年，是专门从事土、肥、水农业资源高效利用研究的公益性科研单位。现有职工 49 人，其中研究员 5 人、副研究员 23 人、博士 6 人、在读博士 3 人、硕士 22 人。入选"甘肃省领军人才" 2 人、"甘肃省 555 创新人才" 2 人。

下设土壤（加挂农业环境、数字化农业）、植物营养与肥料、水资源与节水农业（加挂耕作与栽培）、绿洲农业生态（加挂绿肥）、农业微生物、农业资源高效利用、新型肥料研发等 7 个研究室（中心）；拥有农业农村部甘肃耕地保育与农业环境科学观测实验站、国家土壤质量凉州观测实验站、甘肃省长期试验科研协作网、国家绿肥产业技术体系武威综合试验站、甘肃省新型肥料创新联盟、甘肃省新型肥料创制工程实验室、甘肃省水肥一体化技术研发中心 7 个创新平台和甘肃省农科院农业资源环境重点实验室；在张掖、武威、靖远建有 3 个综合试验站。建所以来，先后获国家科技成果奖 3 项，甘肃省科技进步奖二等奖 16 项、三等奖 13 项，甘肃省专利奖 3 项，中国农业科学院科技进步奖一等奖 1 项，中国土壤学会一等奖 1 项；研发新产品 30 多个，获得国家发明专利 25 项，制定地方标准 32 项，发表论文 580 余篇。

二、科技创新及学科建设

2019 年，申报各类项目 62 项，获批 24 项，新上项目合同经费 796.02 万元，到位经费 946.55 万元；承担各类项目 46 项，经费总投入近 450 万元，开展田间试验 74 项，新技术、新产品示范推广面积 3 万余亩；申报国家发明专利 7 项、实用新型专利 5 项；发表论文 42 篇，其中第一标注单位 33 篇；申报地方标准 11 项，获准立项 6 项；获甘肃省专利奖二

等奖 1 项，国家发明专利、计算机软件著作权、实用新型专利各 1 项。设置植物营养与施肥、土壤与环境、农业水资源利用 3 个学科领域和养分循环利用、新型肥料创制、农业土壤改良、作物需水及高效节水 4 个研究方向，组建了灌区养分循环与高效施肥、土壤培肥与盐碱地改良、新型肥料创制及产业化、绿洲作物水肥一体化与智能控制 4 个创新团队。

三、科技服务与脱贫攻坚

选派 1 名科技人员到镇原县方山乡王湾村驻村帮扶，并筹措资金 4 万元购买玉米、胡麻等良种，配发给当地贫困户种植。在靖远县北湾镇富坪村建立样板温室 5 个，带动了全村发展产业。在永靖县刘家峡、西河镇果园推广行间种植绿肥翻压还田土壤培肥、果园水肥一体化滴灌、花椒土肥水管理等技术，在镇远县王湾村、古浪县西靖镇感恩新村和圆梦新村、静宁县开展绿肥种植技术培训，引进间作套种的绿肥良种，现场指导贫困户麦后复种箭筈豌豆、果树间作绿肥等种植。选派 16 名科技人员赴靖远、古浪、会宁、渭源、镇远等地开展"三区"服务，服务地方种植大户 9 个、地方合作社 6 个，培训农民 2 000 余人次。与中海油、中天羊业、甘肃炜洁、甘肃天元化工、甘肃金九月等企业和地方政府合作开展技术服务，签订各类成果转化项目合同经费 387 万元。积极参加"首届甘肃省农业科技成果推介会"和"全省科技成果转移转化工作现场会"，签订技术服务合作协议 2 项，展出新产品、新品种 24 个。

四、人才培养和团队建设

本年度取得博士学位 1 人，培养在读博士

生 2 人；5 人晋升高一级专业技术职务，其中 1 人晋升研究员、3 人晋升副研究员、1 人晋升助理研究员；申报拔尖人才 1 人、领军人才 1 人；引进硕士研究生 2 人，推荐 2 人参加急需紧缺人才培养学习；1 人被国家标准化委员会遴选为"全国肥料和土壤调理剂标准化技术委员会新型肥料分会委员"。

五、科技交流与国际合作

全年共有 44 批、117 人（次）外出交流学习；成功举办"地膜减量替代技术研讨会""第 19 届中国农业生态与生态农业研讨会暨第二届生态咨询工作委员会年会""油菜化肥农药减施技术集成研究与示范"现场测评及研讨会、国家重点研发计划"固废资源化"重点专项"甘肃祁连山等地区多源固废安全处置集成示范"2019 年度项目推进会，配合甘肃省农学会 2019 学术年会在武威绿洲农业试验站举办"科技开放周"活动；在甘肃公共频道《话农点经》录制并播出节目 2 期，在甘肃卫视《丝路大讲堂》播出"肥料的真相"讲演。

六、科研条件与平台建设

国家农业环境张掖观测实验站开展了粮食主产区耕作制度和种植结构变动、产地环境健康及危害因子、气候变化对主要农作物影响、农田水分与灌溉水质、有机化学投入品对农业环境的影响等监测工作，并完成 1 371.3 万元建设项目申报。国家土壤质量凉州观测实验站开展粮田土壤理化和生物性状及田间生物群落监测、菜田土壤理化和生物性状及田间生物群落监测田间定位试验，并完成 1 195 万元建设项目申报。农业农村部甘肃耕地保育与农业环境科

学观测实验站完成竣工验收，开展了作物产量、土壤水分、土壤养分等观测工作。甘肃省土壤肥料学会成功召开第十届常务理事会第二次会议和地膜减量替代技术研讨会，有效推动了全省土壤肥料学科大联合。甘肃省新型肥料创制工程实验室已完成试验台及展柜改造。国家土壤数据中心和农业微生物数据中心完成了农田水盐运移观测、肥效微生物资源收集与鉴定评价等监测任务。国家数据中心土壤数据中心建立观测站 17 个，开展粮田、菜田土壤监测等。

七、党建和精神文明建设

认真履行全面从严管党治党和党风廉政建设主体责任，扎实开展"不忘初心、牢记使命"主题教育，狠抓专项整治，着力改进作风，为科研、管理、脱贫攻坚、科技成果转化等工作的顺利开展提供了有效的组织保障。认真落实"三会一课"制度，加强党支部标准化建设，切实发挥政治引领作用。认真落实民主集中制和中央反对形式主义官僚主义、中央八项规定精神，着力改进工作作风，全面落实从严治党责任。不断加强精神文明建设，全所呈现新的气象。

蔬菜研究所

一、基本情况

甘肃省农业科学院蔬菜研究所成立于 1978 年 10 月，其前身为甘肃省农科院园艺研究所（成立于 1958 年 10 月）。设有西甜瓜、辣椒、番茄、资源利用、食用菌和栽培等 6 个专业研究室。主要开展蔬菜、瓜类、食用菌等

资源创新与利用开发、优良品种选育，高产优质蔬菜栽培技术研究与示范，设施园艺生产关键技术研究与设备开发，蔬菜生产新技术推广、技术咨询与培训等工作。建有蔬菜遗传育种与栽培生理实验室，拥有农业农村部西北地区蔬菜科学观测实验站国家级科研平台，大宗蔬菜、特色蔬菜、西甜瓜、食用菌国家现代农业产业技术体系综合试验站。在永昌县和高台县各建有 1 个综合性试验站，试验温室 2 栋，联栋钢架大棚 2 栋，钢架大棚 11 栋，设施面积 12 000 米², 试验地 220 亩。仪器设备 74 台（件），设备价值 297 万元。

全所现有在职职工 54 人，科技人员 49 人，其中正高级职称 10 人，副高级职称 23 人，博士 7 人，在读博士 1 人，硕士 18 人，硕士研究生导师 4 人，入选甘肃省领军人才 4 人。

二、科技创新及学科建设

全年共申报各类项目 37 项，新上项目合同经费 886 万元，到位经费 630.165 万元。实施各类科技计划项目 35 项，投入科研经费 684 万元，布设各类试验示范 121 项，田间试验示范面积 186 亩。结题验收项目 4 项，完成省级成果登记 3 项。获省科技进步奖二等奖 1 项，神农中华农业科技奖二等奖 1 项（协作第 5）。申报专利 4 项，其中发明专利 3 项，授权实用新型专利 1 项。发表学术论文 24 篇，其中在美国 CSHL（冷泉港实验室）发表在线论文 1 篇，CSCD 论文 3 篇。育成瓜菜新品种 8 个，甘甜 3 号等 6 个品种通过了农业农村部非主要农作物品种登记初审。根据学科建设及新时期现代农业发展的新形势，在原有研究室设置的基础上，设置了茄果类蔬菜资源创制与遗传育种、瓜类蔬菜资源创制与遗传育种、蔬菜

高效栽培及食用菌资源利用与高效栽培 4 个学科团队。

三、科技服务与脱贫攻坚

大力推进所地（企）合作，签订"四技服务"合同 4 项，合同经费 134 万元，为当地特色产业发展、特色产业龙头企业、涉农企业提供技术服务，为区域特色产业发展提供技术支撑。加大新品种、新技术、新设施示范推广力度，建立科技示范基地，加速科技成果转化，强化技术支撑，有效服务"三农"，促进产业发展。新建成果转化基地 5 个，新品种、新技术示范面积 1 万亩以上，推广 30 万亩以上。

四、人才培养和团队建设

采取自主培养与引进相结合的方式，结合重大项目实施和学科建设的需要，大力培养骨干人才、紧缺人才。选派 1 名青年科技人员赴中国农科院蔬菜花卉研究所进行为期半年的研修学习，1 名技术人员圆满完成了在美国加州大学河滨分校一年期的研修访学。新引进硕士研究生 2 名，推荐 2 人晋升副高级专业技术职务。争取到省级重点人才项目 1 项。4 名领军人才被续聘。

五、科技交流与国际合作

全年共选派 68 人次参加国内外学术研讨与交流。依托国家产业技术体系平台，加强与同行间交流，邀请产业体系岗位专家 10 人次来所交流指导，举办专题学术交流会 1 次。承办了国家特色蔬菜产业技术体系"加工辣椒新品种新技术展示暨学术交流会"和国家重点研

发项目"西甜瓜化肥农药减施增效关键技术集成与优化"现场观摩和测评会，举办了永昌试验站科技开放周活动。

六、科研条件与平台建设

完成了永昌试验站田间低压管道输水灌溉工程项目招标、合同签订以及灌溉首部枢纽、输水主管网系统等工程施工，蔬菜育种中间材料库视频监控安防系统设备采购、安装、调试、验收等工作。多方筹措资金，更换了部分办公电脑，购置了智能人工气候箱、叶绿素仪等小型仪器设备。

七、党建和精神文明建设

认真贯彻落实新时代党的建设总要求和党的组织路线，以党的政治建设为统领，全面加强党的政治建设、思想建设、组织建设、作风建设、纪律建设。努力提高政治站位，坚决做到"两个维护"，坚决贯彻落实党中央和省委重大决策部署，坚决执行院党委、院行政工作安排。认真完成了"不忘初心、牢记使命"主题教育各项任务，针对查找出的问题，认真制定整改方案，落实整改措施、责任人和整改时限。认真履行党总支抓党风廉政建设主体责任，全面推进党支部建设标准化工作。

林果花卉研究所

一、基本情况

甘肃省农业科学院林果花卉研究所主要从事林果花卉种质资源收集、保存、评价与利用研究，新品种选育，栽培技术研究与集成创新，开展人才培养、技术示范、成果转化、科技服务与培训工作。现有职工51人，其中科技人员48人，技术工人3人，副高级职称以上人员22人，中级职称16人，初级职称10人，博士6人，硕士18人。入选甘肃省领军人才工程二层次3人，甘肃省"333科技人才工程"第一、二层次各1人，甘肃省"555创新人才工程"2人，甘肃省省属科研院所学科带头人1人，享受国务院特殊津贴1人，全国五一劳动奖章获得者1人，博士生导师1人，硕士生导师6人。设生理生化实验室、生态实验室、组织培养实验室、土壤实验室和分子实验室等5个专业实验室。有智能温室、日光温室各2栋，总面积1 960米^2，林果花卉种质资源保存圃及品种园300亩，保存资源1 400多份。在甘肃省林果主产区建立苹果、桃、核桃、梨、葡萄、草莓试验示范基地26个。

二、科技创新及学科建设

2019年新上项目21项，合同经费600万元，到位经费535万元。获省科技进步奖一等奖1项、中国农业科学院科学技术杰出科技创新奖1项、省科技厅登记成果3项，获授权发明专利2项、实用新型专利6项，颁布地方标准2项，出版专著1部，发表科技论文40篇，其中SCI论文1篇、CSCD论文11篇，申报植物新品种权3个、省林业和草原局良种苗木品种审定4个、农业农村部非主要农作物品种登记3个。现有果树育种、果树栽培、果树种苗繁育3个学科。

三、科技服务与脱贫攻坚

挂牌建立院级科技示范基地1个，通过在

全省 26 个示范基地、35 个示范园，开展技术指导和培训 48 场次，培训当地科技人员及果农 2 149 人次，示范新技术 1 950 余亩。加大科技成果转化力度，签订技术服务及技术咨询协议 11 项。参加了首届甘肃省农业科技成果推介会及甘肃省科技成果转移转化会，展出实物展品 5 个。以帮扶联系贫困村和贫困户通过科学种植铁杆庄稼、发展优势特色产业实现脱贫致富为目标，以新品种、新技术示范为主要内容，完成"一户一策"精准脱贫计划对接，为帮扶户提供农作物种子（薯）650 千克，地膜 47 卷等。依托在研项目在文县、秦安县深度贫困县开展技术培训 47 场次，培训果农 1 949 人次。

四、人才培养和团队建设

加强和加快人才引进，分年度补充各学科团队人员需求。制定研究所人才培养计划，把在职学历培养、国内外短期进修与主持或参加的科研项目相结合，营造青年科技人员锻炼、成才的良好工作环境。新晋升高一级专业技术职务 6 人，其中研究员 1 人、副研究员 5 人。新引进硕士研究生 3 人。

五、科技交流与国际合作

承办了中国园艺学会苹果分会 2019 年学术年会，来自全国高校、科研院所及地方苹果科技人员共 180 余人参加了会议。全年共 55 人次参加中国核桃产业创新发展研讨会暨 2019 年度核桃产业国家创新联盟年会、国际植物钾营养和钾肥大会等全国性学术会议。2 人参加了园艺学科群年度总结。桃、苹果、梨、葡萄 4 位体系首席科学家以及 41 位国内知名专家来研究所指导、交流。

六、科研条件与平台建设

成立了第一届甘肃省果树果品标准化技术委员会。农业农村部西北地区果树观测实验站建设项目顺利完成验收。购置植物光合测定仪、倒置荧光显微镜、农用皮卡车等仪器设备及农机具 20 台（套），建成日光温室 2 栋，面积 1 000 米^2，工艺围栏围墙 400 米，田间道路 470.8 米，灌溉及排水渠系 502 米，气象观测场 30 米^2，田间滴灌系统 1 套。兰州果树种质资源圃（库）改造提升项目全面完成，实现了全园电网、水网、路网畅通。榆中、秦安试验站建设项目竣工，建成田间道路护坡 541.88 米^2，榆中试验站建成透水砖道路 169.84 米^2，秦安站安装铁栅栏大门 1 个。

七、党建和精神文明建设

扎实开展"不忘初心，牢记使命"主题教育。积极组织参加院第一次党员代表大会。组织全体党员赴秦安县开展了以"基层党建及志愿服务"为主题的党日活动。严格按照甘肃省事业单位基层党支部建设标准化工作要求，从组织生活标准化、党员队伍规范化等 11 个方面进一步规范党支部建设。组织职工积极参与院第十二届职工运动会及建国 70 周年庆典活动，认真落实退休职工两项待遇，组织全所退休职工举办了"迎国庆座谈会"。

植物保护研究所

一、基本情况

甘肃省农业科学院植物保护研究所成立于

1958 年，是全省农作物种质资源及品种抗病虫性鉴定权威部门，被农业农村部认定为全国农药登记药效试验认证单位。现设禾谷类病害研究室、农业昆虫及螨类研究室、农药与杂草研究室、生物防治研究室、农作物品种抗病虫性鉴定室、昆虫标本室以及甘谷和榆中两个试验站。全所现有在职职工 50 人，其中研究员 9 人、副高职称 19 人、中级职称 11 人、硕士生导师 6 人、博士 12 人、硕士 15 人。入选甘肃省"333 科技人才工程"和"555 创新人才工程"第一、二层次 6 人，甘肃省优秀专家 1 人，甘肃省领军人才 6 人，省属科研院所学科带头人 1 人，4 人分别获"全国优秀青年科技创新奖""中国农学会青年科技奖"和"甘肃省青年科技奖"。

二、科技创新及学科建设

全年共承担在研项目 77 项，项目合同经费 1 500 万元。共登记评价成果 3 项，结题验收项目 2 项，品种登记 1 个，申请国家发明专利 10 项，其中"一种小黑麦黄矮病抗性的鉴定方法"已颁发国家发明专利证书，"一种生防真菌拮抗效果测定装置"已颁发使用新型专利证书。发表系列丛书 6 部、论文 30 篇，其中 SCI 1 篇。制定地方标准 8 项，其中 2 项已获批。获得软件著作权 1 项。

三、科技服务与脱贫攻坚

在张掖、酒泉等地实施科技示范和推广工作，围绕六大产业，建立病虫害综合防控技术示范基地和"减肥减药"示范区 6 250 亩，实现了病虫草害的高效安全防控及农药减施技术的应用。全年培训地（县）科技人员、农民累计达到 5 000 余人次，发放宣传材料 12 000 余册（张），建立核心示范区 8 个，技术辐射 70 万亩。在定点帮扶村建成 300 亩黄花菜新品种示范园区，300 米² 黄花菜初级加工生产线，为合作社培训技术人员 1 名。在会宁、镇原、静宁等地建立占地 250 亩的作物新品种配套旱作高产高效栽培技术示范基地，示范了粮饲兼用玉米、马铃薯、甜高粱等高效种植技术示范，助力 10 户贫困户 51 人脱贫，技术示范户人均收入增长 238.52 元。

四、人才培养和团队建设

全年共选派 1 名中青年科技骨干赴国家自然科学基金委借调学习、1 名科技人员赴中科院微生物研究所定向研修，2 名科技人员赴美国研修。1 名在职博士毕业，1 人晋升研究员，3 人晋升副研究员。现有小麦条锈病可持续控制、农药毒理与杂草防控、生物防治技术研究与应用 3 个学科团队。

五、科技交流与国际合作

全年共有 140 余人次参加国内外各类学术交流。应美国康奈尔大学的邀请，3 人赴美国进行为期 8 天的植物保护与病害防控技术研究的学术交流访问；应小麦多样性与人类健康国际学术大会组委会邀请，1 人赴土耳其参加小麦多样性与人类健康国际大会；应国际植物保护协会和国际玉米小麦改良中心邀请，2 人赴印度参加第 19 届国际植保大会；应澳大利亚农业科学院和新西兰怀卡托大学邀请，2 人赴澳大利亚和新西兰开展农作物病虫害生物防治技术交流。参加了中国植物保护学会 2019 年学术年会、西北植保所学术研讨会议；组织职工参加了甘谷试验站科技开放周活动，并与天水市农科院甘谷试验站开展主题党日和党员交流活动；参加了首届甘肃省农业科技成果推介会和全省科技成果转移转化现场会，与武威春飞作物科技有限公司签署合作协议。

六、科研条件与平台建设

承担完成了农作物病虫害绿色防控技术产品研发中试验基地建设、甘肃省天敌昆虫繁放工程中心等科研条件建设项目 4 项，解决了十八亩试验地水电与市政供水供电网络的对接，修缮完成了十八亩试验地实验楼内外装修和环境整治。投入 100 余万元采购急需的科研仪器实时荧光定量 PCR 仪、超声波细胞粉碎机、IKA（艾卡）混匀器等。自筹经费对院内试验地进行了规划、平整和施肥等土地复耕工作，有效解决了试验地紧缺问题；改善了榆中试验站住宿条件，给科技人员营造良好的工作和生活环境。

七、党建和精神文明建设

通过组织党员干部深入学习习近平总书记系列讲话精神及《党章》《党规》等，赴兰州战役纪念馆参观学习、参加院党委组织的培训学习等多种方式，开展"不忘初心、牢记使命"主题教育，使全体职工更加坚定了共产主义理想信念，拓宽了党建工作思路，提升了业务素质，增强了党性修养。制定了《党支部建设标准化工作推进计划》，通过党支部建设标准化，确保了党建各项工作有据可依、便于操作、更加严谨，把甘肃党建信息化平台与党支部建设标准化深度融合，积极开展"三会一

课"、主题党日等活动，使党内组织生活规范化、制度化有了新的提升。成立"敬老护老爱心团队"，把退休职工的难处和需求当成在职人员的工作责任。

农产品贮藏加工研究所

一、基本情况

甘肃省农业科学院农产品贮藏加工研究所成立于 2001 年，主要从事农产品采后处理、贮运保鲜、精深加工等技术的研究与新产品开发，特色植物资源有效成分分析评价与利用研究，农产品现代贮运工程技术集成示范等工作。建成农产品加工、农产品贮藏保鲜和现代贮运中试研究 3 个小区，占地面积 10 696 米^2，建筑面积 4 746 米^2。设有果蔬加工、果蔬保鲜、生物机能、马铃薯贮藏加工、加工原料与质量控制等 5 个研究室，拥有中试车间 5 个、中试生产线 6 条、各类实验研究及检测仪器200 多台件。建所以来先后承担国家、省部级等专业研究课题 120 余项，完成重大科研课题20 余项，获省科技进步奖二等奖 7 项、三等奖 4 项，获国家授权专利 25 项，开发出国家级新产品 5 项，制定国家行业标准 1 项，在国内外学术期刊发表科研论文 300 余篇。现有专业技术人员 32 人，其中高级职称 19 人，博士4 人，硕士 18 人，3 人在职攻读博士学位，入选国家现代农业产业体系岗位科学家 2 人、"甘肃省千名科技领军人才" 1 人、甘肃省"333"学术技术带头人 2 人。1 人荣获 2014 年度"全国优秀科技工作者"荣誉称号，1 人被授予 2015 年度"全国先进工作者"荣誉称号。2011 年，被中共中央组织部评为"全国先进

基层党组织"，2014 年，被中组部、中宣部、人社部、科技部等部委联合授予"全国专业技术人才先进集体"荣誉称号。

二、科技创新及学科建设

全年共申报各类项目 22 项，新立项项目 15 项，新增项目合同经费1 360万元，到位经费1 169.514万元，人均 30.78 万元，年度新增项目合同经费和到位经费实现新突破。通过结题验收项目 6 项，完成成果登记项目 7 项，申报国家发明专利 14 项、实用新型专利 1 项，制订地方标准 1 项，发表学术论文 31 篇，其中 SCI 论文 2 篇，参与编写专著 2 部。

三、科技服务与脱贫攻坚

积极推进精准扶贫工作，根据定点帮扶村产业发展需求，建成 300 亩黄花菜种苗基地，100 吨蔬菜保鲜库 1 座，示范推广黄花菜种苗快繁、贮藏保鲜以及产地初加工等技术，为当地黄花菜产业持续健康发展提供了有力的技术支撑。有序开展"三区"人才项目，共开展技术培训 14 场次，培训各类人员 674 人次，编写培训手册（教材）3 册，发放技术资料1 000余份、花椒嫁接苗 1 万多株、马铃薯原种 3 000多千克、生物有机肥 500 余袋，建立花椒、马铃薯示范基地 200 多亩。加强推广展示工作，积极参加"首届甘肃农业科技成果推介会""甘肃省科技成果转移转化工作现场会暨科技成果展"，推介展示近年研发的新技术和新产品。

四、人才培养和团队建设

引进硕士研究生 1 名，晋升副研究员任职资格 1 人、助理研究员任职资格 1 人。按照全院学科设置方案的具体部署，依据本所功能定位、发展目标、研究方向和基础优势，依托国家果品加工技术研发分中心、甘肃省果蔬贮藏加工技术创新中心、甘肃省农业废弃物资源化利用工程实验室、国家马铃薯体系贮藏保鲜技术岗位、国家苹果体系产品加工岗位、省水果和瓜菜体系采后保鲜岗位等平台，初步建立了"薯类及小杂粮贮运与产品开发、果蔬药贮运及产品开发、果蔬精深加工技术及工艺优化、农业微生物及废弃物循环利用"等 4 个研究力量相对稳定、科研投入比较集中的优势学科团队。

五、科技交流与国际合作

先后与甘肃祁连牧歌实业有限公司、兰州介实农产品有限公司、陇南市益科农副产品开发有限责任公司签订技术合作协议，获得成果转化收入 69.2 万元。与天水华盛农业综合开发有限公司、上海沃迪智能装备股份有限公司签署了技术合作框架协议，为后期开展深入合作打下了较好的工作基础。与天水昌盛食品有限公司、静宁金果实业有限公司、和政八八集团等企业积极接洽，就果蔬精深加工事宜达成初步合作意向。全年共选派科技人员 56 人次参加各种学术交流活动 33 场次。

六、科研条件与平台建设

畜产品加工研究急需仪器设备购置和畜产品加工研究室中试生产线建设已全面完成设备采购和中试生产线建设任务，"果酒陈酿及产品研发展示平台"和"甘肃省果蔬贮藏加工技术创新中心"建设正在实施中。同时，多方筹措资金研制移动式预冷与 1－MCP 一体化处理装备 1 套，采购各类仪器 29 台（件），显著改善了实验条件，提升了创新能力。

七、党建和精神文明建设

以"不忘初心、牢记使命"主题教育和党支部标准化建设为契机，不断强化政治理论学习，用党的最新理论武装头脑、指导实践、推动工作。稳步推进基层党建工作，严格执行"三会一课"制度，认真开展组织生活会，及时传达学习院从严治党和党风廉政建设工作会议精神，严格遵守中央"八项规定"，不断提升党支部的组织力、凝聚力和战斗力。积极开展主题党日活动，进一步提高了党员干部的政治站位和党性修养。组织全所职工学习老一辈科学家的爱国情怀和奉献精神，鼓励全体职工立足岗位做贡献。

畜草与绿色农业研究所

一、基本情况

甘肃省农业科学院畜草与绿色农业研究所成立于 2006 年，原名甘肃省农业科学院畜草品种改良研究所，2009 年经省编办批复，更名为甘肃省农业科学院畜草与绿色农业研究所。2013 年 4 月独立运行，是集畜牧、草业、绿色农业研究为一体的综合性科研机构。主要从事畜禽品种改良、牛羊健康养殖、饲草饲料开发利用、绿色农业以及科技扶贫、技术培训等方面的社会公益性科研

及推广工作。现有在职职工 25 人，其中副高以上技术职务 11 人，中级职称 11 人，博士 5 人，硕士 14 人，入选省领军人才 1 人。下设养牛研究室、养羊研究室、饲草研究室、饲料研究室、绿色农业研究室等 5 个专业研究室。

二、科技创新及学科建设

2019 年承担和参加各类项目 45 项，新上项目 22 项，合同经费 1 175 万元，到位经费 916 万元。作为第一单位和主要参加单位获省科技进步奖二等奖 2 项、定西市优秀科技成果奖一等奖 2 项；通过结题验收项目 4 项，完成科技成果登记 5 项，发表论文 16 篇，其中 CSCD 论文 5 篇；获实用新型专利授权 3 项，制定技术规程 3 项。研究创建了肉牛全过程阶段式品质育肥技术和无抗养殖技术，开发了巨菌草、藜麦秸秆及甜高粱新型饲草资源的饲料化利用技术，填补了藜麦秸秆在奶牛、肉牛利用上的空白；开发出羔羊育肥饲料配方 2 个、成年羊育肥饲料配方 2 个、淘汰羊育肥饲料配方 1 个；从国内外引进的 18 个放牧型牧草品种中，筛选出了 9 个越冬性能良好的品种，并开发出适合甘肃省中东部黄土高原区种植的人工放牧草地混合配方 4 个。

三、科技服务与脱贫攻坚

持续加强科技服务、成果推广以及科技扶贫力度，共签订产学研全面合作协议 6 份。总结提出并示范推广了"饲用高粱小规模化种养高效无缝结合家庭农场精准脱贫模式"，建立了露地高粱替代地膜玉米的生态栽培模式。在

环县毛井镇，以建设培育特色藜麦产业示范基地为突破口，形成"科研单位＋村党支部＋合作社＋科技示范户（技术带头人）＋贫困户"的扶贫模式。在张家川回族自治县刘堡镇，大力帮扶当地乌龙头特色产业研究确立了乌龙头冷藏方法，改进了当地乌龙头保鲜冷藏技术。在镇原县方山乡，开展了饲草种植及牛羊健康养殖技术指导，并为王湾村成立首个农民专业合作社提供设备购置咨询等专业支撑。在东乡县布楞沟流域，对 9 个乡镇 40 个行政村贫困户进行了藜麦、甜高粱、饲用玉米种植、田间管理、病虫害防治技术培训和现场指导，累计开展培训和现场指导 40 余场，培训技术人员及贫困户 2 400 余人，发放培训材料 5 400 余份、农药 6 000 袋，指导完成 4 447 亩藜麦、4 416.7 亩甜高粱及 4 000.5 亩饲用玉米的种植。

四、人才培养和团队建设

结合甘肃省六大特色产业技术需求，和国内外学科接轨，重点围绕"草食畜生产"及"饲草资源开发与加工利用"两大研究方向，并依托省重点实验室、国合基地、工程中心、试验基地以及实验室为平台，广泛开展草食畜产业创新理论与技术研究和科技交流培训，重点建设"秸秆饲料化及牛羊健康养殖""饲草品种繁育及加工" 2 个学科团队，充分发挥科技人员专业方向，激励了年轻骨干创新创业的热情。加强人才培养力度，支持青年科技人员在职攻读硕博士，独立承担科研任务，鼓励参加全国性学术会议。全年，1 人攻读在职硕士，1 人旁听学习甘肃农业大学草业学院的专业课，年内青年科技人才作为项目主持人新上项目 7 项。

五、科技交流与国际合作

积极开展引才引智和国际合作，邀请外籍专家 10 余人次开展学术交流；主办"第三届中国西部藜麦产业发展高峰论坛"等会议；选派科技人员参加国内学术会议 40 余人次；1 人赴以色列交流学习。

六、科研条件与平台建设

农业农村部建设项目"国家牧草育种创新基地建设"及配套建设项目"天祝高寒试验站建设"已投入使用。"动物营养与饲料研究中心建设"完成了预混料生产设备的选型、加工工艺的优化制定、研究中心厂房的初步设计。"甘肃省藜麦育种栽培技术及综合开发工程研究中心"已立项。科研平台的建立和完善，为畜草所学科交叉融合以及创新人才的培养提供了基础设施保障。

七、党建和精神文明建设

结合支部标准化建设和"不忘初心、牢记使命"主题教育，认真组织学习，党总支及各支部全年开展党课 12 次，集中学习 14 次。认真落实"三会一课"制度，加强党员教育管理，开展经常性的党性、党风、党纪教育，完成了"四察四治""守初心、担使命"先进个人推选、"保密工作自查""主题党日"等专项活动，确保了党组织政治核心作用的充分发挥。加强党风廉政建设，共开展全面从严管党治党集中学习教育活动 5 次，提醒约谈 1 次，限期整改 1 次，并结合主题教育、经济责任审计整改、集中整治科研作风和科研经费管理、"四察四治"

等专项行动，组织查找存在的问题和不足，积极落实整改，增强党组织的凝聚力。

农业质量标准与检测技术研究所

一、基本情况

甘肃省农业科学院农业质量标准与检测技术研究所创建于 2011 年，与甘肃省农业科学院畜草与绿色农业研究所同一法人，独立运行，是专门从事农产品质量安全研究的公益性科研机构。内设风险分析、农业标准、营养功能等 6 个研究室，研究领域涉及农产品质量安全检测与评价、农产品风险预警与评估、食用农产品营养与安全、农产品质量安全与过程控制。现有在职职工 25 人，其中高级职称 8 人，中级职称 12 人，硕士及以上学历 12 人。拥有仪器设备 160 多台（套），其中大型仪器设备 20 多台（套）。建有农业农村部农产品质量安全风险评估实验室（兰州）、全国农产品地理标志产品品质鉴定检测机构、全国名特优新农产品营养品质评价鉴定机构、全国农产品质量安全科普基地等 8 个科研平台，获得甘肃省农业科学院农业测试中心、有机产品检测机构等 7 项资质。"十一五"以来，先后承担国家和省部级科研项目近 80 项，共获奖励成果 8 项，其中省部级奖励 5 项，地厅级奖励 1 项，其他奖励 2 项；制定甘肃省地方标准 13 项，授权实用新型专利 3 项，计算机软件著作权 2 项，参编专著 5 部，发表论文 90 余篇，其中 SCI4 篇，核心期刊 25 篇。

二、科技创新及学科建设

组织申报各类项目 22 项，获准立项 11 项，合同经费 214 万元，到位经费 214 万元，其中争取到国家农产品质量安全风险评估专项 3 个，应急专项 1 个、粮食专项监测 1 个，合同经费达到 165 万元。全年共承担实施各类科研项目 18 项，投入科研经费近 200 万元，申报省科技进步奖 1 项，结题验收项目 6 项，获计算机软件著作权 2 项。发表科技论文 17 篇，其中 SCI 二区 1 篇，四区 1 篇，CSCD 期刊 4 篇，省级期刊 11 篇。明确学科建设定位，完善学科布局，凝练出农产品质量安全检测与评价、农产品质量安全风险预警与评估、食用农产品营养与安全、农产品质量安全过程控制 4 个学科方向，建立农产品质量安全风险评估与预警和农产品质量安全检测与品质鉴定 2 个学科团队。

三、科技服务与脱贫攻坚

全年与企业、地方签订长期合作技术咨询和检测技术服务合同 97 份，受理委托检验样品 658 批次，核报委托检验检测数据 17 735 个，出具检验报告 1 204 份；完成 15 批次，合同经费 28 万元的科技创新券的接受和兑换工作。全年各类科技成果转化净收入约 91.5 万元。积极落实帮扶工作任务，选派 2 名科技骨干驻村帮扶，向关山村捐赠农田覆盖保水黑地膜 288 卷，陇单 339 玉米良种 314 袋，直接扶贫资金达 5 万余元。开展科技培训 7 场（次），培训人员 300 余人（次）。

四、人才培养和团队建设

加强专业和技能培训，选派 5 批 13 人（次）参加中德农产品质量安全风险评估、全国名特优新农产品品管品审员、全国农产品质量安全与营养健康科普专员专题培训，11批23人（次）参加大型仪器操作技能、应用解决方案和检测项目能力验证专题培训，提升工作能力。加强在职培养，支持1名青年科技人员赴北京攻读博士学位，提高学历层次；通过风险评估、专项监测等国家项目，分解具体任务，给年轻人压担子，提升能力素质。

五、科技交流与国际合作

选派2人赴法国、德国进行了有机农业、农产品质量安全及农业大数据方面的访问和学术交流，与MRI在食品安全和营养研究方面为今后合作达成共识。选派9批31人（次）参加国家项目团队内部工作交流会。成功协办2019年国家风险评估专项"地栽模式下黑木耳产品中草甘膦残留风险评估"项目进展交流会，农业农村部农产品质量安全监管司副司长黄修柱到会指导，首席单位对各实验室负责检测的技术人员进行了"黑木耳中草甘膦及其代谢产物检测技术"交流和人员现场比对等现场培训。

六、科研条件与平台建设

申报绿色食品定点检测机构和甘肃省农产品质量安全检测机构。有效发挥全国农产品质量安全科普示范基地作用，向农业农村部农产品质量安全中心成功推荐上报甘肃省农产品质量安全科普工作站1家、科普试验站7家、科普生产经营主体6家、科普专员53名。购置涡旋混合仪等小型仪器设备，进一步改善实验环境，提升实验能力。

七、党建和精神文明建设

扎实开展"不忘初心、牢记使命"主题教

育，全年组织开展集中学习33次，交流研讨2次，讲党课7人（次）。加强党支部标准化建设，制定党支部标准化建设实施方案和问题整改台账，坚持"三会一课"制度和"书记抓、抓书记"的党建工作方式，开展支部委员讲党课和形式多样的主题党日活动，加强科研作风和学风建设。认真履行全面从严管党治党主体责任，参与"三重一大"事项决策，落实逐级约谈制度，开展提醒约谈10人次。加强党风党纪教育、警示教育和岗位廉政教育，积极配合专项巡视和审计，切实做好整改，履行第一责任人责任。持续巩固深化主题教育成果，制定《科研检测有机融合实施方案（试行）》，全年争取科研项目经费和科技成果转化收入稳步增加，发表论文的数量和质量有较大提高。

经济作物与啤酒原料研究所

一、基本情况

甘肃省农业科学院经济作物与啤酒原料研究所（甘肃省农业科学院中药材研究所）是甘肃省农业科学院下属具有独立法人资格的全民所有制事业单位，下设啤酒大麦育种研究室、啤酒大麦栽培研究室、特色经济作物研究室、河西中药材研究室、中部中药材研究室、陇南中药材研究室、中药材生物技术研究室等7个研究室，拥有1个中心、2个实验室、2个综合性农业科研试验站，分别为国家大麦改良甘肃分中心、西北啤酒大麦及麦芽品质检测分析实验室、甘肃省中药材种质改良与质量控制工程实验室、黄羊试验站、岷县试验站。主要研究领域有啤酒原料与特色经济作物种质创新、保存及新品种的选（引）育、高效栽培技术研究、产业化开发以及相关技术培训，甘肃道地中药材种质创新、保存及新品种的选（引）育、种子种苗繁育、高效栽培技术研究，珍稀濒危药用植物的保护与开发研究。现有在职职工 34 人。其中高级职称 16 人，中级 13 人，博士研究生 3 人，在读博士 1 人，硕士研究生 7 人，农业推广硕士 5 人；1 人（次）入选甘肃省"领军人才"第一层次，1 人（次）享受政府特殊津贴。

二、科技创新及成果转化

全年共执行各类项目 28 项，其中新上项目 22 项，新增合同经费 542 万元，到位经费 419.7 万元。获得省专利奖二等奖 1 项，3 项成果进行了甘肃省成果登记，6 项实用新型专利获得授权，新申请发明专利 4 项，2 项进入实审阶段。发表学术论文 23 篇，1 篇获得《植物营养与肥料学报》2016－2017 年度优秀论文。完成科技成果转化收入 62 万元。

三、科技服务与脱贫攻坚

全年共派出 23 人（次）赴帮扶贫困乡、村开展工作，为镇原县方山乡关山村提供价值 5 万元的良种和农资，8 户联系贫困户已有 6 户实现脱贫，剩余 2 户预期 2 020 年脱贫。在全省贫困县和受援村镇开展技术培训 50 余次，共培训农民 1 731 人（次），发放培训资料 1 800 多份。在岷县建立当归熟地育苗核心示范基地 20 亩，技术指导甘肃大河科技有限公司当归熟地育苗 500 亩，优质种苗产出率达到 65%以上，种苗产量每亩 1 000 千克以上，育

苗效果得到企业、合作社及农户的认可。在陇中、陇南中药材产区建立当归标准化栽培示范基地 1 500 亩，党参标准化示范基地 6 769 亩，推广秦艽新品种种植 8 亩。在国内啤酒大麦主产区推广种植甘啤系列大麦新品种 110 万亩。示范种植甘饲麦 1 号 5 000 亩，陇青 1 号 2 000 亩。示范饲用甜菜甜饲 1 号、甜饲 2 号 128 亩，各地平均产量达 10 吨以上。在民勤大漠明珠葡萄种植有限公司建立酿酒葡萄水肥一体化核心示范区 220 亩，带动周边技术推广 2 万亩。

四、人才培养和团队建设

紧紧围绕"大麦、青稞种质创新与高效栽培团队（优质高产功能性新品种培育）""中药材种子种苗标准化及技术创新团队（中药材种子种苗繁育及高效种植）""特色中药材资源鉴定及品种筛选""经济作物种质资源创新与高效栽培团队"，在国家大麦产业体系岗位专家和甘肃省中药材产业体系岗位专家带领下开展科研创新研究和人才培养。1 人获得"国家留学基金委西部计划访问学者项目"、1 人被西北师范大学聘为研究生实践指导老师、1 人被省广播电视总台聘任为农村广播智库专家。引进副高级专业技术人才 1 人。4 人晋升副研究员专业技术职务。

五、科技交流与国际合作

引进埃及艾斯尤特大学副教授 TAREK MOHAMED AHMED SOLIMAN 博士为"酿酒葡萄水肥一体化技术模式研究与应用"项目工作一年。全年共派出 12 人（次）参加专业学术

会议 7 场（次）。

六、科研条件与平台建设

完成岷县中药材试验站 21 间办公室、实验室、培训室及科研生活条件的配套建设，完成中药材实验室 46 台套仪器设备的采购、安装调试，具备初步运行的基本实验条件。

七、党建和精神文明建设

继续扎实推进全面从严管党治党和党风廉政建设，严明政治纪律和政治规矩，严格控制"三公"经费支出，清理规范了公务用车和办公用房。扎实推进"不忘初心，牢记使命"主题教育及"四察四治"问题整改，在职党员结合本职工作撰写学习心得 17 篇，班子成员撰写调研报告 3 篇，并为全所党员讲党课 3 次。将检视问题贯穿始终，通过梳理，形成各类整改问题 33 条（次），主题教育中查摆的 7 条问题整改率 86% 以上，专项整治查摆的 18 个问题整改率 94%，其余问题立行立改，稳步推进，长期坚持。以"三会一课"制度建设为抓手，抓好党支部标准化建设，规范了党费收缴工作，全年上缴党费 13 118 元。

农业经济与信息研究所

一、基本情况

甘肃省农业科学院农业经济与信息研究所前身为甘肃省农业科学院科技情报研究所，始建于 1978 年 10 月，2006 年 11 月科技体制改革中更名为科技信息中心，2009 年 2 月更现名。内设机构有：农业经济研究室、农业信息化研究室、工程咨询研究中心，《甘肃农业科技》编辑部、办公室等 5 个部门。现有在职职工 40 人，其中正高级职称 3 人，副高职称 13 人，中级职称 14 人，省领军人才第一层次 1 人，"555"人才第二层次 1 人，注册咨询工程师 7 人，博士 2 人，硕士 7 人。自成立以来，根据农业科技工作需要，逐步健全机构，拓宽业务范围，提高服务职能，在农业经济研究、农业科技信息利用、文献信息服务、科技期刊编辑出版、网络信息和农业工程项目咨询等学科领域形成了自己的专业特色和服务体系，先后获得 17 项成果，科技期刊编辑出版获得 8 项奖励。

二、科技创新及学科建设

《甘肃农业科技发展研究报告》绿皮书获甘肃省第十五次哲学社会科学优秀成果一等奖；2 项咨询成果分别获甘肃省优秀咨询成果二、三等奖。1 篇绿皮书专题报告获中国社会科学院优秀皮书报告三等奖。2019 年共组织申报各类项目 38 项，获准立项的课题研究及科技扶贫项目 10 项、条件建设项目 3 项，到位经费 309 万元，其中条件建设项目经费 190 万元，课题项目经费 125 万元，创历史新高。全年共发表论文 28 篇，其中核心期刊 3 篇，其他期刊 18 篇，甘肃农业科技绿皮书收录 7 篇，编研出版专著 2 部；申报国家发明专利 1 项、甘肃省地方标准 1 项。

三、科技服务与脱贫攻坚

"东乡县富民产业培育研究与示范"项目全面完成了既定的各项任务指标，并通过项目验收。在龙泉镇建立马铃薯良种示范基地1处，示范马铃薯"优良品种＋脱毒种薯＋黑膜覆盖"技术模式1项，示范面积230亩，实现了马铃薯单产和效益翻番的提质增效目标。承担实施的"舟曲县乌龙头产业培育"项目在果耶乡勒阿村建立示范田12亩，定植成活率到达95％以上，长势良好。作为镇原县方山乡贾山村科技帮扶第一书记单位，紧密围绕"两不愁三保障"，精准制定"一户一策"方案，扎实开展"3＋1"冲刺清零行动，努力推动"三保障"全部完成。全年为贾山村提供黄豆良种沈豆6号605千克、饲用甜高粱良种750千克、酿酒高粱新品种80千克，编印了技术培训教材，开展科技培训2场，实现了良种良法全覆盖。

四、人才培养和团队建设

制定出台了《农业经济与信息研究所科学发展业绩考核管理及奖励办法（试行）》，对图书馆与网络室两个部门整合重组，成立了农业信息化研究室，并选择年富力强的青年技术人员担任研究室负责人，采取"定任务、压担子""扶上马、送一程"的措施予以重点支持。同时为进一步加强部门内部管理和青年人才培养，分别为编辑部、咨询中心、农经室选聘1名年轻的副主任；调整增补了5名所务委员会成员、学术委员会成员。

五、党建和精神文明建设

加强党的组织建设，完成了党总支及4个党支部委员会的换届选举，选出了新一届党总支及党支部书记和支部委员，制定了党支部标准化建设推进方案，并梳理问题清单，制定整

改方案。扎实开展"不忘初心，牢记使命"主题教育，加强思想政治理论学习，共组织了5次集体学习交流研讨，教育引导党员干部学思践悟、知行合一。充分发挥智库平台优势，利用《甘肃农业科技绿皮书》《甘肃农业科技》《智库要报》以及工程咨询等载体，大力宣传贯彻绿色发展理念、推进农业标准化生产、培育新型农业经营主体，努力做好乡村振兴特别是产业扶贫、产业振兴，结合"甘肃粮食问题研究"等项目实施，履行好新的职责使命，为全省脱贫攻坚、乡村振兴做出应有的贡献。

张掖试验场

一、基本情况

甘肃省农业科学院张掖试验场位于张掖市甘州区城南张大公路九公里处，是甘肃省农业科学院按照全省农业科研布局设置在河西走廊绿洲灌区的综合性农业科研创新基地。现有在职职工98人，其中管理和专业技术人员39人，技术工人59人；拥有高级专业技术人员1人，初中级专业技术人员20人。内设办公室、财务资产科、科研生产科、节水灌溉办公室和综合科5个职能科室，下辖试验站、恒温库和玉米中心等9个单位。

二、科研条件与平台建设

全年共承担实施条件建设、科技创新、成果转化等各类项目8项，累计到位资金1 373万元。青藏区综合试验基地（甘肃省）建设项目建成连栋温室10 829米²、晒场2 880米²、田间道路1 306米、围墙9 171米，

改造滴灌观察井 33 座、机耕道 10 650 米，土壤培肥 1 019 亩，购置仪器设备 69 台（套），全面建成 6 个高标准集成创新区。甘肃省绿洲农业节水高效技术中试基地建设项目完成田间道路 4 200 米^2，升级改造灌溉系统首部 1 套，扩建蒸渗仪地下室 24 米^2，购置仪器设备 16 台（套）。科研能力提升改造项目张掖试验基地科研用房维修改造工程已立项批复，到位改造资金 81.14 万元。温室性能提升改造项目已完成 13 座日光温室山墙加固和 10 座温室内墙多孔砖衬砌。

三、科技交流与合作

深化所场合作内涵，实现资源与成果共享，7 个研究所、8 个试验站点、30 多名科技人员常驻基地开展创新研究和实验示范，2019 年度承担项目 21 项，基地 2 名技术人员共享科技成果。创新场企、场地合作的新模式、新途径，联合敦煌种业金从玉农业科技有限公司共建高原夏菜生产基地 500 亩，辐射带动周边农村发展高原夏菜 400 亩；联合当地育苗大户共建绿化苗木基地 110 亩，构建形成"基地＋企业"合作模式，为职工增收和带动周边产业发展搭建平台、创造途径。提升农业机械装备和信息化水平，打造农作物全程机械化示范基地，依托项目购置大型拖拉机、植保无人机等机械 5 台（套），果园防霜机 5 台，配套自动气象站和田间信息采集、低温预警系统等，提升了机械装备生产水平和信息化水平。

四、制度建设

梳理完善内控机制，主动推进信息公开，严格执行议事决策机制。加强预算执行监督，规范出差审批、公章使用、车辆出行、财务报销等审批制度，强化办事流程管理，增强管理服务职能，编制场区总体规划，明确试验基地的功能定位、发展方向、发展目标。建立激励奖罚机制，继续完善果园管理运行机制和承包经营管理制度，制定出台《张掖试验场果园管理办法》《张掖试验场果园技术操作规程》，促进资源保值升值。

五、民生保障和条件改善

2019 年，场部供水工程改造项目完成建设已验收使用，试验基地用电线路改造项目实施完成，4 200 米^2 的文化广场建设项目已完成批复立项，等待开工建设。全面开展场区环境治理，全场统一垃圾堆放，增设垃圾集中投放点 6 个。开展场区站区环境治理、全域无垃圾、禁烧禁牧、道路安全治理等活动，美化场容场貌。排查安全隐患，改造更换居民区老化电路，改造场部供水系统，实现水质软化、恒压供水的目标，确保职工生活和工作顺利开展。规范后勤和社区兜底服务，全年为 14 人办理异地就医医药费提取，到位大病救助和临时救助资金 10 人次 5.3 万元。场容场貌逐步改善，人居环境质量不断提升。

六、党建和精神文明建设

深入开展党的思想政治建设，认真落实党建主体责任，全年召开党委会 11 次，领导讲党课 5 次，举行主题党日活动 14 次，专题研讨交流 4 次，召开组织生活会评议党员 2 次。加强党支部标准化建设，完善学习考核制度，认真落实"一图一簿两册一制度"和"三会一课"等制度,组织生活规范开展。持续开展党组织书记党建述职评议,严格党员日常管理,党建工作考核不断规范。全面开展"不忘初心,牢记使命"主题教育,组织各支部举办集中读书班 6 天。不断加强党风廉政建设,召开全面从严治党和党风廉政建设会议集体约谈 2 次 83 人次,认真落实"一岗双责",强化廉洁自律风险防控,在元旦、春节、端午等重要节点和关键环节,对党员干部提醒约谈,及时排查廉政风险点。

黄羊试验场

一、基本情况

甘肃省农业科学院黄羊试验场位于武威市凉州区黄羊镇,始建于 1958 年,是甘肃省农业科学院原院部所在地,主要从事作物种质创制、新品种选育及成果示范推广等工作,立足河西走廊、服务全省粮食安全和农业供给侧改革,是省农科院布设在石羊河流域的科技创新基地。现有在职职工 28 名,其中科技管理人员 10 人,技术工人 18 人,科技人员中高级职称 1 人,中级职称 5 人,研究生及以上学历 4 人,高中级技术工人 18 人。目前黄羊试验场和黄羊麦类作物育种试验站采取"一套人马两块牌子"并轨运行的管理模式。内设有办公室、财务室、生产科研与技术服务科、产业开发办公室(下辖黄羊中心市场)、后勤管理服务中心等 5 个职能科室。

二、科技交流与合作

不断拓展所场合作内容,院内 5 个研究所、6 个研究团队来场开展研究示范项目 11 项,进行了小麦、大麦、玉米、胡麻、大豆新品种选育及种质资源繁育利用研究,开展了作物高效节水、节肥、节药研究以及大豆间套作技术研究与示范等。全年到场交流人员达 200 人次。所场合作由简单的土地出租,逐渐转型为科研全过程参与和日常管理。

三、制度建设

紧紧围绕试验场的"四个功能定位",完善所场合作机制,提高试验场的发展质量和效益,有效盘活存量资源,大力培育新优产业、推进科技成果转化,加快试验场转型发展,突出科技支撑服务职能,有力推动院党政重大决策部署的承接、落实。加强单位内部管理,健全规章制度,新制定 3 项、修订 5 项、废除 5 项。

四、条件改善和民生保障

稳妥实施院列科研条件建设项目 1 项,完成办公区和中心市场提升改造项目 2 项,累计投资 110 多万元,并完成项目验收和审计。持续加大民生保障力度,有效落实了"五险一金""两增一免"等改革方案,使全场承包职工年收入稳定增加,生产生活条件明显改善。积极争取镇区低保、大病救助指标,为 7 名特困职工及家属解决了燃眉之急。积极落实各种劳动福利待遇,自筹经费组织全场职工进行健康体检,为 2 名困难职工子女升学争取"金秋助学"4 000 元,争取院工会困难慰问金 6 000 元。加强人才培养和人文关怀,加大职工培训力度,2 人晋升中级职称。

五、党建和精神文明建设

持续加强理论武装，结合"不忘实心、牢记使命"主题教育，抓好干部职工零散时间学习，全年共组织集中学习 20 余次、座谈会 5 次。坚持加强试验场文化建设和宣传工作，定期制作党支部工作、科研服务、商贸管理等工作动态宣传栏，丰富了单位文化。加强基层党组织建设标准化，根据省、院党组织建设标准化方案，扎实推进党支部建设标准化，结合实际制定党支部建设标准化推进计划，认真查找存在的问题，制定工作措施，逐项整改落实。严格"三会一课"制度，做好党建管理信息化，完成支部换届工作。改善工作作风，按照"四察四治"专项行动工作要求，制定了"四察四治"整改台账，逐条逐项进行整改。

榆中园艺试验场

一、基本情况

甘肃省农业科学院榆中园艺试验场前身为甘肃省园艺总场，原址兰州雁滩，1958 年迁址榆中县，1973 年由省农林厅划归甘肃省农业科学院。承担着全省高寒农业科技试验示范和科技推广及转化应用的重要职能。现有职工 58 人，其中科技管理人员 17 人、技术工人 41 人。科技人员中有高级职称 2 人、中级职称 6 人、初级职称 6 人。技术工人中有技师 1 人，高中级技术工人 38 人。内设办公室、财务科、工程科、生产研发科和保卫科 5 个职能科室，下辖榆中高寒农业试验站和兰州奥赛园林绿化

有限公司等。

二、科研条件和平台建设

全年共承担实施条件建设、科技创新、成果转化等各类项目 6 项，累计到位各类资金 950 万元，其中项目资金 462 万元。甘肃省城郊农业绿色增效技术中试基地建设项目已通过院内验收。榆中试验基地科研用房维修改造工程已立项批复，到位资金 84.86 万元，综合实验楼项目室内二次装修装饰工程已进入施工图设计与审查阶段。

三、科技交流与合作

坚持开放办场、合作办场的路线和政策，主动对接有关研究所，积极开展示范基地建设、科研攻关、"科研辅助工培养"和"农机服务"等方面的合作。为植物保护研究所提供试验用地 60 亩，确保了相关试验项目的顺利开展。结合中试基地建设项目，修建硬化 3 000米² 道路，为林果花卉研究所和植物保护研究所试验基地提供便利。为旱地农业研究所提供试验用地 14 亩，协调帮助经啤所解决 3 亩试验用地并就近解决随时灌溉用水问题。配合畜草所完成合作项目的结题验收工作，配合林果所开展了科技开放周活动。

四、制度建设

建立健全管理制度，加强预算执行监督，规范出差审批、公章使用、车辆出行、财务报销等审批制度，强化办事流程管理，制定了《责任追究制度》，修订完善了《请销假制度》等。

五、民生保障和条件改善

着力解决民生热点问题，组织实施了经济适用住房屋面渗水及三栋楼西侧墙面破损渗水问题修复工程，解决了5名因病致困低收入职工参与物业及退耕还林管护及苗圃管理工作，稳定了职工收入。启动运营物业门禁系统，改善了场区外来车辆乱停乱放问题。分别为2名困难职工考上大学子女申报争取到省直机关工委"金秋助学金"2 000元。

六、党建和精神文明建设

把讲政治守规矩放在首位，教育引导全体党员干部增强"四个意识"、坚定"四个自信"，做到"两个维护"，始终自觉在思想上行动上同以习近平同志为核心的党中央保持高度一致。牢固树立抓好党建是最大政绩的理念，全面落实管党治党的主体责任不放松，召开党风廉政建设和防范化解重大风险，强化意识形态教育管理等方面的集体约谈会议共3次，与3个党支部签订了《全面从严管党治党和党风廉政建设工作责任书》，进一步夯实全面从严治党的主体责任。加强党支部标准化建设力度，积极参加院党委组织的"基层党支部标准化建设培训班"学习，支部书记的党务水平进一步提高，党建意识进一步增强。

十一、大事记

甘肃省农业科学院 2019 年大事记

1月4日，西北农林科技创新联盟理事会常任主席第四次会议在甘肃省农业科学院召开。

1月8日，甘肃省农业科学院召开2018年度党组织书记抓基层党建述职评议考核会议。

1月13—18日，甘肃省农业科学院开展节前送温暖走访慰问活动。

1月18日，甘肃省农业科学院召开2019年工作会议。

1月22日，甘肃省农业科学院召开离退休职工情况通报会。

1月25日，甘肃省农业科学院举办迎新春环院越野赛。

1月25日，甘肃省农业科学院党委书记魏胜文参加全省农业重点产业发展座谈会，并围绕实施乡村振兴战略做表态发言。

1月26日，改革开放四十年感动甘肃人物"工行杯"陇人骄子评选结果揭晓暨颁奖典礼在兰州举行。甘肃省农业科学院王一航研究员获改革开放40年感动甘肃人物"工行杯"陇人骄子称号。

1月29日，省委副书记孙伟一行来甘肃省农业科学院慰问省科技功臣王一航研究员。

2月26—27日，甘肃省农业科学院党委书记魏胜文专程到中国农业科学院科技局和成果转化局汇报甘肃省2019年扶贫攻坚、乡村振兴战略、产业发展、人才培养等方面的总体部署和工作安排，了解中国农业科学院在支持服务甘肃脱贫攻坚和现代农业发展方面的工作进展。

3月4—7日，甘肃省农业科学院党委书记魏胜文、副院长贺春贵等一行在镇原县方山乡贾山村、张大湾村、王湾村、关山村组织召开脱贫攻坚工作现场办公会。

3月11日，金昌市委副书记王富民带领金昌市及永昌县、金川区分管农业领导和农业农村部门负责人一行7人，来甘肃省农业科学院对接科技合作事宜。

3月20日，甘肃省农业科学院召开2019年度全面从严管党治党和党风廉政建设工作会议。

3月20日，甘肃省农业科学院启动党支部建设标准化工作并举办专题培训班，院党委书记、院党支部建设标准化工作领导小组组长魏胜文出席会议并做动员讲话。

3月23—24日，由西北农林科技大学主办，甘肃省农业科学院承办的国家重点研发计划"北方小麦化肥农药减施技术集成研究与示范"项目2018年度总结暨2019年度工作规划会在甘肃省农业科学院召开。

3月25日，甘肃省农业科学院党委书记魏胜文、副院长马忠明、宗瑞谦以及院办公室、科研管理处、财务资产管理处、基础设施建设办公室、林果花卉研究所、马铃薯研究所、植物保护研究所主要负责人赴榆中试验场调研并现场办公。

3月26日，甘肃省农业科学院召开干部大会，宣布省委关于陈静同志任甘肃省农业科学院党委委员、纪委书记的决定。

3月28—29日，甘肃省农业科学院党委书记魏胜文，副院长马忠明、宗瑞谦以及院办公室、科研管理处、财务资产管理处负责人先后赴张掖试验场、黄羊试验场及天祝试验基地调研并现场办公。

3月30日，甘肃省农业科学院岷县中药材试验站举行揭牌仪式。甘肃省农业科学院党委书记魏胜文、副院长宗瑞谦，定西市委常委、市政府副市长薛振宇出席揭牌仪式。

4月2日，中国农业出版社副总编辑宋毅一行6人在省农业农村厅发展规划处副处长马瑛的陪同下来甘肃省农业科学院调研，就"乡村振兴系列丛书"出版规划事宜进行座谈交流。

4月12日，甘肃省农业科学院举行2019年博士后研究人员入站仪式。

4月15日，甘肃省农业科学院召开干部大会，宣布省政府关于马忠明任甘肃省农业科学院院长的任职决定。常正国副省长出席会议并讲话。

4月16—18日，甘肃省农业科学院院长马忠明参加农业农村部科技教育司科技助力"三区三州"产业扶贫工作会。

4月18日，中国工程院院士吴明珠民勤工作站、甘肃省农业科学院民勤综合实验站、民勤县现代丝路寒旱农业研究中心揭牌成立仪式暨民勤蜜瓜产业绿色发展研讨会在民勤县举行。甘肃省农业科学院院长马忠明应邀出席本次活动。

4月27—29日，甘肃省科学技术协会第八次代表大会召开，甘肃省农业科学院党委书记魏胜文当选省科协副主席。

5月5—7日，甘肃省农业科学院组织召开甘肃省农业科技创新联盟2019年工作会议，党委书记魏胜文、院长马忠明出席会议并分别讲话。

5月7日，甘肃省农业科学院党委书记魏胜文、院长马忠明、副院长贺春贵以及院办公室、成果转化处、科研管理处、财务资产管理处、基础设施建设办公室、作物研究所主要负责人赴兰州新区秦王川试验站调研并现场办公。

5月8日，甘肃省农业科学院召开保密安全工作会议。

5月10日，甘肃省农业科学院院长马忠明、副院长贺春贵赴积石山县调研，并检查指导科技帮扶工作。

5月12日，甘肃省农业科学院院长马忠明，副院长贺春贵、宗瑞谦，纪委书记陈静以及院行政监察室、财务资产管理处、科研管理处、成果转化处主要负责人到镇原试验站检查指导工作。

5月13日，甘肃省农业科学院院长马忠明，副院长贺春贵、宗瑞谦，纪委书记陈静及院纪委、财务资产管理处、院帮扶办主要负责人一行，赴镇原县方山乡4个联系帮扶村进行调研，并组织召开驻村帮扶工作推进会。

5月14日，甘肃省农业科学院院长马忠明、副院长宗瑞谦、纪委书记陈静以及院行政监察室、财务资产管理处主要负责人一行赴定西试验站调研科研与基建项目执行情况并现场办公。

5月15日，甘肃省农业科学院院长马忠明带领院行政监察室、财务资产管理处及旱地农业研究所主要负责人一行到定西市农科院调研。

5月16日，青海省农林科学院院长金萍、青海省畜牧兽医科学院党委书记刘素英带领由青海省畜牧兽医科学院、青海省农林科学院和青海大学三家单位科研、人事、财务等部门负责人组成的调研组一行10人，来甘肃省农业科学院调研。

5月19日，甘肃省农业科学院院长、省农学会副会长马忠明赴武威参加由甘肃省农学会和甘肃省农业科学院主办、武威市农业科学院承办的甘肃省农学会2019学术年会。

5月19日至6月1日，由省委组织部主办、省一级干部教育培训省农科院基地承办的全省脱贫攻坚能力提升"农业科技专题"培训班在甘肃省农业科学院成功举办。

5月22日，甘肃省示范性劳模创新工作室——"王一航劳模创新工作室"授牌仪式在甘肃省农业科学院举行。

5月25日，甘肃省农业科学院院长马忠明，副院长李敏权、宗瑞谦以及院办公室、科技成果转化处负责人一行，参加甘谷试验站科技开放周活动开幕式。

5月27日，甘肃省农业科学院党委书记魏胜文、院长马忠明，纪委书记陈静对院机关处室、后勤服务中心、研究所、试验场和绿星公司共29个单位的68名副县级领导干部进行了集体约谈。

5月28日，在第三个全国科技工作者日到来之际，省科协党组成员、副主席张炯，省科协组宣部部长秦博一行专程到甘肃省农业科学院看望慰问第九届甘肃青年科技奖获得者、作物研究所遗传育种实验室主任赵利研究员，并向甘肃省农业科学院全体科技工作者致以节日的问候。

5月28日，甘肃省农业科学院党委书记魏胜文带领科技合作交流处、科研管理处主要负责人，赴清水试验站出席"2019年科技开放周暨兰天系列抗条锈冬小麦新品种（系）观摩活动"。

5月29日，甘肃省农业科学院党委书记魏胜文带领科技合作交流处、科研管理处、畜草与绿色农业研究所主要负责人赴张家川回族自治县科技帮扶点检查指导工作。

6月2—5日，甘肃省农业科学院院长马忠明带领西甜瓜产业技术体系土壤与养分管理岗位和兰州综合试验站的团队成员杨永岗研究员、程鸿研究员、杜少平副研究员参加了在陕西省渭南市蒲城县举办的"第五届全国西甜瓜之乡产业联盟大会"。

6月6日，甘肃省农业科学院召开"不忘初心、牢记使命"主题教育动员部署会，对全院主题教育进行安排部署。

6月10日，甘肃省农业科学院院长马忠明带领院办公室、科研管理处、人事处、蔬菜研究所、旱地农业研究所负责人等一行6人，赴中国农业科学院调研大数据平台建设工作，并对接甘肃省人民政府与中国农业科学院签署的战略合作协议落实情况。

6月12日，甘肃省农业科学院党委召开"不忘初心、牢记使命"主题教育推进会，安排主题教育读书班事宜和各党支部集中一周时间读书研讨工作。

6月13日，甘肃省农业科学院农业科技馆被兰州市科学技术协会命名为"兰州市科普教育基地"。

6月12—16日，甘肃省农业科学院院长、全国政协委员马忠明参加全国政协农业和农村委员会组成的调研组，赴云南就"巩固脱贫攻坚成果及防止和减少脱贫后返贫"开展专题调研。

6月18日，联合国粮食计划署项目协调

员王晓蓓、项目设计师郑波一行 2 人，在甘肃省农业技术服务中心岳云的陪同下来甘肃省农业科学院调研并座谈。

6 月 20—22 日，中国农科院党组书记张合成，副院长、党组成员冯忠武，以及由中国农科院人事局、甘肃省农业农村厅、甘肃省科技厅、中国农科院兰州牧药所、兽医所、蜜蜂所，甘肃省农业科学院组成的联合专家组，赴甘南藏族自治州开展科技扶贫和乡村振兴现场调研，并莅临甘肃省农业科学院指导工作。

6 月 25 日，由我国台湾地区彰化二林镇长一行 26 人组成的"两岸和平发展论坛甘肃参访团"在省委统战部联络处处长王兴红、省科协交流中心办公室主任王珍的陪同下来甘肃省农业科学院参观交流。

6 月 26 日，省委"不忘初心、牢记使命"第四巡回指导组副组长杨世明一行来甘肃省农业科学院指导"不忘初心、牢记使命"主题教育工作。

6 月 27 日至 7 月 1 日，甘肃省农业科学院驻村帮扶工作队组织全体驻村队员，开展了形式多样、内容充实的"不忘初心、牢记使命"主题教育读书班活动。

7 月 1 日，甘肃省农业科学院院长马忠明出席甘肃同德农业科技集团责任有限公司藜麦新产品发布会。

7 月 5 日，联合国世界粮食计划署驻华代表屈四喜博士一行莅临甘肃省农业科学院调研并指导工作。

7 月 6 日，由甘肃省人民政府主办、甘肃省农业科学院和甘肃省经济合作局共同承办的"丝绸之路经济带循环农业产业发展研讨会"在兰州宁卧庄宾馆召开。

7 月 3—11 日，甘肃省农业科学院党委书记魏胜文带队，农业质量标准与检测技术研究所所长白滨、农业经济与信息研究所副所长张东伟等一行 5 人，应法国农业国际合作发展研究中心（CIRAD）和德国汉堡北方工业管理学院（NIT）等机构邀请，赴法国、德国开展农产品质量安全及农业大数据应用学术交流。

7 月 8—11 日，甘肃省农业科学院院长马忠明一行深入酒泉、张掖市有关涉农企业、戈壁农业产业园、现代农业生产示范基地及酒泉市农科院、张掖市农科院，开展"不忘初心、牢记使命"主题教育调研，与酒泉市政府就深化院地合作、对接科技需求进行座谈交流。

7 月 8—13 日，甘肃省农业科学院院长马忠明带队，副院长贺春贵、宗瑞谦，院办公室、科研管理处、财务资产管理处、成果转化处及各研究所主要负责人组成的观摩检查组，现场观摩检查了甘肃省农业科学院在河西片实施的重大项目执行进展，并赴酒泉市、张掖市相关农业龙头企业参观学习。

7 月 18 日，省委"不忘初心、牢记使命"主题教育抽查督导组组长王鑫一行莅临甘肃省农业科学院检查指导主题教育工作。

7 月 14 日，甘肃省农业科学院院长马忠明带领科研管理处、财务资产管理处主要负责人赴定西市，对旱地农业研究所 2019 年承担的国家科技支撑计划课题、农业农村部行业专项、省引导科技创新专项、院列学科团队等重点项目进行现场验收。

7 月 20 日，甘肃省农业科学院院长马忠明出席酒泉市戈壁生态农业院士专家工作站和酒泉戈壁生态农业研究院揭牌仪式，并与酒泉市人民政府签署战略合作框架协议。

7 月 16—21 日，由中国生态学学会农业生态专业委员会、生态咨询工作委员会及甘肃省农业科学院土壤肥料与节水农业研究所等单位主办，甘肃省土壤肥料学会、兰州大学草地农业生态系统国家重点实验室、中科院西北生态环境资源研究院共同承办的"第19届中国农业生态与生态农业研讨会暨第二届生态咨询工作委员会年会"在兰州新区召开，省政府副秘书长郭春旺、甘肃省农业科学院院长马忠明、中国农业大学副校长王涛应邀出席开幕式并致辞。

7月23日，甘肃省农业科学院召开开展集中整治科研作风和科研经费管理专项行动动员部署会，对全院开展集中整治科研作风和科研经费管理专项行动及专项经济责任审计整改工作进行安排部署。

7月25日，甘肃省农业科学院召开党外知识分子联谊会换届会议，院长马忠明当选为党外知识分子联谊会第二届理事会会长。

7月27日，甘肃省农业科学院院长、国家西甜瓜产业技术体系土壤与养分管理岗位专家马忠明应邀出席民勤县第二届蜜瓜节开幕式。

7月29日，甘肃省农业科学院党委书记魏胜文、院长马忠明带队，对院属各单位在兰州片开展的田间试验、科研基础设施建设和使用情况进行了现场检查。

7月30日，省委"不忘初心、牢记使命"主题教育第四巡回指导组副组长杨世明，成员张保文、张煌到甘肃省农业科学院指导专题党课并就抓好主题教育近期工作提出要求。

7月31日，甘肃省农业科学院召开全院高级专业技术人员集体谈话会。

7月31日，省科技厅副厅长朱晓力带领科技厅发展规划处处长谢正团以及由省工业和信息化厅、省人社厅、省教育厅、兰州交通大学有关人员组成的调研组一行7人，来甘肃省农业科学院开展科技领域防范化解重大风险专题调研，并现场考察了畜草与绿色农业研究所

科研工作进展和实验室建设情况。

8月1日，甘肃省农业科学院院长马忠明带领院办公室、科研管理处、马铃薯研究所主要负责人赴渭源县对接会川试验站用地和院地合作事宜，并与定西市人大常委会副主任、县委书记吉秀，副县长潘学明及相关部门负责人进行座谈交流。

8月3日，辽宁省农业科学院副院长史书强一行4人，来甘肃省农业科学院开展科技成果转化及现代农业示范园区专题调研。

8月6日，由甘肃省农业科学院、中国社会科学院社科文献出版社共同承办的《甘肃农业科技绿皮书：甘肃农业现代化发展研究报告（2019）》成果发布会在北京社会科学文献出版社本部"蓝厅"举行。

8月9—10日，甘肃省农业科学院党委书记魏胜文一行赴哈尔滨参加第二十次全国皮书年会及皮书研究院理事会成立大会，并受聘担任皮书研究院首批高级研究员。

8月13日，中国工程院院士、国家农业信息工程技术中心主任赵春江研究员莅临甘肃省农业科学院指导工作并座谈。

8月13日，甘肃省农业科学院召开全院科技成果转化工作会议。

8月14日，应通渭县邀请，甘肃省农业科学院院长马忠明、副院长宗瑞谦及院办公室、科研管理处、财务资产管理处主要负责人赴通渭县调研并对接院地合作事宜。

8月15日，省监委委员高连城、省纪委监委第四监督检查室主任芦红、省纪委监委第四监督检查室副主任贾屹冬一行3人来甘肃省农业科学院对接座谈科技领域突出问题集中整治专项巡视工作。

8月15—16日，甘肃省农业科学院党委书记魏胜文、副院长贺春贵及14个研究所和

机关部分职能部门主要负责人，赴镇原县方山乡，实地观摩检查4个帮扶村在3月现场办公会和5月推进会安排的任务落实情况，并召开现场推进会。

8月19日，甘肃省农业科学院召开2019年上半年工作总结会，党委书记魏胜文主持会议，院长马忠明全面总结了全院上半年各项工作进展情况，提出了下一步全院工作的目标、思路和重点，安排部署了下半年重点工作任务。

8月20日，省直机关文明办主任张克俭、调研员宋学琪一行对甘肃省农业科学院省级文明单位巩固工作进行复查。

8月27日，甘肃省农业科学院召开"不忘初心、牢记使命"主题教育评估测评会议。省委第四巡回指导组组长陈保平率全组人员莅临指导。

8月29—30日，甘肃省农业科学院院长马忠明赴昆明参加农业农村部"三区三州"科技助力产业扶贫工作推进会。

8月30日，甘肃省农业科学院院长马忠明赴云南省农业科学院考察学习，与云南省农科院党委书记唐开学、副院长王继华及相关处室负责人，围绕科技创新、科研管理、成果转化、学科建设等方面的做法与经验进行了座谈，就成果转化机制创新、人才引进培养及绩效激励措施等进行了深入交流。

9月3日，甘肃省农业科学院召开2019年度急需紧缺人才选派研修启动会。

9月3日，甘肃省农业科学院党委办公室支部召开"不忘初心、牢记使命"专题组织生活会，院党委书记魏胜文以普通党员身份参加会议。

9月5日，甘肃省农业科学院院长马忠明带领院办公室、科研管理处、财务资产管理处

主要负责人赴会宁试验站检查指导工作，并对作物研究所承担的院列学科团队项目"杂粮杂豆种质创新与遗传育种"进行现场验收。

9月6日，安徽省农业科学院党委书记李恩年带领机关党委、机关纪委同志等一行5人来甘肃省农业科学院调研交流。

9月6日，甘肃省农业科学院院长马忠明、副院长宗瑞谦一行赴榆中试验场检查指导工作。

9月12日，2019年全国科普日甘肃主场活动暨科技馆联合行动在甘肃科技馆启动。启动仪式上，与会领导为2019年甘肃省基层科普行动计划先进集体、个人和优秀科普小院颁发奖牌，其中甘肃省农业科学院会宁试验基地的"甘肃省会宁小杂粮繁育基地科普小院"被评为优秀科普小院。

9月16日，甘肃省果树果品标准化技术委员会成立大会在甘肃省农业科学院召开。甘肃省农业科学院院长马忠明、甘肃省农业农村厅副厅长谢双红等领导出席会议。

9月17日，甘肃省农业科学院院长马忠明一行赴定西市检查国家行业（农业）科研专项马铃薯主粮化项目进展情况并进行现场验收。

9月18—30日，甘肃省农业科学院党委书记魏胜文、院长马忠明分别带队，上门走访慰问离休干部和退休全国劳模，并颁发"庆祝中华人民共和国成立70周年"纪念章。

9月19日，甘肃省农业科学院院长、甘肃省农业科技创新联盟理事长马忠明参加国家农业科技创新联盟理事会议。

9月20—21日，甘肃省农业科学院党委书记魏胜文先后深入黄羊试验场、张掖试验场检查指导迎国庆安全生产等工作，并就试验场（站）深入学习宣传贯彻习近平总书记视察甘

肃重要讲话精神及"不忘初心、牢记使命"主题教育成效巩固等工作开展调研。

9月21—23日，由甘肃省农业科学院主办的"第三届中国西部藜麦高峰论坛"暨"肃南县藜麦丰收节"系列活动在酒泉市肃南县举行。甘肃省农业科学院党委书记魏胜文出席论坛及丰收节开幕式并致辞。

9月25日，来自白俄罗斯、马拉维、荷兰、美国的外国专家一行5人，来甘肃省农业科学院参加主题为"藜麦全产业链高质量发展"的中外专家座谈会。

9月23—27日，甘肃省农业科学院成功举办第十二届"兴农杯"职工运动会。

9月28日，甘肃省农业科学院院长马忠明带领财务资产管理处、科研管理处、院办公室主要负责人赴土壤肥料与节水农业研究所白银沿黄灌区农业试验站检查指导工作，并对农业农村部公益性行业专项课题"引黄灌区灰钙土合理耕层构建与试验示范"进行现场验收。

9月28日，甘肃省农业科学院党委书记魏胜文赴定西试验站检查科研条件建设项目进展情况，并就试验站深入学习宣传贯彻习近平总书记视察甘肃重要讲话精神开展调研。

9月29日，甘肃省农业科学院党委书记魏胜文参加由定西市农业科学研究院党委、定西市科技局党支部、甘肃省农业科学院旱地农业研究所定西试验站党支部在定西市联合举办的"支部共建守初心，喜迎国庆担使命"庆祝中华人民共和国成立70周年联谊活动。

9月30日，甘肃省农业科学院院长马忠明、副院长贺春贵等一行到兰州新区检查兰白科技创新基地建设进展情况。

10月10日，甘肃省农业科学院召开贯彻落实习近平总书记对甘肃重要讲话和指示精神交流研讨会。

10月10日，甘肃省农业科学院党委书记魏胜文出席镇原县脱贫攻坚帮扶工作现场推进会。

10月11日，甘肃省农业科学院党委书记魏胜文、副院长贺春贵一行，赴镇原县方山乡4个贫困村实地调研，并召开驻村帮扶工作专题会议。

10月12日，甘肃省农业科学院党委书记魏胜文带领党委办公室和科技成果转化处主要负责人到会宁试验站检查指导工作并看望慰问驻站科技人员。

10月15日，省社科院纪委书记王琦带领院办公室、监察室、总务处等部门负责人一行4人来甘肃省农业科学院，就公有产权住房使用管理情况进行专题调研和座谈。

10月16日，甘肃省农业科学院党委书记魏胜文陪同省委副书记、省长唐仁健赴天祝县调研藜麦产业发展情况。

10月18日，省委副书记孙伟一行来甘肃省农业科学院看望慰问省科技功臣王一航研究员。

10月14—20日，甘肃省农业科学院院长马忠明一行，参加由省科协带队组成的代表团，访问英国并赴爱尔兰参加第十一届全欧华人专业协会联合会（ECPAC）欧洲论坛。

10月20—21日，甘肃省农业科学院院长马忠明带领院办公室、科研管理处负责人，在广西南宁参加了由中国农业科技管理研究会主办、广西农科院承办的中国农业科技管理研究会领导科学工作委员会2019年年会。

10月23日，受农业农村部委托，国家农业科技创新联盟办公室孙东宝一行3人来甘肃省农业科学院调研，了解获批命名的5个国家农业科学观测实验站的建设和运行情况。

10月28—30日，甘肃省农业科学院院长马忠明、副院长宗瑞谦带领院办公室、科研管理处、基础设施建设办公室负责人，赴镇原县走访贫困户、看望驻村帮扶工作队干部。

10月31日，甘肃省农业科学院院长马忠明参加农业农村部在中国农业科学院组织召开的国家农业基础性科技创新条件能力项目建设运行管理座谈会。

10月31日至11月2日，甘肃省农业科学院党委书记魏胜文参加由中国社会学会农村社会学专业委员会主办，江西省社会科学院、上饶市社科联承办的中国社会学会农村社会学专业委员会年会（2019）暨第九届中国百村调查工作会议。

11月1—3日，由同济大学主办，甘肃省农业科学院土壤肥料与节水农业研究所承办的国家重点研发计划"固废资源化"重点专项"甘肃祁连山等地区多源固废安全处置集成示范"2019年度项目推进会在甘肃省农业科学院召开。

11月6日，甘肃省农业科学院党委书记魏胜文主持召开中国共产党甘肃省农业科学院第一次代表大会征求意见座谈会。

11月8—9日，中国共产党甘肃省农业科学院第一次代表大会隆重召开。甘肃省农业科学院党委书记魏胜文代表中国共产党甘肃省农业科学院委员会向大会作了题为《坚守初心，勇担使命，奋力谱写农业科技事业创新发展的时代华章》的工作报告，报告系统回顾和总结了党的十八大以来院党委的工作，安排部署了今后5年的工作；同时，选举产生了新一届院党委、纪委领导班子。

11月10日，由甘肃省农业科技创新联盟主办，甘肃省农业科学院承办的"首届甘肃省农业科技成果推介会"在甘肃省农业科学院隆重举行。本次推介会现场发布推介了2019年度100项重大农业科研成果。

11月12日，甘肃省农业科学院党委书记魏胜文和省政协农业和农村工作委员会副主任、甘肃省农业科学院原院长吴建平任职期间经济责任履行情况审计进点会在甘肃省农业科学院召开。

11月12日，省科技厅副厅长巨有谦一行来甘肃省农业科学院调研国际合作重大专项和国际科技合作基地工作。

11月14日，甘肃省农业科学院院长马忠明陪同省政府副省长常正国一行到金昌市永昌县六坝镇天赐戈壁农业产业园调研。

11月17—21日，甘肃省农业科学院举办2019年"三区"科技人才专项计划县（区）科技人员培训班。

11月20日，甘肃省农业科学院院长马忠明带领科研管理处及各研究所负责人参加了由中国农业科学院、中国农学会、农业农村部科技发展中心联合主办的"2019中国农业农村科技发展高峰论坛"。

11月21—23日，甘肃省农业科学院院长马忠明带领院办公室、科研管理处、基础设施建设办公室及相关研究所负责人先后赴浙江省农科院和上海市农科院考察调研，主要就学科建设、科技创新、人才培养、成果转化、绩效管理及种质资源库建设等方面的情况进行学习交流。

11月25日至12月2日，甘肃省农业科学院院长马忠明带领马铃薯研究所所长吕和平等一行4人，赴俄罗斯和塔吉克斯坦开展学术交流。

11月27日，"中俄马铃薯种质创新与品种选育联合实验室"和"丝绸之路中俄技术转移中心"在俄罗斯沃罗涅日国立农业大学正式揭牌。甘肃省农业科学院院长马忠明、省科技厅副厅长巨有谦，沃罗涅日彼国立农业大学校长布赫托亚罗夫·尼克莱·伊瓦诺维奇、副校长古列夫斯基·维亚切斯拉夫·阿纳托利耶维奇分别为"丝绸之路中俄技术转移中心"和"中俄马铃薯种质创新与品种选育联合实验室"揭牌。

11月29日，大熊猫祁连山国家公园（甘肃片区）科技创新联盟在兰州成立，甘肃省农业科学院当选大熊猫祁连山国家公园（甘肃片区）科技创新联盟理事单位，甘肃省农业科学院院长马忠明当选联盟副理事长。

12月3—4日，甘肃省农业科学院参加全省科技成果转移转化工作现场会暨科技成果展启动仪式，展出成果79项、路演推介系列成果11项、签约成果转让与合作开发协议4项。

12月4—6日，甘肃省农业科学院举办学习贯彻党的十九届四中全会及习近平总书记对甘肃重要讲话精神培训研讨班。

12月20—21日，甘肃省农业科学院院长马忠明列席中央农村工作会议。

12月21日，甘肃省农业科学院院长马忠明参加国家农业科技创新联盟和乡村振兴科技支撑行动工作交流会并做典型发言。

12月22日，甘肃省农业科学院院长马忠明参加全国农业农村厅局长会议及中国农业国际合作促进会技术转化和产业发展委员会第一届会员代表会议。

12月24日，甘肃省农业科学院党委书记魏胜文就党的十九届四中全会及习近平总书记对甘肃重要讲话精神向全院离退休干部职工宣讲辅导报告。

十二、附　录

2019 年获得表彰的先进集体

2018—2019 年度双文明标兵室（组）（5 个）

旱农所定西旱作农业综合试验站

加工所果蔬加工研究室

农经所农业经济研究室

后勤中心锅炉房

科技成果转化处成果转化科

2018—2019 年度院先进集体（15 个）

作物所品种资源研究室

马铃薯所马铃薯脱毒种薯繁育技术研究室

小麦所办公室

生技所细胞工程与分子育种研究室

土肥所白银沿黄灌区农业试验站

蔬菜所栽培研究室

林果所办公室

植保所经济作物病害研究室

畜草所绿色农业研究室

质标所业务室

经啤所中药材研究室

党委办公室秘书科

张掖场节水灌溉办公室

张掖场综合科

黄羊场产业开发部

甘肃省示范性劳模创新工作室

甘肃省农业科学院王一航劳模创新工作室

全省会计工作先进集体

财务资产管理处

2018 年度省级部门决算二等奖

财务资产管理处

2018 年度省直有关单位国有资产统计工作先进单位

科技成果转化处

民进先进基层组织

民进甘肃省直属省农科院支部

2019 年获得表彰的先进个人

2018—2019 年度院先进个人（33 名）

何继红　周玉乾　齐恩芳　王世红

侯慧芝　倪胜利　王红梅　郭全恩

崔云玲　刘明军　马彦霞　孟彩琴

胡冠芳　郭　成　李守强　何振富

柳利龙　徐银萍　马丽荣　冯海山

田　靖　鞠　琪　郭天云　周　晶

蒋　恒　时元平　王维东　方　霞

陈大鹏　杨学鹏　董　煛　李国锋

张延梅

享受国务院特殊津贴专家　吴建平

有突出贡献的中青年专家　张建平

2019 年全省统战系统优秀党外特约信息员　马忠明

第九届甘肃青年科技奖　赵　利

2018 年全省"优秀网络文明志愿者"　张　磊

2018 年度全省脱贫攻坚先进个人　张国平

全省会计工作先进个人　何丹凤

全省科技统计工作先进个人　边琳鹤

2019 年度九三学社组织工作先进个人　包奇军

全省技术市场工作先进个人　马　彦

全省科技统计工作先进个人　李国锋

2018 年全省"网评工作优秀组织者"　边金霞

全省会计工作先进个人　张延梅

2018 年度省级部门决算先进个人　王　静

图书在版编目（CIP）数据

甘肃省农业科学院年鉴.2019/甘肃省农业科学院
办公室编.—北京：中国农业出版社，2021.5
ISBN 978-7-109-27892-9

Ⅰ.①甘…　Ⅱ.①甘…　Ⅲ.①农业科学院－甘肃－
2019－年鉴　Ⅳ.①S-242.42

中国版本图书馆 CIP 数据核字（2021）第 022268 号

甘肃省农业科学院年鉴　2019

GANSU SHENG NONGYE KEXUEYUAN NIANJIAN　2019

中国农业出版社出版
地址：北京市朝阳区麦子店街 18 号楼
邮编：100125
责任编辑：程　燕　　文字编辑：耿增强
版式设计：王　晨　　责任校对：刘丽香
印刷：中农印务有限公司
版次：2021 年 5 月第 1 版
印次：2021 年 5 月北京第 1 次印刷
发行：新华书店北京发行所
开本：889mm×1194mm　1/16
印张：20　　插页：16
字数：430 千字
定价：190.00 元